육군준사관

회전익항공기조종

실전모의고사

육군준사관 모의고사

초판 발행 2022년 01월 12일
개정판 발행 2023년 01월 13일

편 저 자 | 장교시험연구소
발 행 처 | (주)서원각
등록번호 | 1999-1A-107호
주 소 | 경기도 고양시 일산서구 덕산로 88-45(가좌동)
교재주문 | 031-923-2051
팩 스 | 031-923-3815
교재문의 | 카카오톡 플러스친구 [서원각]
홈페이지 | www.goseowon.co.kr

▷ ISBN과 가격은 표지 뒷면에 있습니다.
▷ 파본은 구입하신 곳에서 교환해드립니다.

Preface

준사관이란 군인사법 제2조에 의해 현역에 복무하는 자를 말하며, 계급 상으로는 원사 위 소위 아래에 해당하는 준위를 말한다. 준사관은 군에서 전문적인 업무를 담당하는 역할을 한다. 초임 준사관으로 임관을 하게 되면 투철한 군인정신과 강인한 체력 및 투지력을 배양하여 필승의 신념을 고취시키고 기초전술 및 군사지식을 숙달하여 임무수행에 필요한 부대지휘 및 교관능력을 부여하는 교육을 받게 되어 있다. 또한 준사관은 정년 퇴임시까지 해당분야에서 일을 하게 되며, 보직의 변동이 거의 없는 안정된 직위라 볼 수 있어 최근 심각한 청년 실업과 경제 불황의 위기 속에서 많은 사람들에게 각광을 받고 있다. 그러나 보직의 정원이 많지 않아 경쟁이 매우 치열하다.

이에 본서는 간부선발도구의 핵심인 지적능력평가를 모의고사의 형태로 구성하여 준사관 시험 체제에 빠르게 적응할 수 있도록 구성하였다. 또한 직무성격검사와 상황판단검사도 함께 수록하여 간부선발기준 요소를 확인하고 시험에 응시할 수 있도록 하였다.
마지막으로 최근 시행되고 있는 인성검사의 개요와 실전 인성검사를 수록하여 필기평가를 완벽하게 마무리할 수 있도록 하였다.

"진정한 노력은 결코 배신하지 않는다."
본서는 수험생 여러분의 목표를 이루는 데 든든한 동반자가 되리라고 굳게 믿는다.

Structure

01 실전 모의고사

공간지각능력, 지각속도, 언어논리력, 자료해석력으로 구성된 필기고사에 대한 모의고사 3회분을 출제 유형에 맞게 구성하여 수록하였습니다.

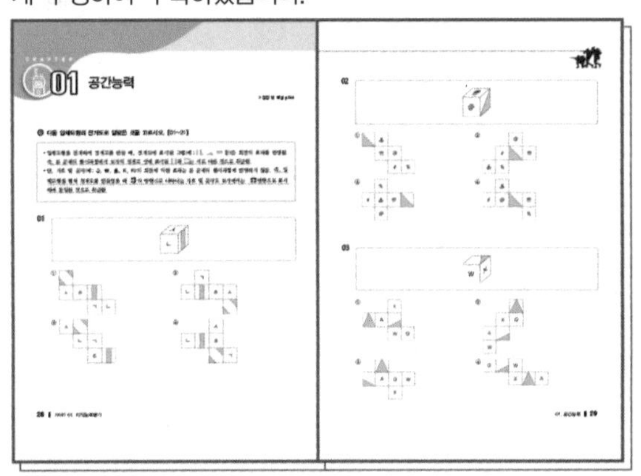

02 정답 및 해설

각 과목별 모의고사에 대한 상세하고 꼼꼼한 해설을 수록하여 매 문제마다 내용정리 및 개인학습이 가능하도록 구성하였습니다.

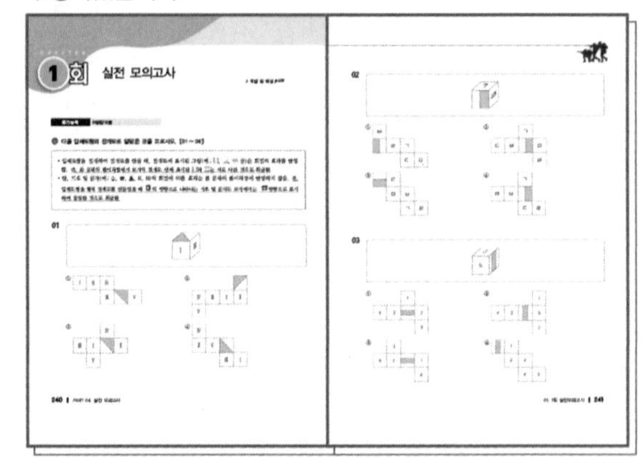

03 직무성격검사 및 상황판단검사

간부선발도구의 직무성격검사 및 상황판단검사의 예상 문제를 수록하여 직무 관련 역량 평가와 인성 및 행동 중점 평가를 확실히 준비할 수 있도록 하였습니다.

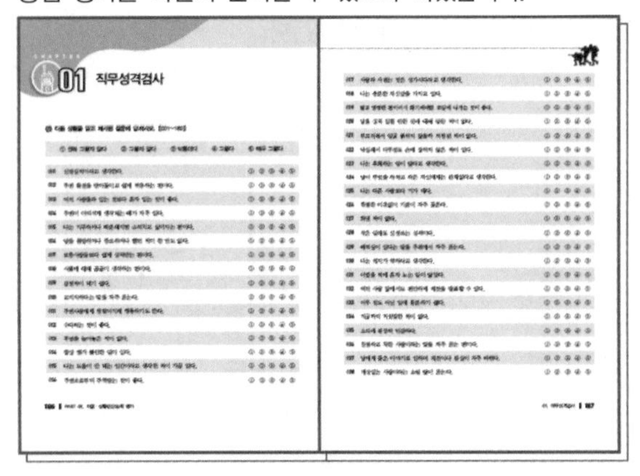

04 복무적합도검사

최근 간부선발 과정에서 시행되고 있는 인성검사에 대한 개요 및 실전 인성검사를 수록하여 필기평가 준비를 위한 최종 마무리가 될 수 있도록 구성하였습니다.

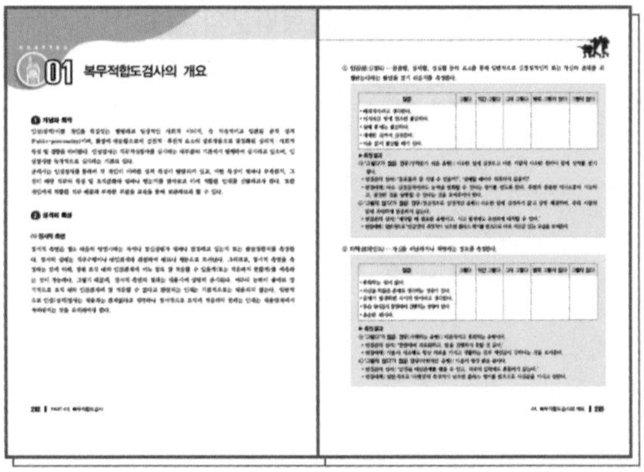

Contents

PART 01 실전 모의고사

PART 02 정답 및 해설

PART 03 직무성격검사 및 상황판단검사

PART 04 인성검사

Information

※ 2023년 회전익항공기조종 준사관 후보생 공고 기준

지원자격

① 「군인사법 제10조 제1항 ~ 2항」 임관 결격사유에 해당 되지 않는 자

② 임관일 기준 만 20세 이상 50세 이하인 자

③ 고등학교 이상의 학교를 졸업한 자(이와 동등한 학력을 가진 자 포함)

※ 병역 미 필자, 예비역 및 현역(간부/병, 타군) 구분 없이 남 · · 여 지원 가능

전형방법

① 1차 평가 : 간부선발도구, 한국사(공인성적제출), 영어(공인성적제출)

② 2차 평가 : 체력검정(인증서 제출), 자격증, 면접평가(AI, 대면), 신체검사, 신원조사

시험과목

① 1차 평가

㉠ 간부선발도구(공간지각, 지각속도, 언어논리력, 자료해석력, 상황판단)

㉡ 한국사(한국사 성적 적용)

㉢ 영어(공인어학 성적 적용)

㉣ 적성, 인성검사(MMPI2-RF)(면접 평가시 참고자료)

② 2차 평가(1차 평가 합격자)

㉠ 체력검정(국민체력인증센터 체력인증서 대체)

㉡ 신체검사

㉢ 신원조사

㉣ 면접평가(AI 면접, 대면 면접)

㉤ 자격증

평가요소 및 배점

구분	계	1차 평가(45)			2차 평가(75)					
		간부선발도구	한국사	영어	체력검정	자격증	면접평가		신체검사	신원조사
							AI	대면		
배점	100	(20)	5 (공인성적 제출)	20 (공인성적 제출)	20 (인증서 제출)	5	10	40	합 · 불	최종 선발 시 결정

※ 한국사 성적 미제출자 1차 평가 지원 가능(미제출자 0점부여)

※ 간부선발도구는 1차 평가(20점)만 적용하고 2차 평가에서는 적용하지 않음

※ 신원조사결과 적격 · 부적격 판단은 최종선발심의에서 결정

평가 요소별 배점 기준

① 1차 평가 : 필기시험

㉠ 간부선발도구(20점) : 5개 과목

구분	계	언어논리	자료해석	공간지각	지각속도	상황판단
배점	20	5.7	5.7	2.3	2.3	4.0

㉡ 국사(5점) : 지원서 작성시 공인 한국사성적 입력

구분	심화등급(1~3급)	4급	5급	6급	미제출
점수	5	4.5	4	3.5	0

㉢ 영어(20점) : 지원서 작성시 공인 영어성적 입력

구분	1등급	2등급	3등급	4등급	5등급	6등급
배점	20	19	18	17	16	지원불가
TOEIC	850이상	849~755	754~625	624~480	479~400	399이하
NEW TEPS	336이상	335~288	287~236	235~190	189~167	166이하
TOEFL	99이상	98~86	85~71	70~52	51~40	39이하

② 2차 평가 : 1차 평가 합격자

㉠ 체력검정(20점) : 국민체력인증센터 인증서 제출

구분	만점	1종목 불합격	2종목 불합격	3종목 불합격	4종목 불합격
점수	20	18	16	14	불합격

㉡ 자격증(5점) : 본인에게 유리한 1개 자격증만 적용(외국취득 자격증은 미인정)

구분	기술사, 기능장	기사	산업기사	기능사	없음
배점	5	4.25	3.5	2.75	1.2
종목	• 조종사 면장 • 항공기관기술사 • 항공기체기술사 ※ 경량/초경량 면장 제외	• 항공기사 • 항공정비사 • 항공공장정비사 • 헬기정비사 1급	• 항공산업기사 • 헬기정비사 2급	• 항공장비정비 • 항공기관정비 • 항공기체정비 • 항공전자정비 • 항공무선통신사 • 헬기정비사 3급	

ⓒ 면접평가(50점) : 품성·자질 검증(3단계)

구분	계	1면접(AI면접)	2면접(토론면접)	3면접(개별면접)
배점	50	10	40	합, 불
항목		윤리의식, 공감적소통, 회복타력성, 솔선수범, 적극적인 임무수행	군 기본자세, 국가관/안보관, 리더쉽/상황판단, 표현력/논리성, 이해력/판단력	인성검사 내용을 기초로 검증, 인성/자질평가

ⓓ 국사(5점), 영어(20점) : 1차 평가에서 획득한 점수를 2차 평가에서도 동일한 점수 반영

지원서 작성

'육군모집' 홈페이지 접속 후 지원서 접수

제출서류

① 인터넷 지원서 1부

② 개인정보 정보제공 동의서(지원서 작성 후 출력 / 자필서명) 1부

※ 인터넷 지원시 작성한 동의서 미출력시 수기 작성 제출

③ 개인정보 정보제공 동의서(복수국적확인용) 1부

④ 각군 참모총장 추천서(현역 복무자 중 육군 외 타군 지원자) 1부

⑤ 자격증 사본 (자격증 발급기관 발급 증명서) 1부

⑥ 국민체력인증센터 인증서 (면접평가시 제출) 1부

⑦ 면접평가용 자기소개서 2부

⑧ 최종학력증명서 1부

※ 국외 졸업자는 아포스티유(원본) + 번역본(법률사무소 공증 필수) 제출

⑨ 취업보호대상 증명서 1부(해당자만 제출, 취업보호 대상자)

기타사항

① 평가간 코로나-19 관련 유의사항

㉠ 공통

- 평가 당일 개인이 필요한 음료수, 위생용품 등은 각자 준비
- 평가장소에 응시자 외 가족 또는 지인 등 출입 통제
- 코로나-19 확진 및 밀접접촉자는 자진신고 인원에 한해 평가 실시

※ 평가 하루 전까지 신고 : 유선통화(042-550-7147), 인터넷(rok7147@army.mil.kr)

※ 단, 관할보건소의 격리 및 권고 통제 메시지를 접수한 인원에 한함.

㉡ 필기평가 : 코로나-19 확진 / 밀접접촉자는 별도 고사장(교실)에서 실시

※ 세부사항은 해당 인원에게 별도 안내 예정

㉢ 면접평가 :코로나-19 확진 / 밀접접촉자는 개인희망에 한해 화상면접 실시

② 최종선발인원은 선발예정인원의 20%이내「예비합격자」를 선발하고, 최종선발 후 입교 전까지 포기자, 임관결격사유 발생 시 예비합격자로 대체되며, 발표된 합격자의 입교 기수는 변경할 수 없음

③ 시험결과는「공공기관의 정보공개에 관한 법률」제9조(비공개 대상정보) 제1항에 의거 공개하지 않음

④「군인사법 시행령」제 9조의 2에 의거 지원서 작성내용과 제출서류가 허위로 판명된 경우 선발에서 제외

⑤ 필기평가, 신체검사, 면접평가 시 수험표와 신분증(주민등록증, 운전면허증, 주민등록번호 전체가 기재된 여권, 주민등록증 발급신청 확인서 중 1개)을 반드시 지참

⑥ 천재지변 등으로 면접 · 신체검사 제한인원 평가일정 조정

㉠ 적용대상 : 개인의 귀책 사유가 없는 천재지변 · 기타 사유로 면접 · 신체검사 접수 완료 시간 전까지 유선으로 선발담당자와 통화 및 검증된 지원자에 한해 일정 조정 허용

㉡ 관련내용

구분	내용	증빙서류
천재지변	• 출발 및 도착 지역에 태풍, 해일, 대설주의보 이상 발령 시	기상특보 확인
기타	• 개인차량 및 대중교통으로 이동 간 발생한 사고 시 • 대중교통 수단의 고장으로 지연, 연착하여 도착시간 초과 시 • 공식적으로 학사일정에 반영된 시험일과 평가일이 중복 시 • 직계존비속(조부모, 부모, 형제, 자매) 사망 시	보험회사 / 운수업체 확인 해당학교 확인 해당학교 확인 사망진단서 등

㉢ 증빙서류는 지연 도착한 응시자가 직접 준비하여 E-mail로 제출

㉣ 증빙서류에 대한 검증 및 추가 응시여부 판단 후 개인에게 안내

실전 모의고사

실전 모의고사

≫ 정답 및 해설 p.150

공간지각능력	18문항/10분

Q 다음 입체도형의 전개도로 알맞은 것을 고르시오. 【01~04】

- 입체도형을 전개하여 전개도를 만들 때, 전개도에 표시된 그림(예 : ▮, ◢, ▬ 등)은 회전의 효과를 반영함. 즉, 본 문제의 풀이과정에서 보기의 전개도 상에 표시된 ▮과 ▬는 서로 다른 것으로 취급함.
- 단, 기호 및 문자(예 : ♤, ☎, ♨, K, H)의 회전에 의한 효과는 본 문제의 풀이과정에 반영하지 않음. 즉, 입체도형을 펼쳐 전개도를 만들었을 때 ☎의 방향으로 나타나는 기호 및 문자도 보기에서는 ☎방향으로 표시하며 동일한 것으로 취급함.

01

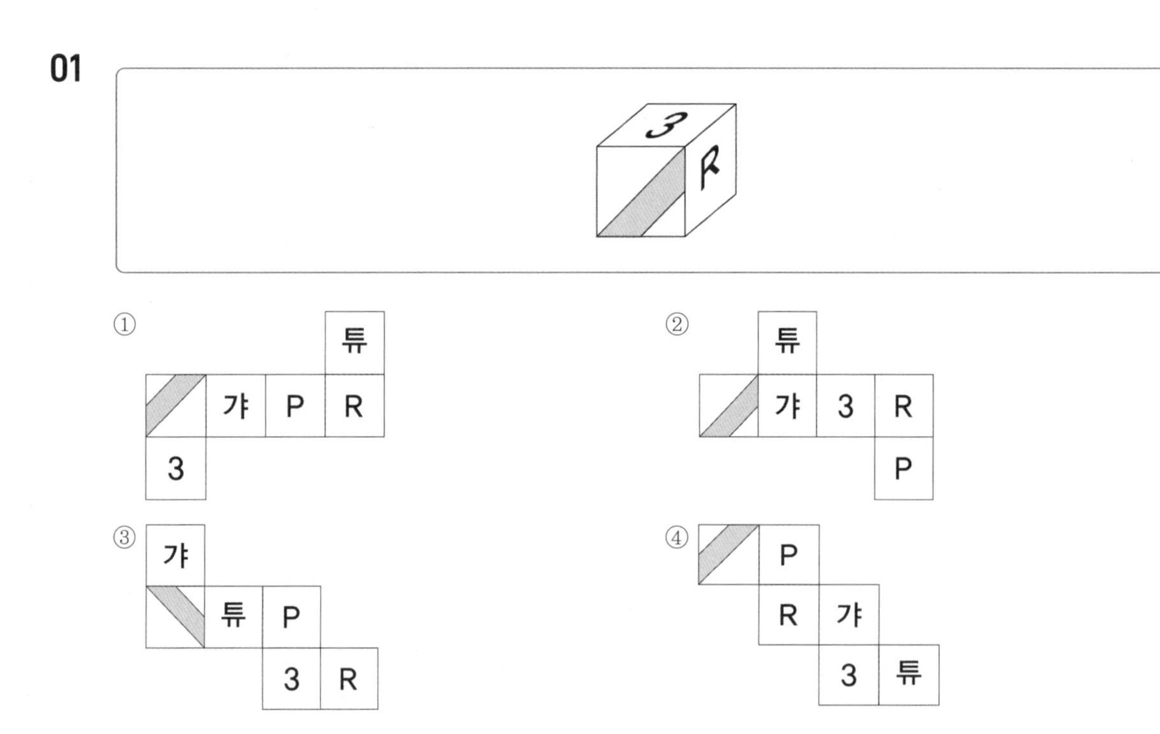

02

①

②

③

④

03

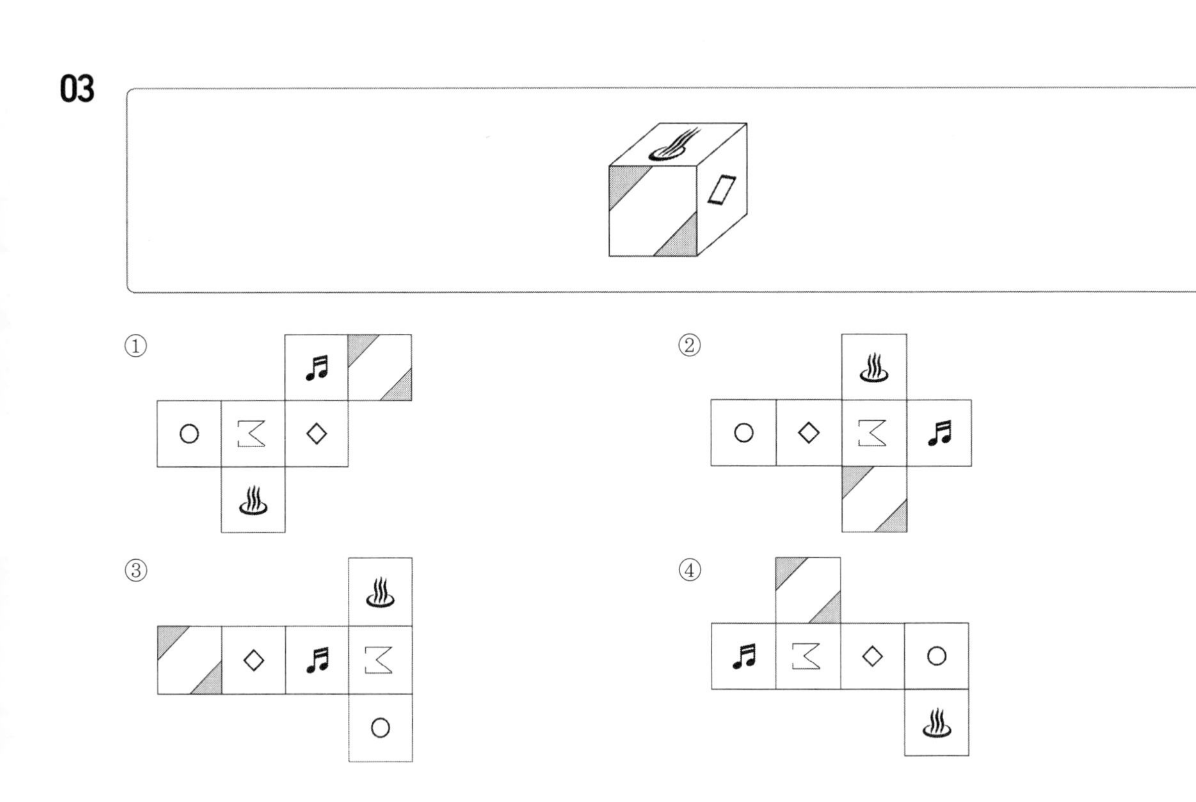

04

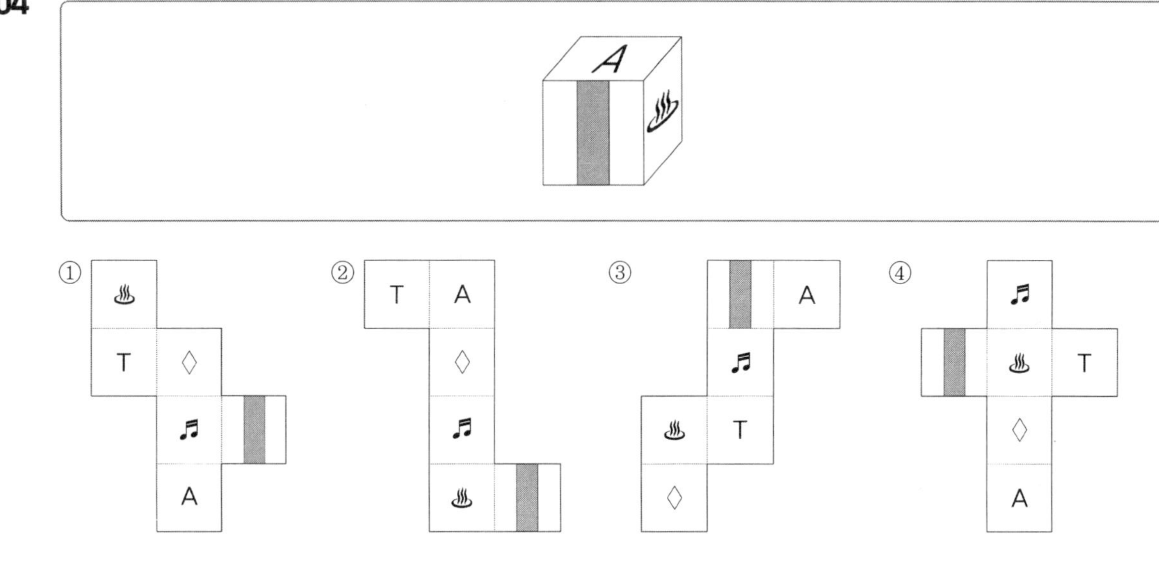

Q 다음 전개도로 만든 입체도형에 해당하는 것을 고르시오. 【05~09】

- 전개도를 접을 때 전개도 상의 그림, 기호, 문자가 입체도형의 겉면에 표시되는 방향으로 접음
- 전개도를 접어 입체도형을 만들 때, 전개도에 표시된 그림(예 : ▯, ◢, ▯ 등)은 회전의 효과를 반영함. 즉, 본 문제의 풀이과정에서 보기의 전개도 상에 표시된 ▯과 ▭는 서로 다른 것으로 취급함.
- 단, 기호 및 문자(예 : ♤, ☎, ♨, K, H)의 회전에 의한 효과는 본 문제의 풀이과정에 반영하지 않음. 즉, 전개도를 접어 입체도형을 만들었을 때 ☎의 방향으로 나타나는 기호 및 문자도 보기에서는 ☎방향으로 표시하며 동일한 것으로 취급함.

05

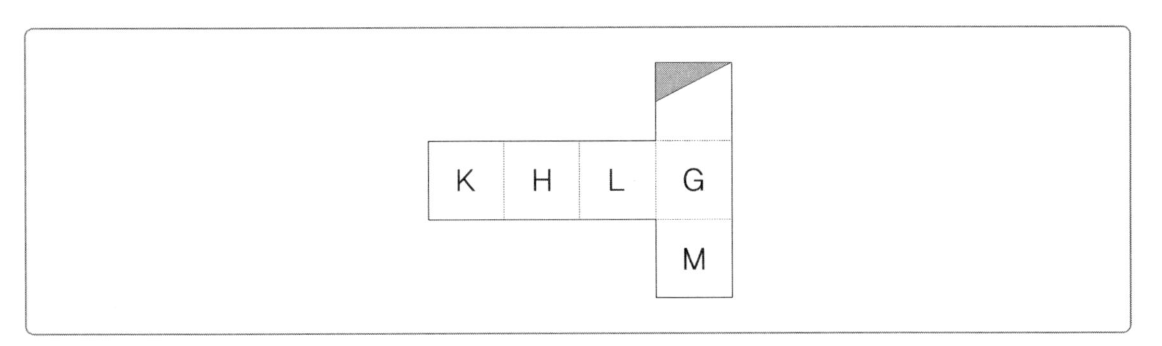

① ② 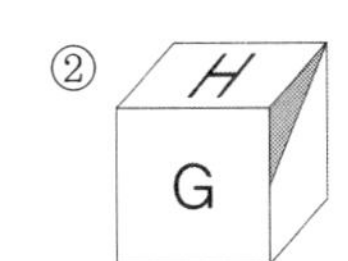 ③ 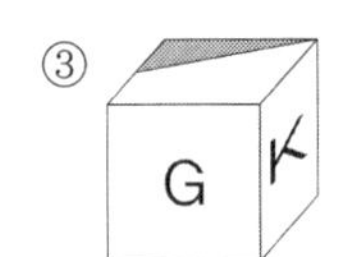 ④ 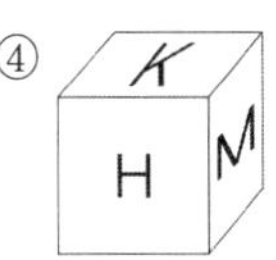

06

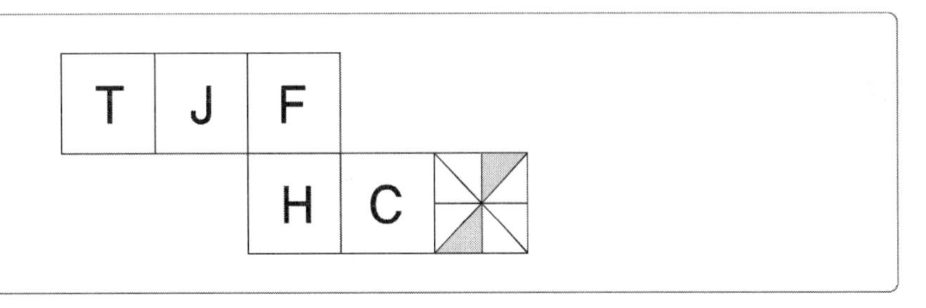

① 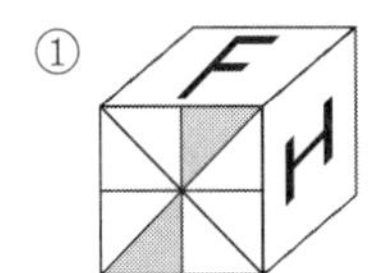 ② 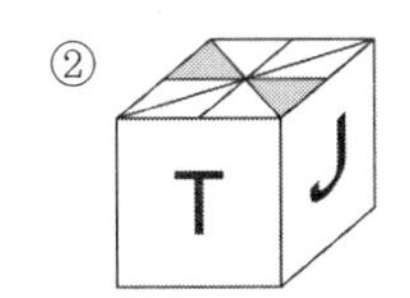 ③ 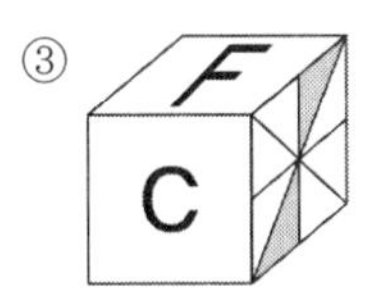 ④ 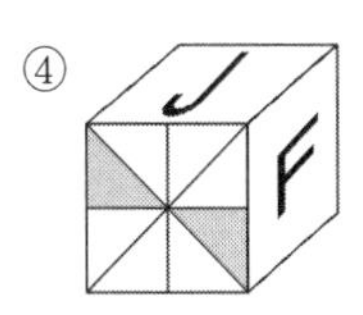

07

①

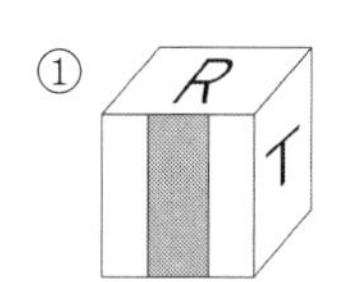

② ③

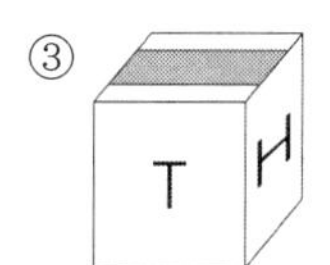

④

08

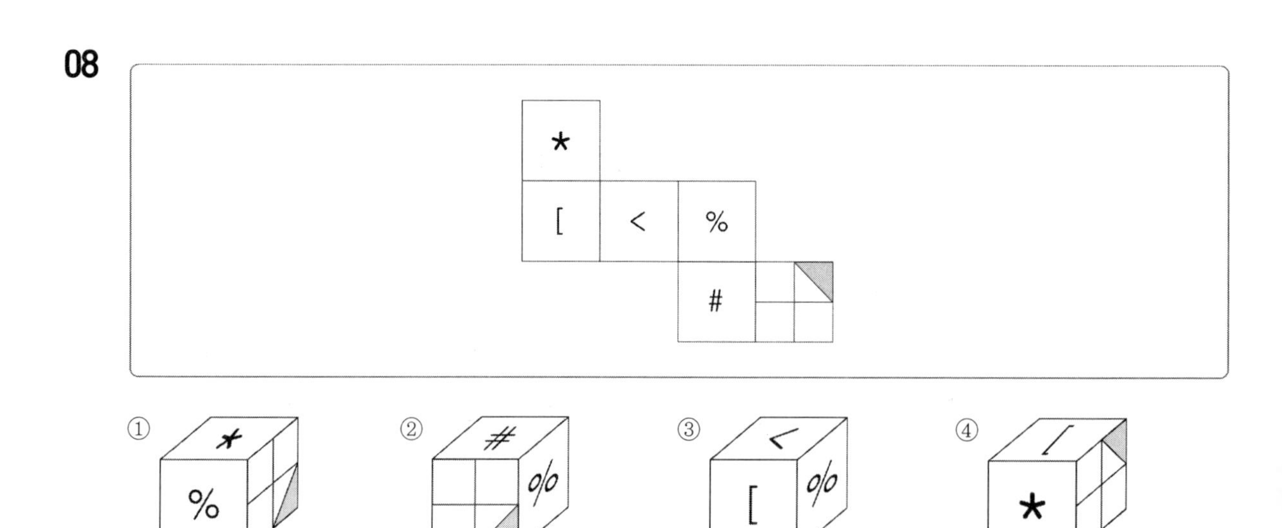

09

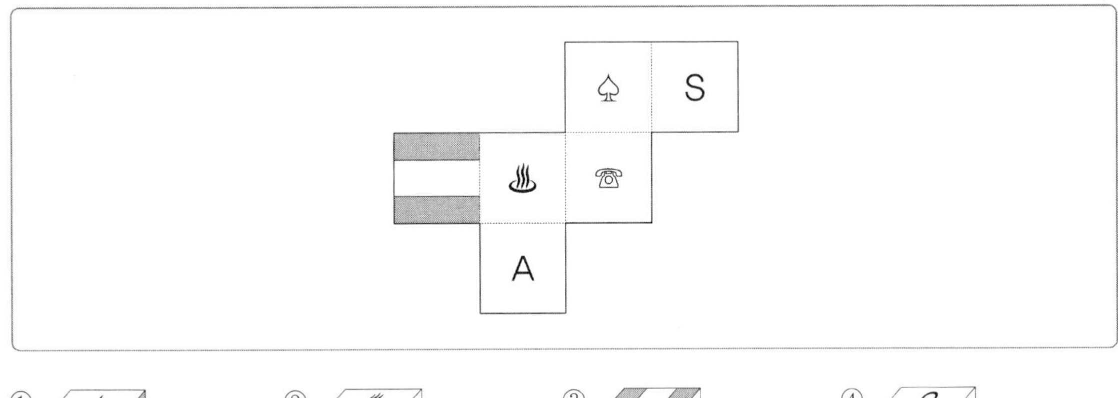

①
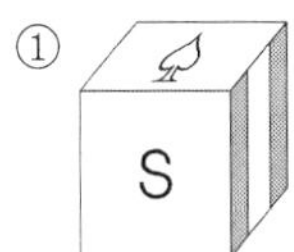

②
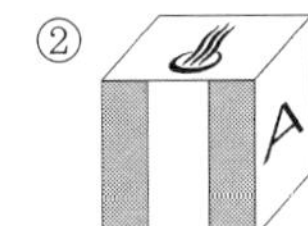

③
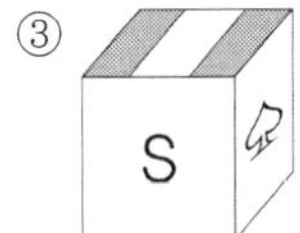

④
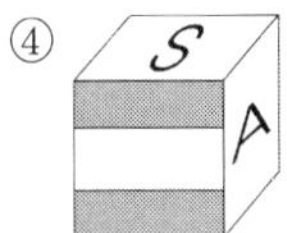

Ⓠ 다음에 제시된 그림과 같이 쌓기 위해 필요한 블록의 수를 구하시오. 【10~14】
(단, 블록은 모양과 크기가 모두 동일한 정육면체임)

10

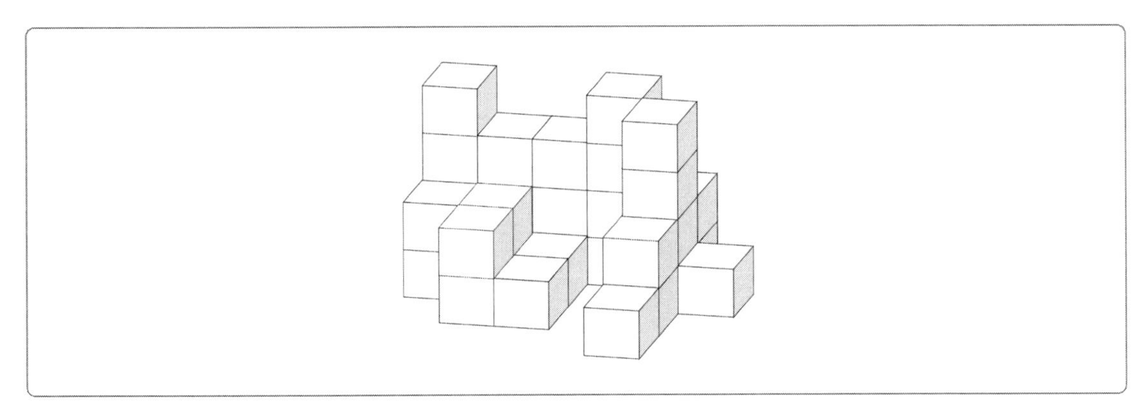

① 25
② 29
③ 32
④ 36

11

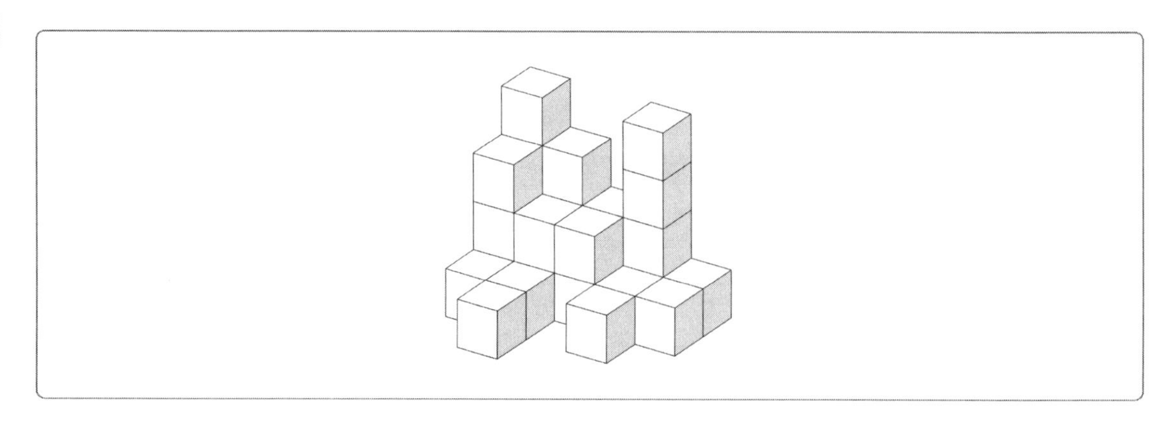

① 18
② 21
③ 24
④ 27

12

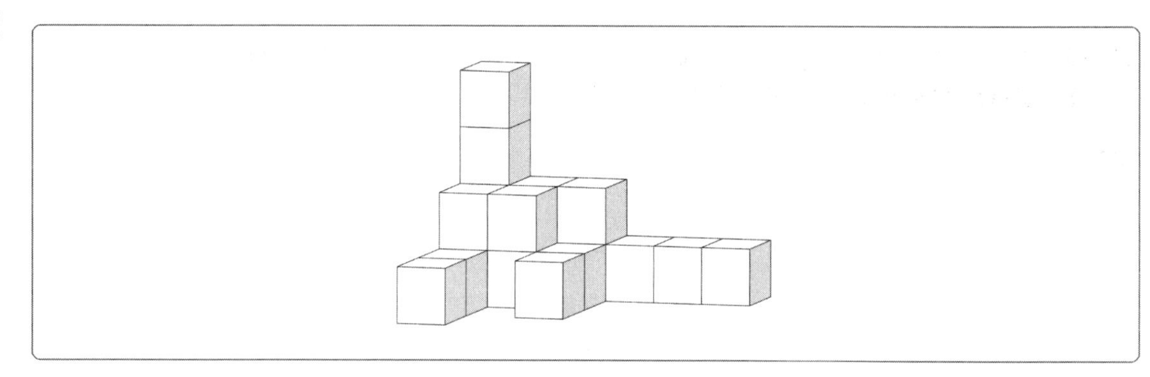

① 17
② 19
③ 21
④ 23

13

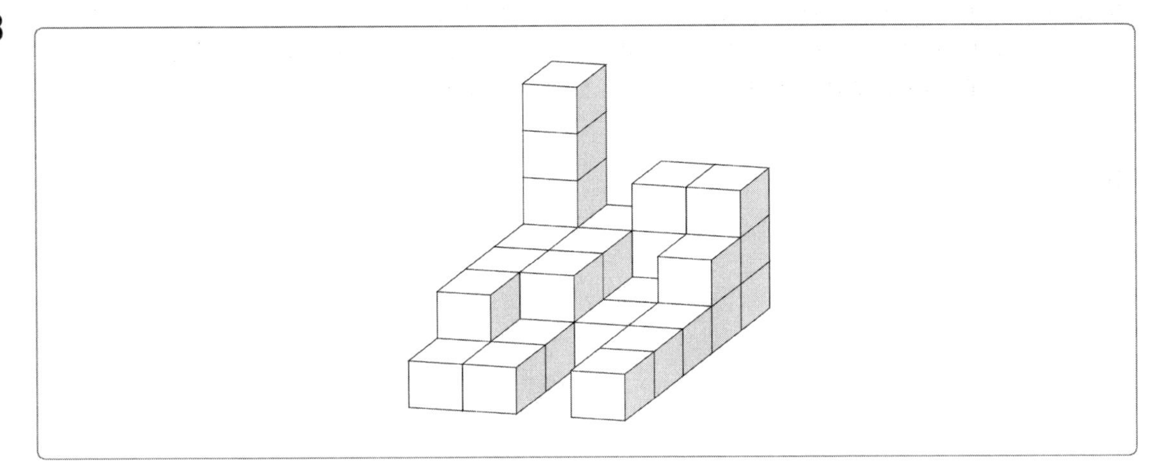

① 30
② 33
③ 36
④ 39

14

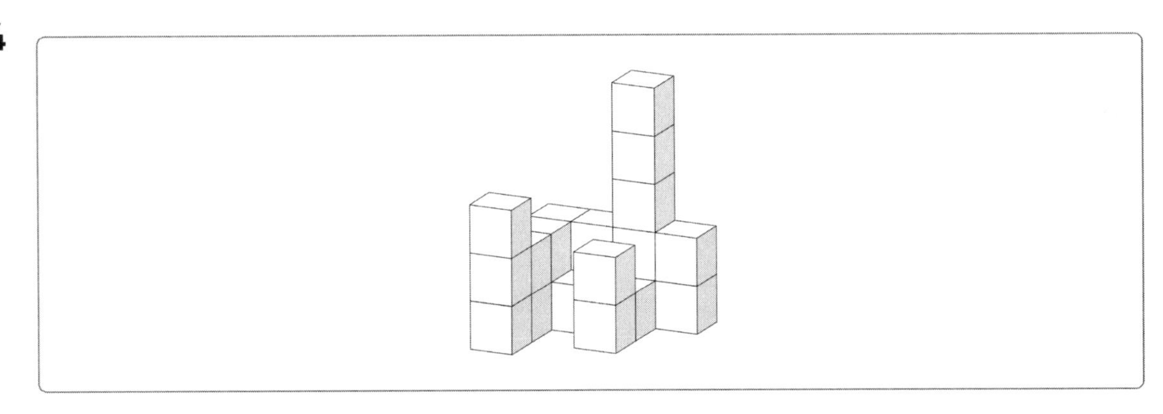

① 19
② 20
③ 21
④ 22

Q 아래에 제시된 블록들을 화살표 표시한 방향에서 바라봤을 때의 모양으로 알맞은 것을 고르시오. 【15~18】
(단, 블록은 모양과 크기가 모두 동일한 정육면체이며, 바라보는 시선의 방향은 블록의 면과 수직을 이루며 원근에 의해 블록이 작게 보이는 효과는 고려하지 않음)

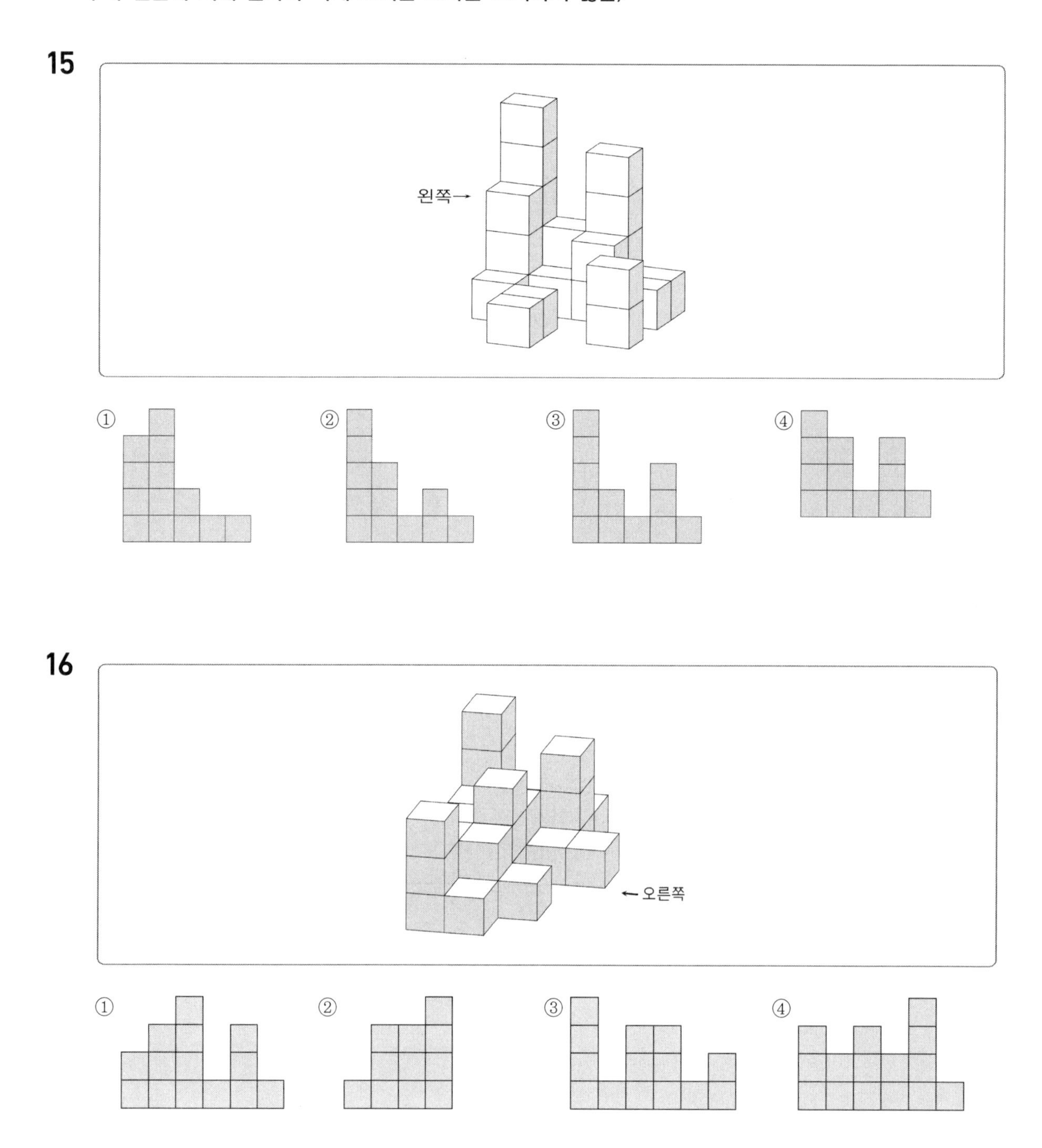

17

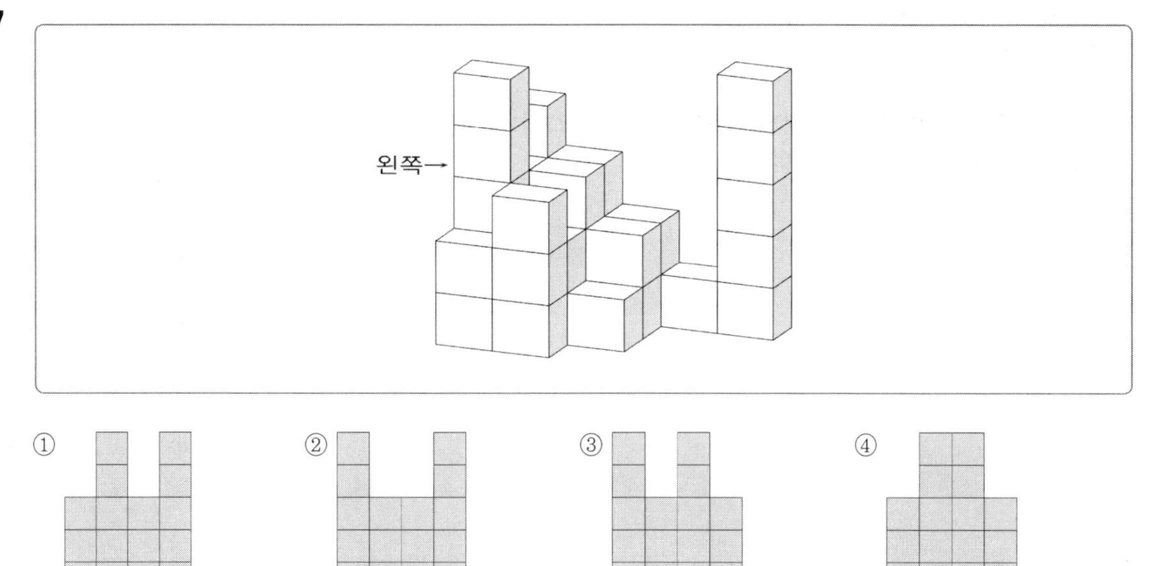

18

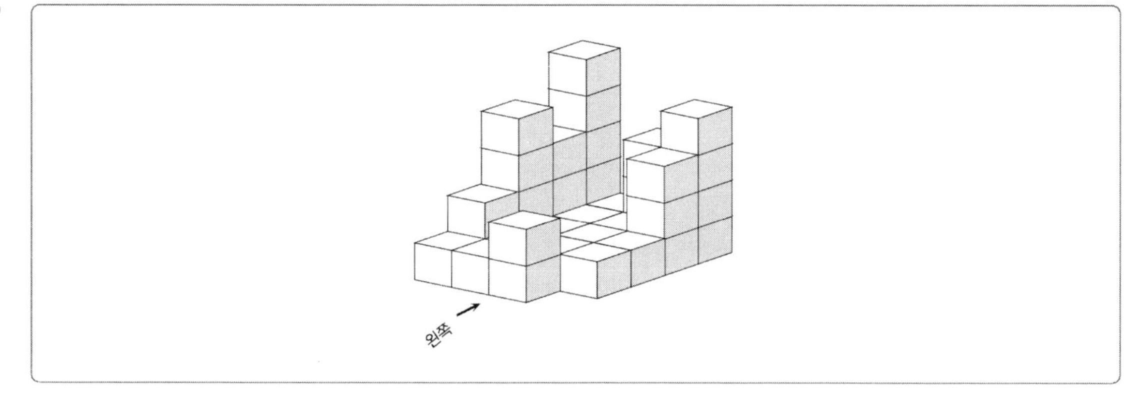

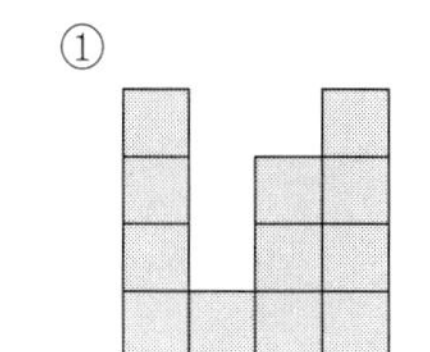

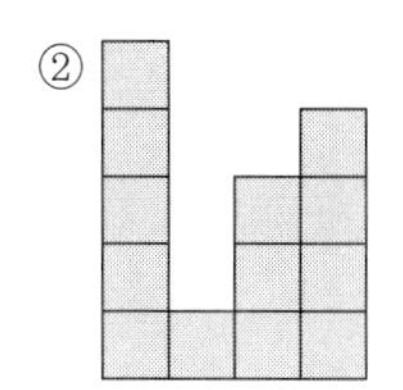

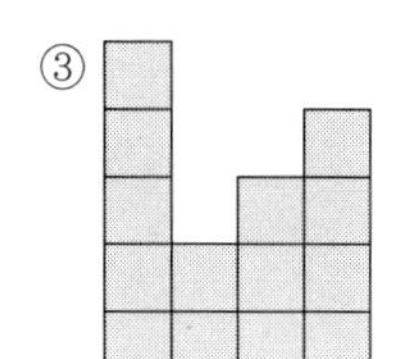

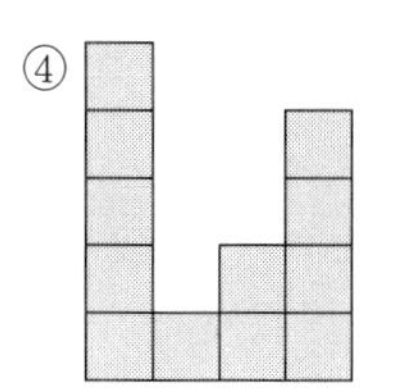

지각속도	30문항/3분

Ⓠ 다음 왼쪽과 오른쪽 기호, 문자, 숫자의 대응을 참고하여 각 문제의 대응이 같으면 '① 맞음'을, 틀리면 '② 틀림'을 선택하시오. 【01~03】

Ё = ㉠	Ж = ㉢	Й = ㉣	Д = ㉡	Щ = ㉥
Б = ㉤	П = ㉧	Г = ㉦	Я = ㉩	Ч = ㉪

01	㉢ ㉦ ㉩ ㉥ ㉧ – Ж Г Я Щ П	① 맞음	② 틀림
02	㉤ ㉠ ㉣ ㉡ ㉪ – Б Ё Й Ж Ч	① 맞음	② 틀림
03	㉧ ㉩ ㉪ ㉡ ㉠ – П Я Ч Д Ё	① 맞음	② 틀림

Ⓠ 다음 〈보기〉의 왼쪽과 오른쪽 기호의 대응을 참고하여 각 문제의 대응이 같으면 답안지에 '① 맞음'을, 틀리면 '② 틀림'을 선택하시오. 【04~06】

1 = 남	2 = 부	3 = 보	4 = 관	5 = 학
6 = 녀	7 = 생	8 = 사	9 = 교	0 = 후

04 남 녀 부 사 관 − 1 6 2 8 4 ① 맞음 ② 틀림

05 사 관 후 보 생 − 8 4 0 7 3 ① 맞음 ② 틀림

06 사 관 학 교 생 − 8 4 5 7 9 ① 맞음 ② 틀림

Q 다음 왼쪽과 오른쪽 기호, 문자, 숫자의 대응을 참고하여 각 문제의 대응이 같으면 '① 맞음'을, 틀리면 '② 틀림'을 선택하시오. 【07~09】

ㅭ = 1	ㅹ = 3	ㆃ = 5	ㆈ = 4	ㅵ = 7
ㅱ = 2	ㆄ = 8	ㅥ = 6	ㅨ = 9	ㅪ = 0

07 1 6 8 9 0 – ㅭ ㅥ ㆄ ㅨ ㅪ ① 맞음 ② 틀림

08 8 6 7 4 3 – ㆄ ㆃ ㅵ ㅱ ㅹ ① 맞음 ② 틀림

09 4 9 2 7 6 – ㆈ ㅨ ㅱ ㅵ ㅥ ① 맞음 ② 틀림

Q 다음 〈보기〉의 왼쪽과 오른쪽 기호의 대응을 참고하여 각 문제의 대응이 같으면 답안지에 '① 맞음'을, 틀리면 '② 틀림'을 선택하시오. 【10~12】

㉠ = t	㉡ = e	㉢ = s	㉣ = p	㉤ = r
㉥ = o	㉦ = n	㉧ = u	㉨ = l	㉩ = h

10 t e l e p h o n e – ㉠ ㉡ ㉨ ㉡ ㉣ ㉩ ㉥ ㉦ ㉡ ① 맞음 ② 틀림

11 s p r u l e r – ㉢ ㉣ ㉤ ㉧ ㉨ ㉡ ㉤ ① 맞음 ② 틀림

12 n e o h s t r – ㉦ ㉡ ㉥ ㉩ ㉠ ㉢ ㉤ ① 맞음 ② 틀림

Q 다음 〈보기〉의 왼쪽과 오른쪽 기호의 대응을 참고하여 각 문제의 대응이 같으면 답안지에 '① 맞음'을, 틀리면 '② 틀림'을 선택하시오. 【13~15】

a = 남	b = 동	c = 리	d = 우
e = 강	f = 산	g = 서	h = 북

13 동 서 남 북 우 산 − b g a h d f　　① 맞음　② 틀림

14 우 리 강 산 동 북 − d c e f h b　　① 맞음　② 틀림

15 동 산 남 산 우 산 서 산 − b f a f d f f g　　① 맞음　② 틀림

Q 다음의 〈보기〉에서 각 문제의 왼쪽에 표시된 굵은 글씨체의 기호, 문자, 숫자의 개수를 모두 세어 오른쪽 개수에서 찾으시오. 【16~30】

16 **⌛**　⌖⌛⍉⍾⏀⎅◎▽⌕▽⌕⍾⏀⌖⍉⎅▽⌛⌕⍾⏀⌛⎅⌖⍉▽⌕⌛　① 1개　② 2개　③ 3개　④ 4개

17 **ㅇ**　엄마야 누나야 강변 살자 뜰에는 반짝이는 금모래 빛　① 2개　② 4개　③ 6개　④ 8개

18 e Rivers of molten lava flowed down the mountain ① 1개 ② 2개 ③ 3개 ④ 4개

19 0 9878956240890196703504890780910230580103048 ① 7개 ② 9개 ③ 11개 ④ 13개

20 ᗪ ∀ᗪᗪᗪ⅃ᑭ∀↩ᘉᗪᗪᗰᘮᗣ∀ᗪᑭ↩ᗣ↩ᘉ∀ᗰᑭ↩ᗣ↩ᘉᗪᗰᑭ↩ᗣᗪ ① 4개 ② 5개 ③ 6개 ④ 7개

21 a I never dreamt that I'd actually get the job ① 1개 ② 2개 ③ 3개 ④ 4개

22 7 97889620004259232051786021459731 ① 3개 ② 4개 ③ 5개 ④ 6개

23 ㅊ 아무도 찾지 않는 바람 부는 언덕에 이름 모를 잡초 ① 1개 ② 2개 ③ 3개 ④ 4개

24 ⨸ ⚠⨸△⟁⌟⊚⋇⪥⨸⟁⌟⋇⪥⊚⨂⟨×⟩⋇⪥⟁⌟⊚Ŭ⟁⌟⨸⨸⨸⊚ᑎ∩̄ ① 3개 ② 4개 ③ 5개 ④ 6개

25 1 1411061507156592356781420112452 ① 2개 ② 4개 ③ 6개 ④ 8개

26 y That jacket was a really good buy ① 1개 ② 2개 ③ 3개 ④ 4개

27 ㄹ 오늘 하루 기운차게 달려갈 수 있도록 노력하자 ① 3개 ② 5개 ③ 7개 ④ 9개

28 1 753951852469713259817532157981389130 ① 6개 ② 7개 ③ 8개 ④ 9개

29 2 14235629225481395571351325312195753 ① 6개 ② 7개 ③ 8개 ④ 9개

30 r There was an air of confidence in the England camp ① 1개 ② 2개 ③ 3개 ④ 4개

언어논리력	25문항/20분

01 **다음 밑줄 친 부분과 같은 의미로 사용되지 않은 것은?**

> 희생제물의 대명사로 우리는 '희생양'을 떠올린다. 이는 희생제물이 대개 동물일 것이라고 추정하게 하지만, 희생제물에는 인간도 포함된다. 인간 집단은 안위를 위협하는 심각한 위기 상황을 맞게 되면, 이를 극복하고 사회 안정을 회복하기 위해 처녀나 어린아이를 제물로 바쳤다. 이러한 사실은 인신공희(人身供犧) 설화를 통해 찾아볼 수 있다. 이러한 설화에서 인간들은 신이나 괴수에게 처녀나 어린아이를 희생제물로 바쳤다.

① 평생을 과학 연구에 몸을 바치다.
② 새로 부임한 군수에게 음식을 만들어 바쳤다.
③ 신에게 제물을 바쳐 우리 부락의 안녕을 빌었다.
④ 한라산 산신께 살찐 송아지 하나를 희생하여 바치고 축문을 읽었다.
⑤ 그는 하느님께 희생 제물을 바쳤다.

02 **다음 중 제시된 낱말을 활용하여 만든 문장이 잘못된 것은?**

① 너비 : 사고가 나서 경찰이 도로의 너비를 재고 있다.
넓이 : 그 농장은 넓이가 3만 평이나 된다.
② 한참 : 담장을 따라 한참을 가니 그 집이 나온다.
한창 : 요즘 놀이공원은 사람들로 한창 붐빈다.
③ 있다가 : 지금은 바쁘니까 있다가 만나자.
이따가 : 조금만 누워 이따가 일어나마.
④ 째 : 그는 사과를 껍질째 먹어버렸다.
채 : 양복을 입은 채 잠이 들었다.
⑤ 부치다 : 회의 내용을 극비에 부치다.
붙이다 : 연탄에 불을 붙이다.

03 다음 예문에서 맞춤법이나 표준어 규정에 맞지 않는 것은?

> ㉠ 사글셋방에 살고 있는 철수 어머니는 다음 날 ㉡ 셋째 장날 ㉢ 수퇘지를 팔아 ㉣ 가스렌지를 사서 친정어머니 회갑 ㉤ 잔치에 가기로 하였다.

① ㉠ 사글셋방
② ㉡ 셋째
③ ㉢ 수퇘지
④ ㉣ 가스렌지
⑤ ㉤ 잔치

04 다음 문장 중 어법에 가장 알맞은 것은?

① 저희 교육원은 가장 정확한 수험 정보와 높은 적중률을 제공해 드립니다.
② 김 원장은 가난한 사람들에게 무료 의술을 베풂으로서 사회봉사를 실천합니다.
③ 태풍 '타파'로 인해 제주 일대의 태풍주의보가 호우주의보로 대체할 전망입니다.
④ 이번 회담 결과로 앞으로 우리나라의 대미 수출은 어려움을 겪을 것으로 예상되었습니다.
⑤ 이 진공청소기는 흡인력과 소음이 적어 기능이 매우 우수한 제품입니다.

05 다음 빈칸에 들어갈 알맞은 단어를 고르시오.

> 과학을 잘 모르는 사람들이 갖는 두 가지 편견이 있다. 그 하나의 극단은 과학은 인간성을 상실하게 할 뿐만 아니라 온갖 공해와 전쟁에서 대량 살상을 하는 등 인간의 행복을 빼앗아가는 아주 나쁜 것이라고 보는 입장이다. 다른 한 극단은 과학은 무조건 좋은 것, 무조건 정확한 것으로 보는 것이다. 과학의 발달과 과학의 올바른 이용을 위해서 이 두 가지 편견은 반드시 (　　)되어야 한다.

① 추정
② 연명
③ 해소
④ 출소
⑤ 함구

06 다음 중 두 가지 의미로 해석될 수 있는 것은?

① 임금님의 귀가 당나귀의 귀와 비슷하다.
② 가을엔 쪽빛 하늘과 황금빛 들판이 맞닿는다.
③ 나는 눈이 큰 진영이의 언니를 선생님께 소개해 드렸다.
④ 일상생활에서도 관용적인 표현을 다양하게 사용할 수 있다.
⑤ 성수대교가 무너진 것은 정부에게 책임이 있다.

07 다음 밑줄 친 한자어의 독음이 옳지 않은 것은?

> 외국인고용허가제가 ㉠ 施行된다. 외국인 노동자의 도입과 취업 ㉡ 斡旋업무는 국가 또는 공고기관이 직접 맡고 5월이나 내년 3월로 출국기간이 ㉢ 猶豫된 불법체류자 중 체류기간이 3년 미만인 외국인노동자는 2년의 고용허가를 받게 된다. 정부는 29일 국무조정실 ㉣ 主宰로 차관회의를 열고 이 ㉤ 案件을 통과하였다.

① 시행
② 주선
③ 유예
④ 주재
⑤ 안건

08 다음 글을 세 문단으로 나눌 때 두 번째와 세 번째 문단이 시작되는 부분은?

인종이란 신체적인 특성을 기준으로 분류한 인간의 종별 개념을 의미하는 말로 유전적으로 공통적인 선조를 가지고 있는 경우로 분류하는 것이 일반적이다. 서로 다른 인종의 특성은 지역에 따른 차이에 의해 가장 많이 드러나는데 이런 점으로 미루어 보아 인종이란 인류가 각기 다른 생활 터전에 적응하면서 변화해 온 결과라고 볼 수 있다.
㉠ 인종을 구별할 때에는 대체적으로 얼굴 구조와 같은 신체적 특징 특히, 피부색 등을 매개로 분류한다.
㉡ 그러나 인간에게는 번식방법의 사회적 규정으로 '혼인'이라는 제도가 존재하기 때문에 순수한 인종이란 드물다.
㉢ 한 집단의 매우 특수한 사회적 속성이란 희귀한 풍습을 지니고 있다 하더라도 공통적인 유전자를 가지고 있지 않다면 그들을 인종적 개념으로 분류할 수 없다.
㉣ 역사적으로 각 인종 간에는 차별이 존재했고 때로는 특정 소수민족의 유전자적 열성을 들어 인종 간 우열의 격차를 논하기도 하였다. 유대인이나 집시, 흑인 등은 지능이 열등하다는 혹은 게으르고 천박하다는 견해 하에 역사 속에서 수없이 많은 멸시와 모멸 심지어는 잔혹한 박해와 탄압을 받아왔다.
㉤ 그러나 오늘날에 와서 어떠한 인종이 열등하다고 여기는 고정관념은 전혀 증거가 없는 것으로 밝혀졌다. 본래 인류의 종이 번식하면서부터 순수한 인종의 개념은 찾아보기 어렵게 되었을 뿐더러 인종의 격차를 측정하는 갖가지 방법들에서 기득권을 쥐고 있는 다수의 민족에게 유리하고 소수의 민족에게는 불리하게 편성되어 있다는 사실에서 그러한 이유를 찾아볼 수 있다.

① ㉠㉡
② ㉠㉣
③ ㉡㉣
④ ㉡㉤
⑤ ㉢㉤

09 다음 글의 ( ) 안에 들어갈 알맞은 접속어를 차례대로 나열한 것은?

> 신화의 내용이 황당무계하다는 것은 누구나 인정한다. 현실의 세계에서는 상식적으로 불가능한 사건들이 신화의 세계에서는 아무렇지도 않게 전개된다. (㉠) 신화는 현실적인 이야기가 아닌 상상 속의 이야기일 뿐이라고 치부되어 왔다. (㉡) 그렇게 볼일이 아니다. 신화의 내용은 현실적으로 분명히 존재하지 않는가. 신들이 만들었다는 세계가 있고 인간이 있으며 산천초목이 있다. 제도가 있고 풍습이 존재한다. 신화의 내용은 어김없이 있는 것이다. (㉢) 신화의 내용이 황당하다고 부정할 수는 없는 일이다.

㉠ ㉡ ㉢

① 하지만, 그러나, 따라서
② 하지만, 따라서, 그러나
③ 그래서, 하지만, 그러나
④ 그래서, 하지만, 따라서
⑤ 그래서, 따라서, 그리고

10 다음 중 맞춤법이 바르게 쓰인 문장은?

① 남동생의 공부를 가리켜 주었다.
② 내게는 더 이상 아무런 바람이 없다.
③ 지금은 오징어가 한참인 계절이다.
④ 산을 너머 밤이 새도록 길을 걸었다.
⑤ 육상대회에서 새로운 기록을 갱신하였다.

11 **다음 글에 대한 설명으로 옳은 것은?**

> ㉠ 전통은 물론 과거로부터 이어온 것을 말한다. ㉡ 이 전통은 대체로 그 사회 및 그 사회의 구성원인 개인의 몸에 배어 있는 것이다. ㉢ 그러므로 스스로 깨닫지 못하는 사이에 전통은 우리의 현실에 작용하는 경우가 있다. ㉣ 그러나 과거에서 이어 온 것을 무턱대고 모두 전통이라고 한다면, 인습(因襲)이라는 것과는 구별이 서지 않을 것이다. ㉤ 우리는 인습을 버려야 할 것이라고는 생각하지만, 계승해야 할 것이라고는 생각하지 않는다. ㉥ 여기서 우리는, 과거에서 이어 온 것을 객관화하고, 이를 비판하는 입장에 서야 할 필요를 느끼게 된다.

① ㉠은 이 글의 주지 문장이다.
② ㉡은 ㉠을 부연 설명한 문장이다.
③ ㉡과 ㉢은 전환관계이다.
④ ㉣은 ㉤에 대한 이유를 제시한 문장이다.
⑤ ㉤은 전체 내용을 요약한 문장이다.

12 **다음 중 논점의 변화로 오류를 범하고 있는 것은?**

① 김 박사는 고집이 세다. 정 박사도 고집이 세다. 그러므로 박사들은 모두 고집이 셀 것이다.
② 이 카세트는 값이 싸다. 값이 싼 것은 쉽게 망가진다. 그러므로 이 카세트는 쉽게 망가질 것이다.
③ 민수는 음식을 먹고 병에 걸렸다. 그러므로 음식은 몸에 해로운 것이다.
④ 그 학설은 옳지 않다. 왜냐하면 그 학설을 주장한 사람은 유명하지 않기 때문이다.
⑤ 이것은 컴퓨터이다. 컴퓨터는 모니터, 본체, 키보드로 이루어져 있다. 그러므로 모니터, 본체, 키보드는 컴퓨터이다.

13 다음 글을 논리적인 순서대로 바르게 배열한 것은?

> (가) 학문을 한다면서 논리를 불신하거나 논리에 대해서 의심을 가지는 것은 용납할 수 없다. 논리를 불신하면 학문을 하지 않는 것이 적절한 선택이다. 학문이란 그리 대단한 것이 아닐 수 있다. 학문보다 더 좋은 활동이 얼마든지 있어 학문을 낮추어 보겠다고 하면 반대할 이유가 없다.
> (나) 학문에서 진실을 탐구하는 행위는 논리로 이루어진다. 진실을 탐구하는 행위라 하더라도 논리화되지 않은 체험에 의지하거나 논리적 타당성이 입증되지 않은 사사로운 확신을 근거로 한다면 학문이 아니다. 예술도 진실을 탐구하는 행위의 하나라고 할 수 있으나 논리를 필수적인 방법으로 사용하지는 않으므로 학문이 아니다.
> (다) 교수이기는 해도 학자가 아닌 사람들이 학문을 와해시키기 위해 애쓰는 것을 흔히 볼 수 있다. 편하게 지내기 좋은 직업인 것 같아 교수가 되었는데 교수는 누구나 논문을 써야한다는 악법에 걸려 본의 아니게 학문을 하는 흉내를 내야하니 논리를 무시하고 논문을 쓰는 편법을 마련하고 논리자체에 대한 악담으로 자기 행위를 정당화하게 된다. 그래서 생기는 혼란을 방지하려면 교수라는 직업이 아무 매력도 없게 하거나 아니면 학문을 하지 않으려는 사람이 교수가 되는 길을 원천 봉쇄해야 한다.
> (라) 논리를 어느 정도 신뢰할 수 있는가 의심스러울 수 있다. 논리에 대한 불신을 아예 없애는 것은 불가능하고 무익하다. 논리를 신뢰할 것인가는 개개인이 자유롭게 선택할 수 있는 기본권의 하나라고 해도 무방하다. 그래서 학문은 논리에 대한 신뢰를 자기 인생관으로 삼은 사람들이 독점해서 하는 행위이다.

① (가) – (나) – (다) – (라)
② (가) – (다) – (나) – (라)
③ (나) – (라) – (가) – (다)
④ (다) – (가) – (라) – (나)
⑤ (라) – (가) – (나) – (다)

14 다음 중 “한 번 실수는 병가(兵家)의 상사(常事)”라는 말의 뜻으로 가장 알맞은 것은?

① 한 번의 실수일지라도 군인의 집안에서는 항상 경계해야 할 일이다.
② 누구나 한번쯤의 실수는 하는 것이므로 실수를 하더라도 크게 상심할 필요가 없다.
③ 군인의 집안에서 벌어지는 한 번의 실수는 그 가족들의 인생에 평생 영향을 끼친다.
④ 군인이 그러하듯이 실수를 많이 하면 할수록 실전에서의 적응 능력이 향상되게 마련이다.
⑤ 어떤 일을 도모함에 있어서 한 번 두 번 실수를 거듭하다 보면 결국 성공을 하게 마련이다.

15 다음 중 유사한 속담끼리 연결된 것이 아닌 것은?

① 겨울바람이 봄바람보고 춥다고 한다. – 가랑잎이 솔잎더러 바스락거린다고 한다.
② 사공이 많으면 배가 산으로 올라간다. – 우물에 가서 숭늉 찾는다.
③ 같은 값이면 다홍치마 – 같은 값이면 껌정소 잡아먹는다.
④ 구슬이 서 말이라도 꿰어야 보배라 – 가마 속의 콩도 삶아야 먹는다.
⑤ 백지장도 맞들면 낫다. – 동냥자루도 마주 벌려야 들어간다.

16 다음 글에서 밑줄 친 부분과 같은 의미로 사용된 것은?

> 일 년에 한두 번 방학 때만 오래간만에 만나는 터이나, 이 두 청년은 입심자랑이나 하듯이 주고받는 말 끝마다 서로 비꼬는 수작밖에는 없건마는, 그래도 한 번도 정말 노해 본 일은 없는 사이이다. 중학에서 졸업할 때까지 첫째, 둘째를 겯고 틀던 수재이고, 비슷비슷한 가정 사정에서 자라났기 때문에 어린 우정 일망정 어느덧 깊은 이해와 동정을 버리려야 버릴 수가 없는 것이었다.
> 이지적이요, 이론적이기는 둘이 더하고 덜할 것이 없지마는, 다만 덕기는 있는 집자식이요, 해사하게 생긴 그 얼굴 모습과 같이 명쾌한 가운데도 안존하고 순편한 편이요, 병화는 거무튀튀하고 유들유들한 맛이 있느니만큼 남에게 좀처럼 머리를 숙이지 않는 고집이 있어 보인다.
> 그 수작 붙이는 것을 보아도, 덕기 역시 넉넉한 집안에 파묻혀서 곱게 자라난 분수 보아서는 명랑하지 못한 성미이나, 병화는 이 이삼년 동안에 더욱이 성격이 뒤틀어진 것을 덕기도 냉연히 바라보고 지내는 터이었다.

① 네놈이 나를 속이려고 엉뚱한 수작을 부리는구나.
② 앞뒤에서 주고받는 사내들의 수작이 노골적으로 수상해졌다.
③ 수작하던 사람들은 어디로 가고 '포석정' 이름만 남았는가.
④ 네가 지금 하는 수작을 보니 부아통이 치미는구나.
⑤ 그의 소설은 문학사에 길이 남을 수작으로 평가되고 있다.

17 다음 글에서 지은이가 궁극적으로 말하고자 하는 것은?

역사가는 하나의 개인입니다. 그와 동시에 다른 많은 개인들과 마찬가지로 그들은 하나의 사회적 현상이고, 자신이 속해 있는 사회의 산물인 동시에 의식적이건 무의식적이건 그 사회의 대변인인 것입니다. 바로 이러한 자격으로 그들은 역사적인 과거의 사실에 접근하는 것입니다.
우리는 가끔 역사과정을 '진행하는 행렬'이라 말합니다. 이 비유는 그런대로 괜찮다고 할 수는 있겠지요. 하지만 이런 비유에 현혹되어 역사가들이, 우뚝 솟은 암벽 위에서 아래 경치를 내려다보는 독수리나 사열대에 선 중요 인물과 같은 위치에 서 있다고 생각해서는 안 됩니다. 이러한 비유는 사실 말도 안 되는 이야기입니다. 역사가도 이러한 행렬의 한편에 끼어서 타박타박 걸어가고 있는 또 하나의 보잘것없는 인물밖에는 안 됩니다. 더구나 행렬이 구부러지거나, 우측 혹은 좌측으로 돌며, 때로는 거꾸로 되돌아오고 함에 따라, 행렬 각 부분의 상대적인 위치가 잘리게 되어 변하게 마련입니다.
따라서 1세기 전 우리들의 증조부들보다도 지금 우리들이 중세에 더 가깝다든가, 혹은 시저의 시대가 단테의 시대보다 현대에 가깝다든가 하는 이야기는, 매우 좋은 의미를 갖는 경우도 될 수 있는 것입니다. 이 행렬 – 그와 더불어 역사가들도 – 이 움직여 나감에 따라 새로운 전망과 새로운 시각은 끊임없이 나타나게 됩니다. 이처럼 역사가의 시각은 역사의 일부분만을 보는데 지나지 않습니다. 즉 그가 참여하고 있는 행렬의 지점이 과거에 대한 그의 시각을 결정한다는 것이지요.

① 역사는 현재와 과거의 단절에 기초한다.
② 역사가는 주관적으로 역사를 바라보아야 한다.
③ 역사는 사실의 객관적 편찬이다.
④ 과거의 역사는 현재를 통해서 보아야 한다.
⑤ 역사가와 사실의 관계는 평등한 관계이다.

18 다음 중 글의 통일성을 해치는 내용은?

㉠ 노장(老莊)은 인위적인 것을 규탄한다. 그것은 다름 아니라 인간이 자연을 도구로 삼는 태도, 자연과 지적 관계를 세우는 태도를 규탄한다는 의미가 된다. ㉡ 우리는 이른바 기술 과학과 문화가 주는 안락한 생활을 영위하며 바쁜 도시의 일상생활 속에서도 욕망을 충족할 도구를 찾아야 한다. ㉢ 그래서 노자는 '지부지상 부지지병(知不知上 不知之病)', 즉 "알면서도 알지 못하는 태도를 갖는 것이 제일이고, 알지 못하면서도 아는 체 한다는 것은 병(病)이다"라고 하였으며, ㉣ 장자는 "자연과 합하면 언어의 유희를 초월한다. 즉 지언(至言)은 말을 버린다. 보통 지(知)로 연구하는 바는 천박한 것에 불과하다"라고 말한다. ㉤ 왜냐하면 자연, 있는 그대로의 사물 현상은 인간의 지성으로 따질 수도 알 수도 없으며, 언어로써도 표현될 수 없는, 언어 이전의 존재이기 때문이다.

① ㉠
② ㉡
③ ㉢
④ ㉣
⑤ ㉤

19 다음 제시된 글의 다음에 올 문장의 배열이 차례로 나열된 것은?

조사, 문서 작성이야말로 교양교육에서 가장 중요한 포인트라고 생각했고 지금도 그렇게 생각한다. 이 '다치바나 세미나'의 과정에서 완성된 것이 '20세 무렵', '환경 호르몬 입문', '신세기 디지털 강의'라는 세 권의 책이다. '20세 무렵'의 머리말에서 왜 '조사, 문서 작성'을 선택했는지, 그 이유에 대해 다음과 같이 설명했다.

(가) 조사하고 글을 쓴다는 것은 그렇게 중요한 기술이지만, 그것을 대학교육 안에서 조직적으로 가르치는 장면은 보기 힘들다. 이것은 대학교육의 거대한 결함이라고 말하지 않을 수 없다. 단 조사하고 글을 쓴다는 것은 그렇게 쉽게 다른 사람에게 가르칠 수 있는 부분이 아니다. 추상적으로 강의하는 것만으로는 가르칠 수 없으며 OJT(현장교육)가 필요하다.

(나) '조사, 문서 작성'을 타이틀로 삼은 이유는 대부분의 학생에게 조사하는 것과 글을 쓰는 것이 앞으로의 생활에서 가장 중요하다고 여겨질 지적 능력이기 때문이다. 조사하고 글을 쓰는 것은 이제 나 같은 저널리스트에게만 필요한 능력이 아니다. 현대 사회의 거의 모든 지적 직업에서 일생 동안 필요한 능력이다. 저널리스트든 관료든 비즈니스맨이든 연구직, 법률직, 교육직 등의 지적 노동자든, 대학을 나온 이후에 활동하게 되는 대부분의 직업 생활에서 상당한 부분이 조사하는 것과 글을 쓰는 데 할애될 것이다. 근대 사회는 모든 측면에서 기본적으로 문서화시키는 것으로 조직되어 있기 때문이다.

(다) 무엇인가를 전달하는 문장은 우선 이론적이어야 한다. 그러나 이론에는 내용(콘텐츠)이 수반되어야 한다. 이론보다 증거가 더 중요한 것이다. 이론을 세우는 쪽은 머릿속의 작업으로 끝낼 수 있지만, 콘텐츠 쪽은 어디에선가 자료를 조사하여 가져와야 한다. 좋은 콘텐츠에 필요한 것은 자료가 되는 정보다. 따라서 조사를 하는 작업이 반드시 필요하다.

(라) 인재를 등용하고 조직을 활용하고 사회를 움직일 생각이라면 좋은 문장을 쓸 줄 알아야 한다. 좋은 문장이란 명문만을 가리키는 것이 아니다. 멋진 글이 아니라도 상관없지만, 전달하는 사람의 뜻을 분명하게 이해시킬 수 있는 문장이어야 한다. 문장을 쓴다는 것은 무엇인가를 전달한다는 것이다. 따라서 자신이 전달하려는 내용이 그 문장을 읽는 사람에게 분명하게 전달되어야 한다.

① (가) – (나) – (다) – (라)
② (나) – (라) – (다) – (가)
③ (다) – (나) – (가) – (라)
④ (다) – (가) – (나) – (라)
⑤ (라) – (다) – (가) – (나)

20 다음 중 가장 자연스러운 문장은?

① 사회의 빠른 속도로 변화하는 것을 모두 대처한다는 것은 불가능하다.
② 지금 인류에 핵전쟁의 위협 이외에도 환경오염과 같이 더 현실적인 문제가 많이 있다.
③ 여성 훈육서(내훈)의 대상은 궁중의 옥엽과 내빈 그리고 민간의 부녀자를 위한 것이었다.
④ 타당한 문제제기를 하려고 자기전공분야에 대한 광범위한 독서와 최근의 연구동향을 파악해야 할 것이다.
⑤ 인류의 이미지를 변형하여 자신만의 독창적인 형상을 만들어 내려고 한 그의 시도는 대중과 언론의 혹평을 받기도 하였다.

21 다음 글의 ( ) 안에 들어갈 적절한 문장은?

> 이십 세기 한국의 지성인의 지적 행위는 그들이 비록 한국인이라는 동양의 인종의 피를 받고 있음에도 불구하고 대체적으로 서양이 동양을 해석하는 그러한 틀 속에서 이루어졌다. 그러나 그 역방향 즉 동양이 서양을 해석하는 행위는 실제적으로 부재해 왔다. 이러한 부재 현상의 근본 원인은 매우 단순한 사실에 기초한다. 동양이 서양을 해석한다고 할 때에 그 해석학적 행위의 주체는 동양이어야만 한다. 동양은 동양이다라는 토톨러지(tautology)나 동양은 동양이어야 한다라는 당위 명제가 성립하기 위해서는 (   ).
> 우리는 동양을 너무도 몰랐다. 동양이 왜 동양인지, 왜 동양이 되어야만 하는지 아무도 대답을 할 수가 없었다. 동양은 버려야 할 그 무엇으로서만 존재 의미를 지녔다. 즉, 서양의 해석이 부재한 것이 아니라 서양을 해석할 동양이 부재했다.

① 동양인인 나는 동양을 알아야 한다.
② 우선 동양인은 서양을 알아야 한다.
③ 동양인은 동양인다워야 한다.
④ 서양인은 동양인을 인정해야만 한다.
⑤ 서양인은 서양인을 알아야 한다.

22 다음 글의 내용에 비추어 볼 때 옳지 않은 것은?

> 백남준이 한국에 본격적으로 소개된 것은 1980년대 중반이다. 1960년대 독일에서 '동양에서 온 문화 테러리스트'라는 별명을 얻었고, 이후 미국을 중심으로 '비디오 아트의 창시자'로 활동해 온 것을 고려하면 한참 늦은 편이다. 국내의 미술 평론가들은 1980년대 말까지도 "백남준의 작품은 어린애 장난이지 예술 작품이 아니다"는 식의 혹평을 공공연히 퍼부었다.
> 그러나 백남준은 세계 예술사에 한국인의 이름을 등재시킨 최초의 인물이다. 그는 한 명의 예술가가 아니라 비디오 아트라는 한 장르의 창시자다. 세계 유수의 미술관들이 빠짐없이 그를 초청했으며, 베니스 비엔날레는 그에게 대상을 수여했다. 백남준의 유작 'US맵'과 '메가트론 매트릭스'는 미국을 대표하는 스미소니언 박물관에 영구 전시된다. 당분간 백남준을 능가하는 예술적 부피와 경력을 가진 한국 예술가가 나오기 어렵다는 말이 나오는 것도 그 때문이다.
> 파리와 뉴욕을 연결한 인공위성 프로젝트 '굿모닝 미스터 오웰'은 백남준의 출세작으로 꼽힌다. 인류가 매스미디어에 종속되어 1984년에 멸망할 것이라는 소설가 조지 오웰의 예언에 대해 바로 1984년 첫 아침에, 아직도 우리는 건재하며 매스미디어는 우리에게 엄청난 정보와 연대 의식을 선사하고 있다는. (㉠)이/(가) 섞인 문장 인사를 올린 것이다.
> 독일에서 그는 1960년대를 뒤흔든 플럭서스 운동에 동참, 피아노와 바이올린을 부수는 행위, 관객의 넥타이를 자르는 행위, 객석에 소변을 보는 행위, 소머리를 전시장에 걸어 놓는 행위 등 충격적이고 자극적인 퍼포먼스를 잇달아 선보였다. 그는 서구 문화에 도취하거나 모방하기에 급급한 대다수 동양 유학생들과 전혀 다른 길을 선택했다. 충격적인 퍼포먼스를 통해 기성 예술을 공격했으며, 예술가들이 대중문화의 첨병이라며 외면하는 TV를 주목했다.

① 플럭서스 운동은 비디오 아트의 정신적 자양분이라고 할 수 있다.
② 비디오 아트의 철학적 이념은 '인간화된 기술', '인간화된 예술'이라고 할 수 있다.
③ 백남준의 충격적 퍼포먼스에는 예술적 권위주의를 비판하려는 의도가 담겨 있다고 할 수 있다.
④ 백남준의 예술 세계는 예술과 관객의 소통을 지향하고 있다.
⑤ ㉠에는 '경외', '경탄' 등의 단어를 넣을 수 있다.

23 밑줄 친 ㉠~㉤ 중 문맥상 의미가 나머지 넷과 다른 것은?

코페르니쿠스 이론은 그가 죽은 지 거의 1세기가 지나도록 소수의 ㉠ 전향자밖에 얻지 못했다. 뉴턴의 연구는 '프린키피아(principia)'의 출간 이후 반세기가 넘도록, 특히 대륙에서는 일반적으로 ㉡ 수용되지 못했다. 프리스틀리는 산소이론을 전혀 받아들이지 않았고, 켈빈 경 역시 전자기 이론을 ㉢ 인정하지 않았으며, 이 밖에도 그런 예는 계속된다.
다윈은 그의 '종의 기원' 마지막 부분의 유난히 깊은 통찰력이 드러나는 구절에서 이렇게 적었다. "나는 이 책에서 제시된 견해들이 진리임을 확신하지만 ……. 오랜 세월 동안 나의 견해와 정반대의 관점에서 보아 왔던 다수의 사실들로 머릿속이 꽉 채워진 노련한 자연사 학자들이 이것을 믿어 주리라고는 전혀 ㉣ 기대하지 않는다. 그러나 나는 확신을 갖고 미래를 바라본다. 편견 없이 이 문제의 양면을 볼 수 있는 젊은 신진 자연사 학자들에게 기대를 건다." 그리고 플랑크는 그의 '과학적 자서전'에서 자신의 생애를 돌아보면서, 서글프게 다음과 같이 술회하고 있다. "새로운 과학적 진리는 그 반대자들을 납득시키고 그들을 이해시킴으로써 ㉤ 승리를 거두기보다는, 오히려 그 반대자들이 결국에 가서 죽고 그것에 익숙한 세대가 성장하기 때문에 승리하게 되는 것이다."

① ㉠
② ㉡
③ ㉢
④ ㉣
⑤ ㉤

Q 다음 글을 읽고 물음에 답하시오. 【24~25】

대부분의 비행체들은 공기보다 무거우며, 공중에 뜬 상태를 유지하기 위해 양력을 필요로 한다. 양력이란 비행기의 날개 같은 얇은 판을 유체 속에서 작용시킬 때, 진행 방향에 대하여 수직·상향으로 작용하는 힘을 말한다. 이러한 양력은 항상 날개에 의해 공급된다. 날짐승과 인간이 만든 비행체들 간의 주된 차이는 날개 작업이 이루어지는데 이용되는 힘의 출처에 있다. 비행기들은 엔진의 힘에 의해 공기 속을 지나며 전진하는 고정된 날개를 지니고 있다. 이와는 달리 날짐승들은 근육의 힘에 의해 공기 속을 지나는, 움직이는 날개를 지니고 있다. 그런데, 글라이더 같은 일부 비행체나 고정된 날개로 활상 비행을 하는 일부 조류들은 이동하는 공기 흐름을 힘의 출처로 이용한다. 비행기 날개의 작동 방식에 대해 우리가 알고 있는 지식은 다니엘 베르누이가 연구하여 얻은 것이다. 베르누이는 유체의 속도가 증가할 때 압력이 감소한다는 사실을 알아냈다. 크리스마스 트리에 다는 장식볼 두 개를 이용하여 이를 쉽게 확인해 볼 수 있다. 두 개의 장식볼을 1센티미터 정도 떨어뜨려 놓았을 때, 공기가 이 사이로 불어오면 장식볼은 가까워져서 서로 맞닿을 것이다. 이는 장식볼의 곡선을 그리는 표면 위로 흐르는 공기의 속도가 올라가서 압력이 줄어들기 때문으로, 장식볼들 주변의 나머지 공기는 보통 압력에 있기 때문에 장식볼들은 서로 붙으려고 하는 것이다. 프로펠러 날개는 베르누이의 원리를 활용하여 윗면은 볼록하게 만들고 아랫면은 편평하거나 오목하게 만들어진다. 프로펠러 날개가 공기 속에서 움직일 때, 두 표면 위를 흐르는 공기 속도의 차이는 윗면 쪽의 압력을 감소시키고 아랫면 쪽의 압력을 증가시킨다. 그 결과 프로펠러 날개에는 상승 추진력 혹은 양력이 생기고, 비행체는 공중에 뜰 수 있게 되는 것이다. 프로펠러 날개의 움직임 방향에 직각으로 작용하는 양력은 움직임의 방향과 반대로 작용하는 항력을 항상 수반하며, 항력은 양력과 직각을 이룬다. 두 힘의 결합을 총반동력이라고 하며, 이것은 압력중심이라고 부르는 지점을 통해 작용된다. 프로펠러 날개의 두께와 표면적을 증가시킬수록 양력이 증가된다. 또한 날개의 받음각을 경사지게 하면 각이 커질수록 양력이 증가된다. 그런데, 양력이 증가되면 항력도 증가되고, 따라서 공기 속에서 프로펠러 날개를 미는 데 더 많은 에너지가 필요하게 된다. 현대의 여객기들은 이륙과 착륙 전에 날개의 두께와 표면적이 증가되도록 하는 다양한 고양력 장치들을 지니고 있다. 받음각이 커지면 양력은 증가하지만 곧 최곳값에 도달하게 되고 그 뒤에는 급속히 떨어진다. 이를 실속되었다고 한다. 실속은 프로펠러 날개 표면에서 공기 흐름이 분리되면서 일어난다. 실속은 프로펠러 날개의 뒷전에서 시작되어 앞으로 이동해 나가고, 양력은 감소하게 된다. 대부분의 양력은 실속점에서 상실되며, 양력이 항공기의 중량을 더 이상 감당할 수 없을 정도로 작아지면 고도를 상실한다.

24 윗글의 제목으로 가장 적절한 것은?

① 날개의 작동 방식
② 비행의 기본 원리
③ 항공기의 발달 과정
④ 양력의 증가량 측정
⑤ 항공기와 날짐승의 공통점

25 윗글의 내용과 일치하지 않는 것은?

① 받음각이 최곳값이 되면 속도가 증가한다.
② 유체의 속도가 증가하면 압력이 감소한다.
③ 비행체가 공중에 뜨기 위해서 양력이 필요하다.
④ 프로펠러는 베르누이의 원리를 활용하여 만든 것이다.
⑤ 총반동력은 압력중심이라고 부르는 지점을 통해 작용한다.

자료해석력 | 20문항/25분

01 다음은 모바일 잡지에 발표된 스마트폰에 대한 소비자의 평가 자료이다. 세 사람의 의견을 토대로 스마트폰을 구입하려 할 때 옳은 설명만으로 바르게 짝지어진 것은?

- 병근 : 각 제품에 대한 평가 점수의 합계가 가장 높은 제품을 구입한다.
- 진수 : 성능이 보통 이상인 제품 중 평가 점수 합계가 가장 높은 제품을 구입한다.
- 현진 : 가격에 가중치를 부여(가격 평가 점수를 2배로 계산)한 후 평가 점수의 합계가 가장 높은 제품을 구입한다.

제품	가격		성능		A/S	
	소비자 평가	평가 점수	소비자 평가	평가 점수	소비자 평가	평가 점수
A	불만	1	우수	5	불만	2
B	보통	3	미흡	2	만족	5
C	만족	5	미흡	1	불만	1
D	보통	3	보통	3	보통	3

※ 가격과 A/S에 대한 소비자 평가는 만족, 보통, 불만으로, 성능에 대한 소비자 평가는 우수, 보통, 미흡으로 이루어진다.

ㄱ 병근은 B 제품을 구입할 것이다.
ㄴ 진수은 A 제품을 구입할 것이다.
ㄷ 병근과 현진은 동일한 제품을 구입할 것이다.
ㄹ 가격이 높을수록 성능은 대체적으로 낮아진다.

① ㄱㄴ　　② ㄱㄷ
③ ㄴㄷ　　④ ㄴㄹ

02 다음은 선거 후보자 선택에 필요한 정보를 주로 얻는 매체를 한 가지만 선택하라는 설문조사의 결과이다. 이 자료에 대한 설명으로 옳은 것을 모두 고른 것은?

(단위 : %)

매체 / 연령	인터넷	텔레비전	신문	선거홍보물	기타
19 ~ 29세	56	17	4	14	9
30대	39	21	6	24	10
40대	29	16	17	26	12
50대	20	41	17	15	7
60세 이상	8	39	32	12	9

㉠ 신문을 선택한 30대 응답자와 50대 응답자의 비율은 같다.
㉡ 응답자의 모든 연령대에서 신문을 선택한 비율이 가장 낮다.
㉢ 인터넷을 선택한 비율은 응답자의 연령대가 높아질수록 낮아진다.
㉣ 40대의 경우 인터넷이나 선거 홍보물을 통해 정보를 얻는 응답자가 과반수이다.

① ㉠㉡　② ㉠㉢
③ ㉡㉢　④ ㉢㉣

03 **다음 예시 표에 대한 설명으로 옳은 것은?**

〈수도권의 인구 추이〉

(단위 : 만 명)

연도	전국 인구	서울 인구	수도권 인구
1980	2,500	240	520
1990	3,100	540	870
2000	3,700	840	1,330
2010	4,300	1,060	1,860
2020	4,600	990	2,140

〈2020년 수도권 현황〉

(단위 : %)

구분	수도권 점유율
면적	11.7
인구	46.5
금융 대출 금액	65.2

① 2020년 수도권의 인구는 지속적으로 증가하고 있다.

② 1990년 이후 서울 인구는 수도권 인구의 과반을 차지하고 있다.

③ 2020년 1인당 평균 금융 대출 금액은 비수도권 지역이 수도권 지역보다 많다.

④ 수도권의 인구 증가로 인해 비수도권의 2010년 인구는 2000년에 비해 감소하였다.

04 다음은 수도권 신도시 주민의 직장 소재지 분포를 나타낸 것이다. 이 자료를 통해 알 수 있는 신도시의 문제점에 대한 해결 방안으로 가장 적절한 것은?

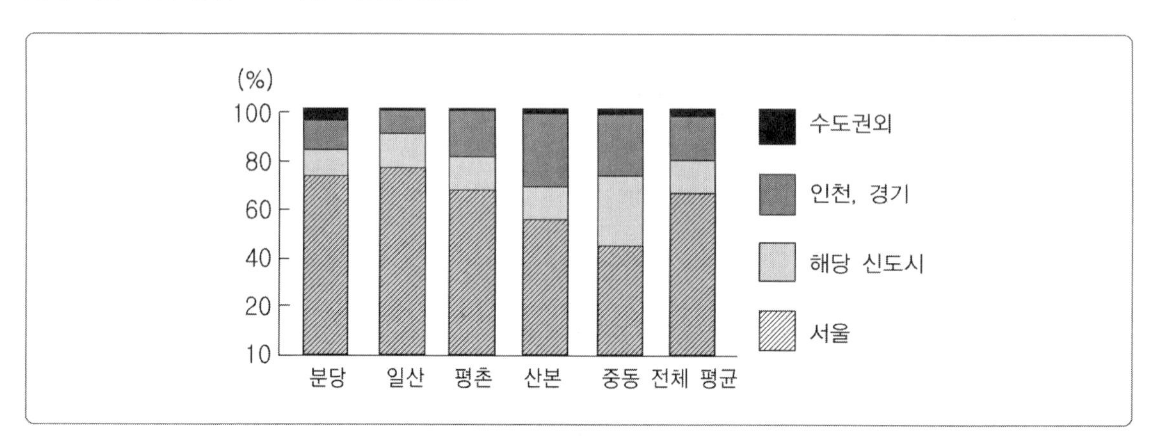

① 수도권 지역의 공장을 지방으로 이전한다.
② 신도시의 중추 관리 기능을 수도권 외로 이전한다.
③ 서울 도심의 서비스 기능을 부도심으로 이전한다.
④ 서울과 신도시 간에 전철 등의 대중 교통망을 확충한다.

05 다음은 A시의 쓰레기 종량제봉투 가격 인상을 나타낸 표이다. 비닐봉투 50리터의 인상 후 가격과 마대 20리터의 인상 전 가격을 더한 값은?

구분		인상 전	인상 후	증가액
비닐봉투	2리터	50원	80원	30원
	5리터	100원	160원	60원
	10리터	190원	310원	120원
	20리터	370원	600원	230원
	30리터	540원	880원	340원
	50리터	890원	(　)원	560원
	75리터	1,330원	2,170원	840원
마대	20리터	(　)원	1,300원	500원
	100리터	4,000원	6,500원	2,500원
	150리터(낙엽마대)	2,000원	3,000원	1,000원
	40리터	1,600원	3,500원	1,900원

① 1,930원　　② 1,950원
③ 2,100원　　④ 2,250원

06 다음은 A도매업체 직원과 고객의 통화 내용이다. 각 볼펜의 일반 가격과 이벤트 할인가는 다음 표와 같을 때 고객이 지불해야 하는 금액은?

고객 : 안녕하세요. 회사 워크숍에서 사용할 볼펜 2,000개를 주문하려고 하는데, 이벤트 할인가에서 추가 할인 가능한가요?
직원 : 현재 검정색 볼펜만 추가로 10% 할인이 가능합니다. 주문하시겠습니까?
고객 : 네. 그러면 검정색 800개, 빨강색 600개, 파랑색 600개로 주문할게요. 배송비는 무료인가요?
직원 : 저희가 3,000개 이상 주문 시에만 무료배송이 가능하고, 그 미만은 2,500원의 배송비가 있습니다.
고객 : 음…, 그러면 검정색 1,000개 추가로 주문할게요. 각인도 추가 비용이 있나요?
직원 : 원래는 개당 50원인데, 서비스로 해드릴게요.
고객 : 감사합니다. 그러면 12월 1일까지 배송 가능한가요?
직원 : 네, 가능합니다. 원하시는 날짜에 맞춰서 배송해드릴게요.
고객 : 그럼 부탁드리겠습니다. 감사합니다.

<색상별 볼펜 가격>

볼펜 색상	일반 가격	이벤트 할인가
검정색	1,000원	800원
빨강색	1,000원	800원
파랑색	1,200원	900원

① 2,316,000원
② 2,466,500원
③ 2,942,500원
④ 3,090,000원

07 철도 레일 생산업체인 '서원 금속'은 A, B 2개의 생산라인에서 레일을 생산한다. 2개의 생산라인을 하루 종일 풀가동할 경우 3일 동안 525개의 레일을 생산할 수 있으며, A라인만을 풀가동하여 생산할 경우 90개의 레일을 생산할 수 있다. A라인만을 풀가동하여 5일 간 제품을 생산하고 이후 2일은 B라인만을, 다시 추가로 2일 간은 A, B라인을 함께 풀가동하여 생산을 진행한다면, 강한 금속이 생산한 총 레일의 개수는 모두 몇 개인가?

① 940개
② 970개
③ 1,050개
④ 1,120개

08 다음은 남성을 대상으로 "친척 중 가장 자주 만나는 사람이 누구인가?"라는 질문에 대한 응답 결과를 예시로 보여준 표이다. 이에 대한 설명으로 옳지 않은 것은?

(단위 : %)

구분	아버지	어머니	장인	장모	형/ 남동생	누나/ 여동생	아들	딸	기타
20대	11.5	31.1	1.6	4.9	24.6	6.6	–	1.6	18.1
30대	14.3	27.8	1.7	7.4	17.8	5.2	3.5	1.7	20.6
40대	12.9	24.1	0.9	4.9	24.1	7.6	1.3	0.9	23.3
50대	3.3	16.3	0.8	7.4	24.8	12.4	5.0	3.3	26.7
60대 이상	–	6.3	–	1.6	38.1	6.3	17.4	9.5	20.8

① 아버지보다는 어머니와 자주 만난다.
② 처의 부모보다 친부모와의 만남이 적다.
③ 60대 이상에서는 딸보다는 아들을 자주 만난다.
④ 나이가 많을수록 부모와의 접촉 빈도가 낮아진다.

09 다음은 2019 ~ 2022년 사용자별 사물인터넷 관련 지출액에 관한 예시자료이다. 이에 대한 설명으로 옳지 않은 것을 〈보기〉에서 모두 고른 것은?

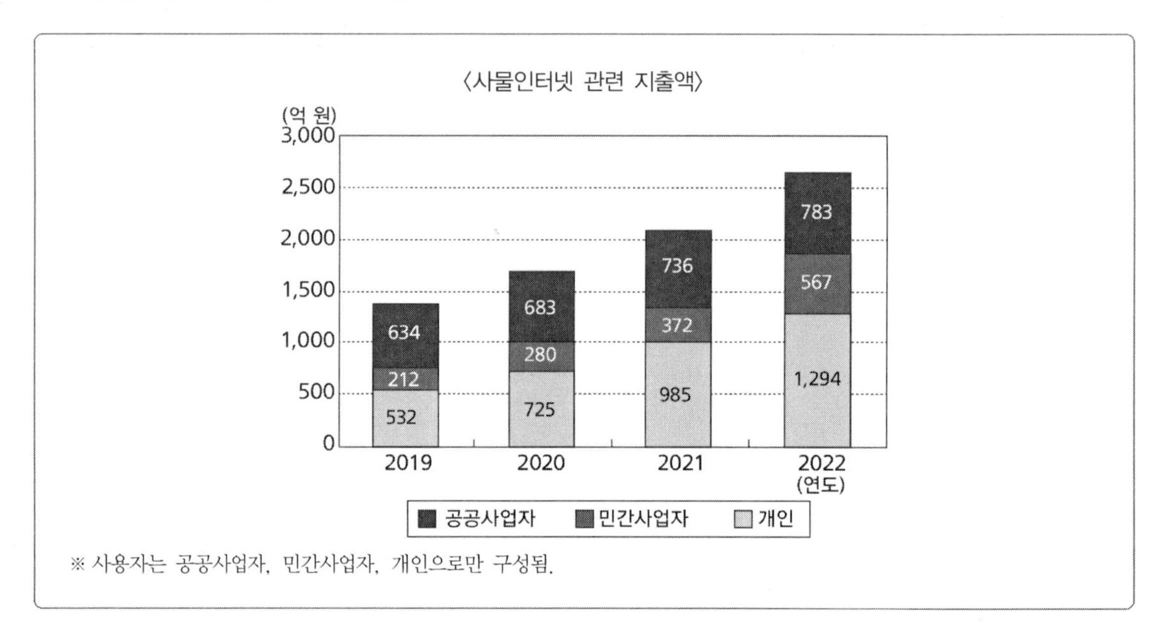

※ 사용자는 공공사업자, 민간사업자, 개인으로만 구성됨.

〈보기〉

㉠ 2019 ~ 2022년 동안 '공공사업자' 지출액의 전년대비 증가폭이 가장 큰 해는 2021년이다.
㉡ 2022년 사용자별 지출액의 전년대비 증가율은 '개인'이 가장 높다.
㉢ 2022년 모든 사용자의 지출액 합에서 '민간사업자' 지출액이 차지하는 비중은 20%에 미치지 못 한다.
㉣ '공공사업자'와 '민간사업자'의 지출액 합은 매년 '개인'의 지출액보다 크다.

① ㉠㉡　　② ㉠㉣
③ ㉡㉢　　④ ㉡㉣

10 다음은 위험물안전관리자 실무교육현황에 관한 예시 표이다. 표를 보고 이수율을 구하면? (단, 소수 첫째 자리에서 반올림하시오.)

실무교육현황별(1)	실무교육현황별(2)	2022
계획인원(명)	소계	5,897
이수인원(명)	소계	2,159
이수율(%)	소계	x
교육일수(일)	소계	35.02
교육회차(회)	소계	344
야간/휴일	교육회차(회)	4
교육실시현황	이수인원(명)	35

※ 이수율 $= \frac{\text{이수인원}}{\text{계획인원}} \times 100$

① 37 ② 41
③ 52 ④ 66

11 다음은 A국의 맥주 소비량에 관한 예시자료이다. 이에 대한 설명으로 옳은 것은?

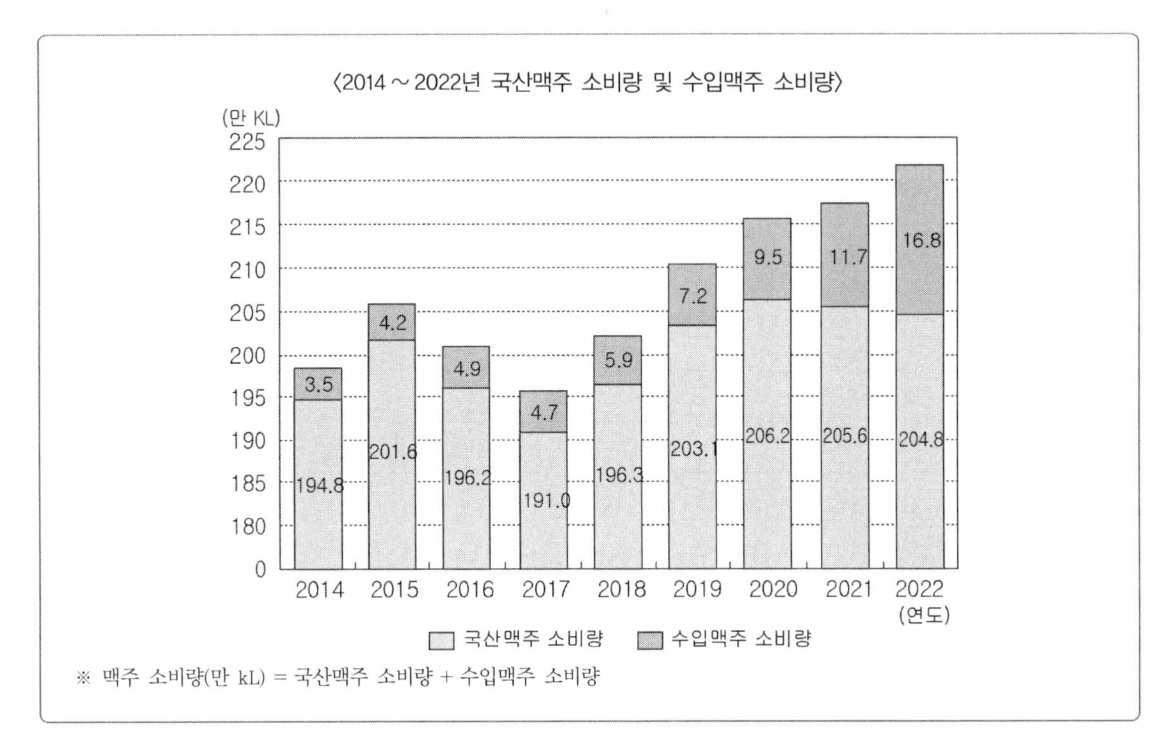

※ 맥주 소비량(만 kL) = 국산맥주 소비량 + 수입맥주 소비량

① 2015 ~ 2022년 동안 국산맥주 소비량의 전년대비 감소폭이 가장 큰 해는 2017년이다.

② 수입맥주 소비량은 매년 증가하였다.

③ 2022년 A국의 맥주 소비량은 221.6(만 kL)이다.

④ 2014년 A국의 맥주 소비량에서 수입맥주 소비량이 차지하는 비중은 2%를 넘는다.

12 다음은 우리나라 국민들이 생각하는 사회 불안 요인을 조사한 예시 표이다. 이에 대한 설명으로 옳은 것끼리 짝지어진 것은?

(단위 : %)

		국가 안보	환경 문제	범죄 발생	경제 문제	기타
2020년	남성	11.8	26.3	14.4	22.9	24.6
	여성	9.3	25.2	22.1	19.1	24.3
2022년	남성	30.7	11.9	15.9	22.3	19.2
	여성	26.9	12.0	26.2	17.2	17.7

※ 동일한 성인 남녀 1,040명을 표본 조사한 자료이다.

> ㉠ 국가 안보에 대한 불안이 증가하였다.
> ㉡ 환경 문제에 대한 불안이 증가하였다.
> ㉢ 범죄에 대한 불안은 여성이 남성보다 높다.
> ㉣ 경제 문제에 대한 불안은 여성이 남성보다 높다.

① ㉠㉡
② ㉠㉢
③ ㉡㉢
④ ㉡㉣

13 다음 예시 자료에 대한 옳은 분석만을 있는 대로 고른 것은?

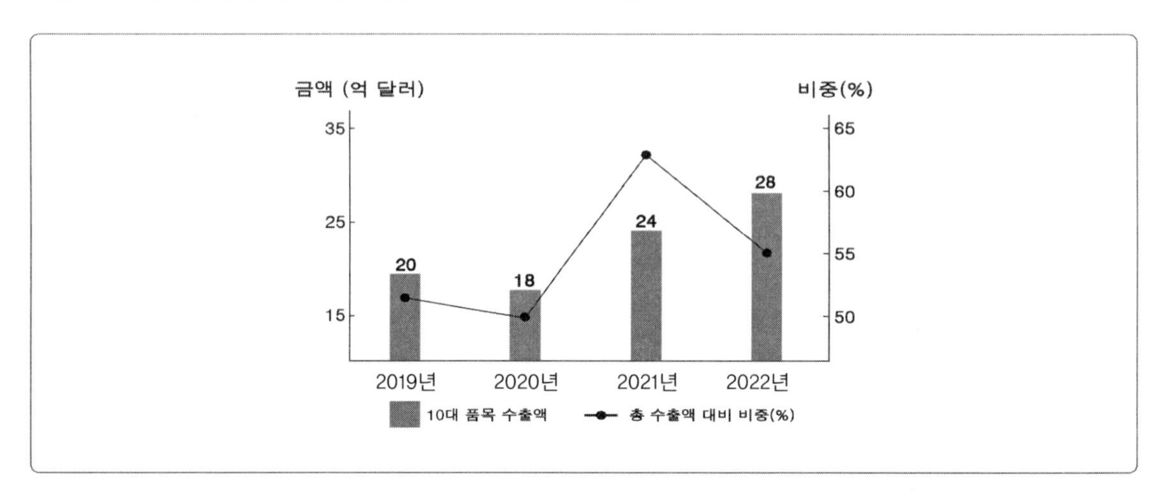

㉠ 2019년부터 10대 품목의 수출액은 지속적으로 증가하였다.
㉡ 2020년에 10대 품목 수출액의 증가율은 음의 값을 가진다.
㉢ 2021년 이후 10대 품목이 총 수출액에서 차지하는 비중은 절반 이상이다.
㉣ 2022년에는 10대 품목 수출액의 증가율보다 총 수출액의 증가율이 더 크다.

① ㉠㉡
② ㉠㉣
③ ㉡㉢
④ ㉡㉢㉣

14 다음은 여러 나라의 1인당 1일 물 사용량과 상수도 요금을 나타낸 것이다. 이를 통해 내린 결론으로 가장 적절한 것은?

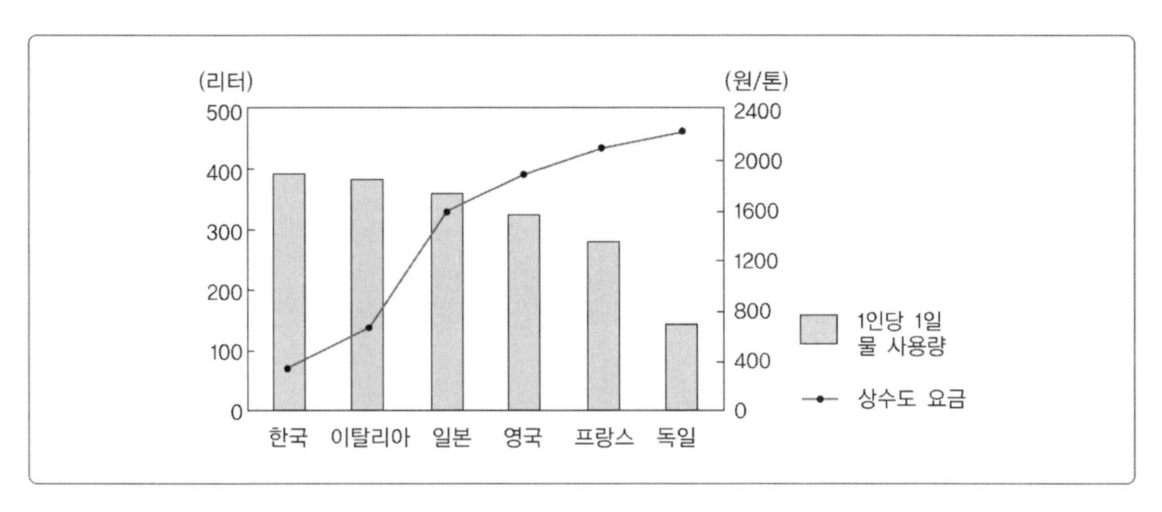

① 상수도 요금과 물 사용량은 밀접한 관계가 있다.
② 우리나라는 물 자원 개발의 필요성이 작다.
③ 상수도 요금이 비싸면 절수 효과가 나타난다.
④ 물 자원을 개발하면 상수도 요금이 낮아진다.

15 S공단의 기업유형별 직업교육 인원에 대한 지원비용 기준이 다음과 같다. 대규모기업 집단에 속하는 A사의 양성훈련 필요 예산이 총 1억 3,000만 원일 경우, S공단으로부터 지원받을 수 있는 비용은 얼마인가?

기업구분	훈련구분	지원비율
우선지원대상기업	향상, 양성훈련 등	100%
대규모기업	향상, 양성훈련	60%
	비정규직대상훈련/전직훈련	70%
상시근로자 1,000인 이상 대규모 기업	향상, 양성훈련	50%
	비정규직대상훈련/전직훈련	70%

① 5,600만 원
② 6,200만 원
③ 7,800만 원
④ 8,200만 원

16 다음 중 연도별 댐 저수율 변화의 연도별 증감 추이가 동일한 패턴을 보이는 수계로 짝지어진 것은 어느 것인가?

〈4대강 수계 댐 저수율 변화 추이〉

(단위: %)

수계	2018	2019	2020	2021	2022
평균	59.4	60.6	57.3	48.7	43.6
한강수계	66.5	65.1	58.9	51.6	37.5
낙동강수계	48.1	51.2	43.4	41.5	40.4
금강수계	61.1	61.2	64.6	48.8	44.6
영 · 섬강수계	61.8	65.0	62.3	52.7	51.7

① 낙동강수계, 영 · 섬강수계
② 한강수계, 금강수계
③ 낙동강수계, 금강수계
④ 한강수계, 영 · 섬강수계

17 다음은 도시별 인구 증가율을 나타낸 예시 그래프이다. 이에 대한 설명으로 옳은 것을 모두 고르면?

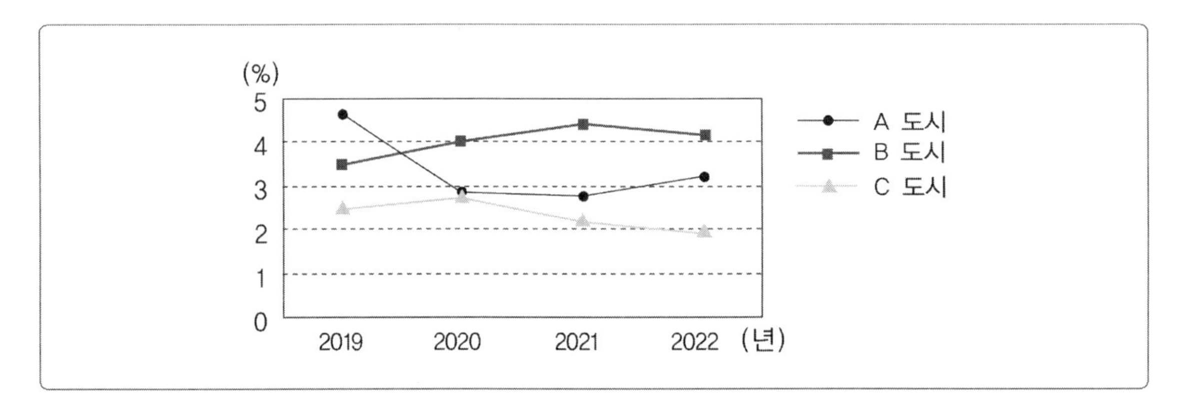

㉠ A도시는 인구 증가율의 최댓값과 최솟값의 차가 가장 크다.
㉡ B도시는 2021년도에 인구 증가율이 가장 높다.
㉢ C도시는 2019년도부터 인구증가율이 지속적으로 감소하였다.
㉣ A도시보다 B도시가 인구 증가율이 항상 높았다.

① ㉠㉡
② ㉠㉢
③ ㉢㉣
④ ㉠㉡㉣

18 다음은 대륙별 관광객 수와 관광 수입의 변화를 나타낸 예시표이다. 이를 분석한 내용으로 옳지 않은 것은?

구분	관광객 수(백만 명)		관광 수입(10억 달러)	
	2017년	2022년	2017년	2022년
세계	708.7	903.1	474.3	856.0
아시아	146.0	221.2	93.4	190.8
유럽	407.4	484.4	240.5	433.4
아프리카	29.5	44.4	11.8	28.3
북아메리카	83.3	95.3	85.1	125.1
중남아메리카	33.4	47.1	29.2	46.1
오세아니아	9.1	10.7	14.3	32.3

① 세계 전체의 관광객 1인당 지출액은 증가하였다.
② 관광객과 관광 수입이 가장 많은 곳은 유럽이다.
③ 관광 수입이 가장 많이 증가한 곳은 아시아이다.
④ 관광객 수가 가장 적게 증가한 곳은 오세아니아이다.

19 다음은 주요 국가의 서비스 수출 경쟁력 변화를 나타낸 예시 표이다. 이에 대한 설명으로 옳은 것은?

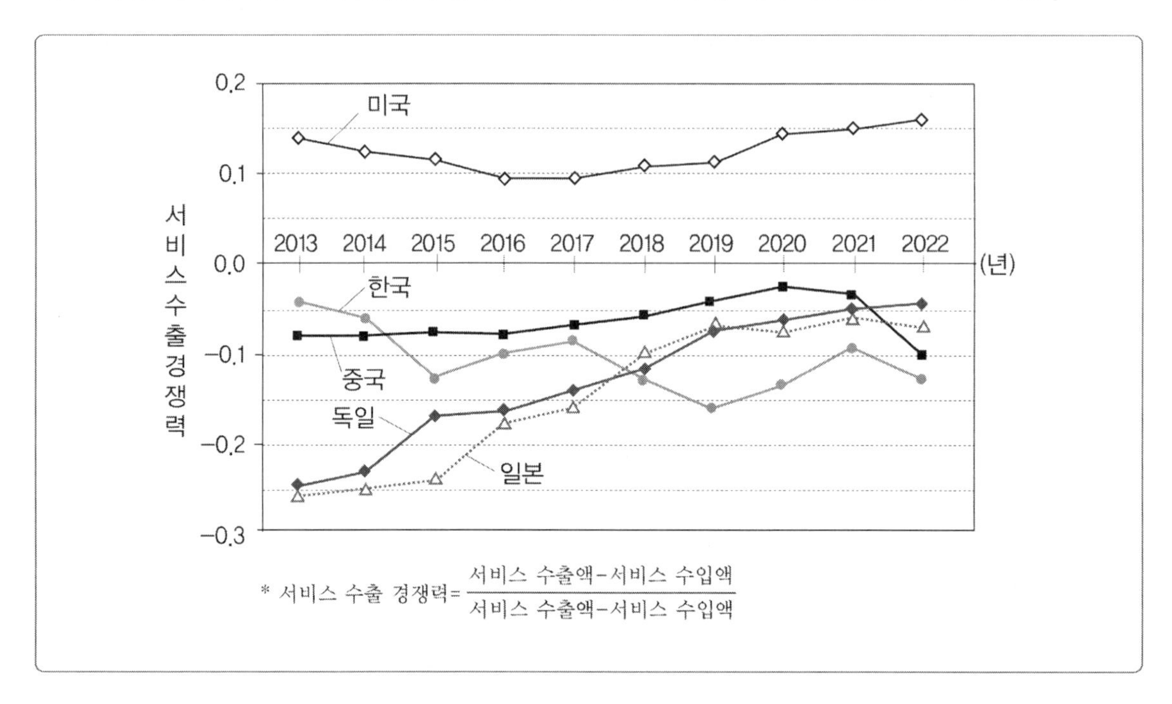

$$\text{* 서비스 수출 경쟁력} = \frac{\text{서비스 수출액} - \text{서비스 수입액}}{\text{서비스 수출액} - \text{서비스 수입액}}$$

① 독일은 서비스 수출 경쟁력이 지속적으로 하락하였다.

② 미국은 서비스 수출 경쟁력이 2017년 이후 지속적으로 향상하였다.

③ 중국은 일본보다 2015 ~ 2019년의 서비스 수출 경쟁력 상승폭이 크다.

④ 우리나라는 서비스 수출 경쟁력이 2018년 이후 지속적으로 향상되었다.

20 다음은 우리나라 제조업과 서비스업의 변화를 나타낸 예시 표이다. 이에 대한 옳은 설명을 모두 고른 것은?

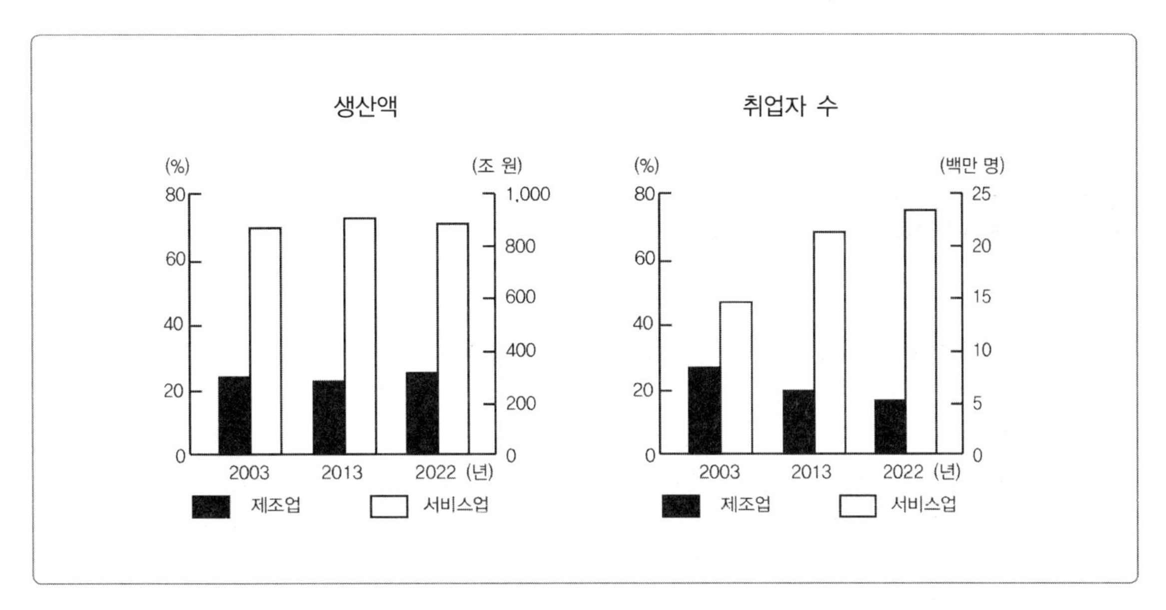

㉠ 서비스업은 생산액에서 800조 원 이상 달성한 시기는 2013년 한 번 뿐이다.
㉡ 제조업은 취업자 수 에서 10백만 명을 달성한 시기가 없다.
㉢ 서비스업과 제조업 모두 생산액에서 지속적으로 증가하고 있다.
㉣ 서비스업의 취업자 수가 지속적으로 증가하는 반면 제조업의 취업자 수는 지속적으로 감소하고 있다.

① ㉠㉡
② ㉠㉢
③ ㉡㉢
④ ㉡㉣

실전 모의고사

≫ 정답 및 해설 p.168

공간지각능력	18문항/10분

Q 다음 입체도형의 전개도로 알맞은 것을 고르시오. 【01~04】

- 입체도형을 전개하여 전개도를 만들 때, 전개도에 표시된 그림(예 : ▯, ◢, ▬ 등)은 회전의 효과를 반영함. 즉, 본 문제의 풀이과정에서 보기의 전개도 상에 표시된 ▯과 ▬는 서로 다른 것으로 취급함.
- 단, 기호 및 문자(예 : ♤, ☎, ♨, K, H)의 회전에 의한 효과는 본 문제의 풀이과정에 반영하지 않음. 즉, 입체도형을 펼쳐 전개도를 만들었을 때 ☎의 방향으로 나타나는 기호 및 문자도 보기에서는 ☎방향으로 표시하며 동일한 것으로 취급함.

01

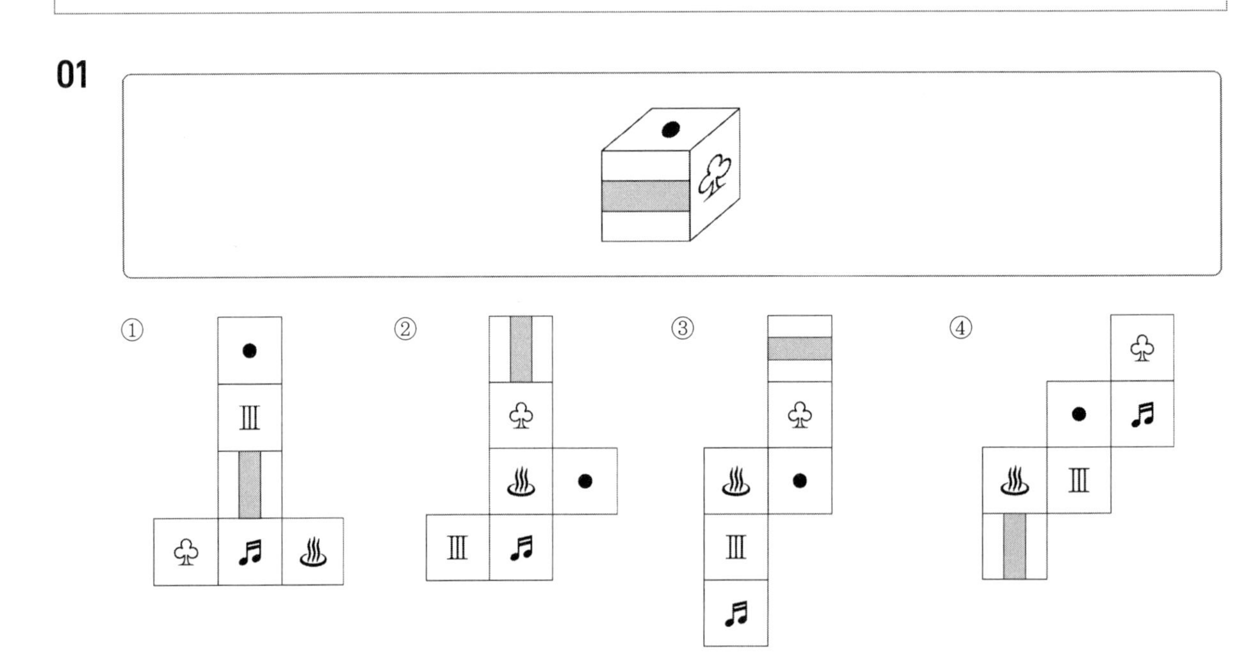

02

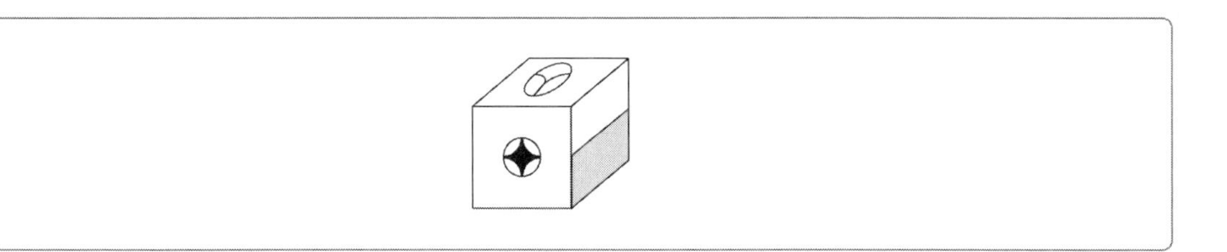

① 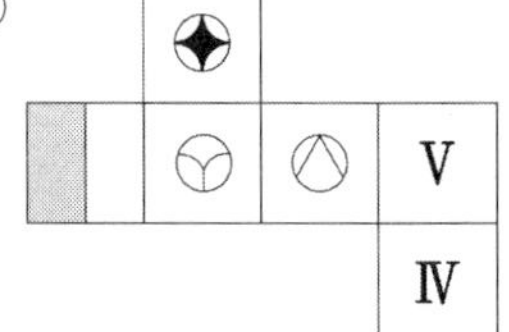

② 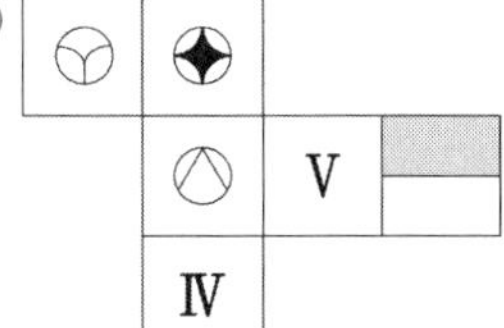

③ 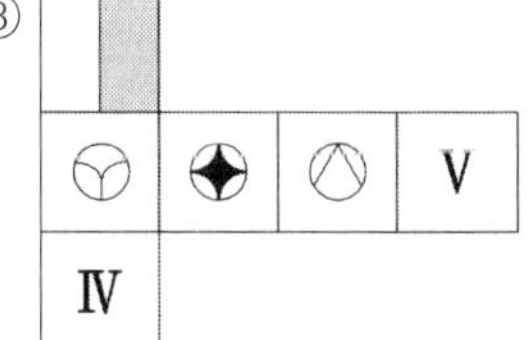

④ 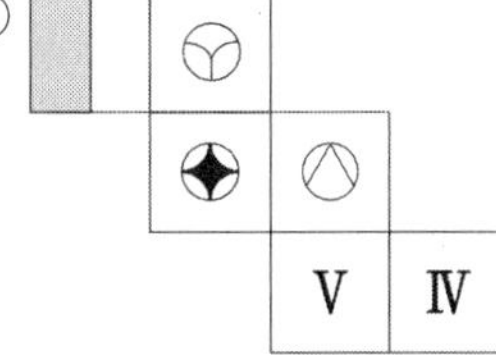

03

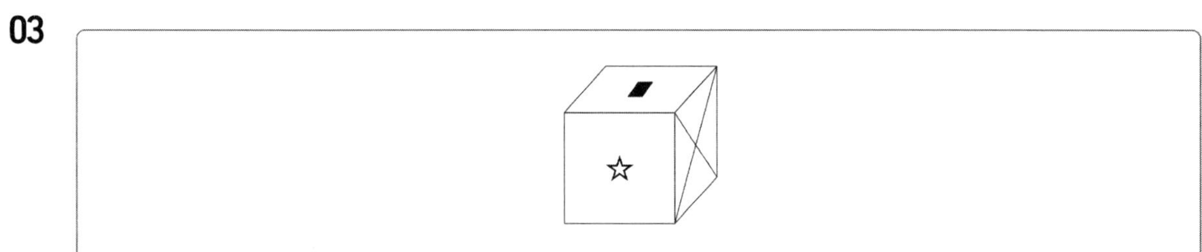

① 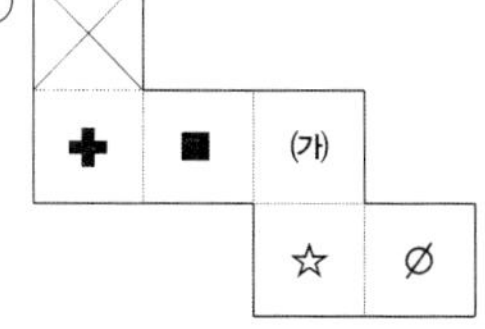

② 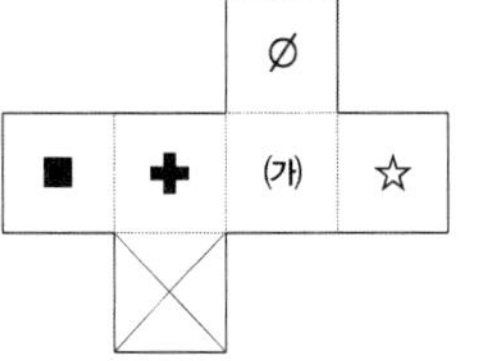

③ 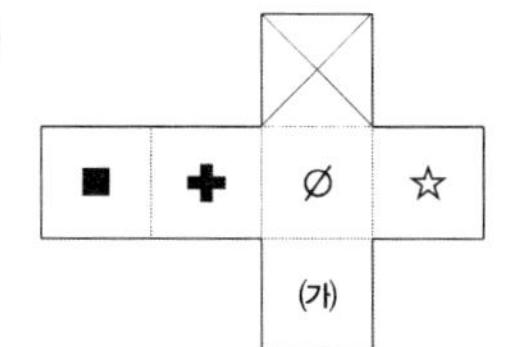

④ 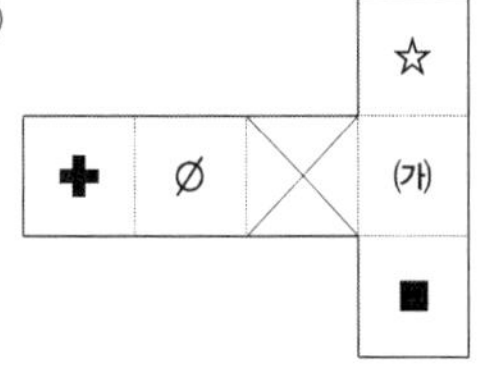

04

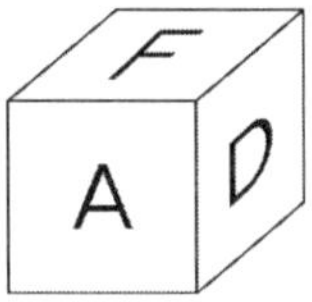

①

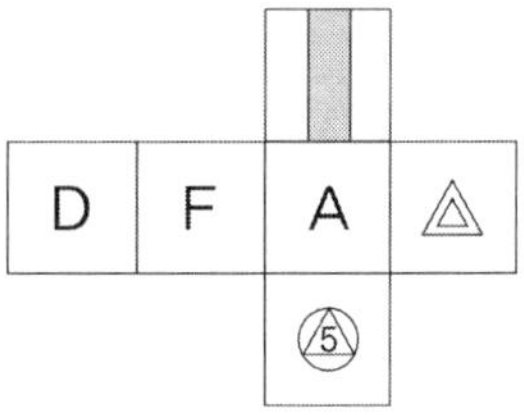

②

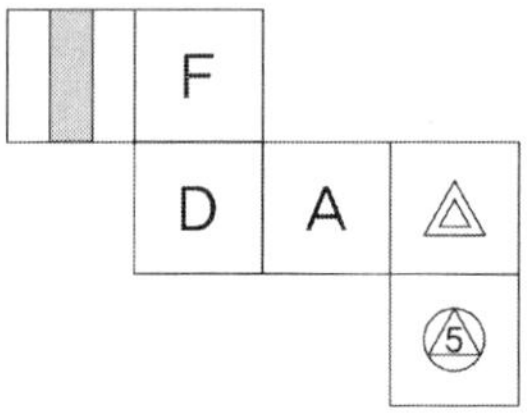

③

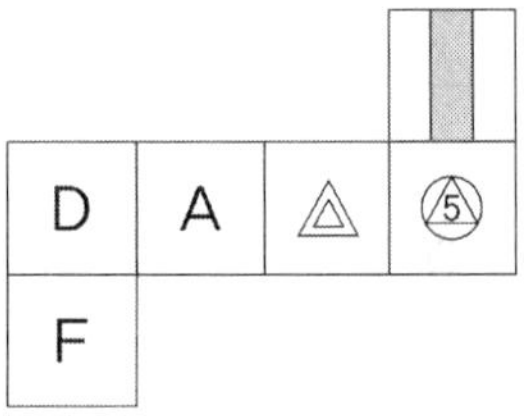

④

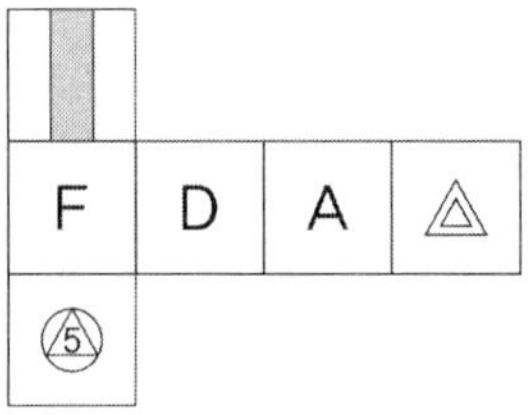

Q 다음 전개도로 만든 입체도형에 해당하는 것을 고르시오. 【05~09】

- 전개도를 접을 때 전개도 상의 그림, 기호, 문자가 입체도형의 겉면에 표시되는 방향으로 접음.
- 전개도를 접어 입체도형을 만들 때, 전개도에 표시된 그림(예 : ▯, ◩, ▯ 등)은 회전의 효과를 반영함. 즉, 본 문제의 풀이과정에서 보기의 전개도 상에 표시된 ▯과 ▭는 서로 다른 것으로 취급함.
- 단, 기호 및 문자(예 : ♤, ☎, ♨, K, H)의 회전에 의한 효과는 본 문제의 풀이과정에 반영하지 않음. 즉, 전개도를 접어 입체도형을 만들었을 때 ☎의 방향으로 나타나는 기호 및 문자도 보기에서는 ☎방향으로 표시하며 동일한 것으로 취급함.

05

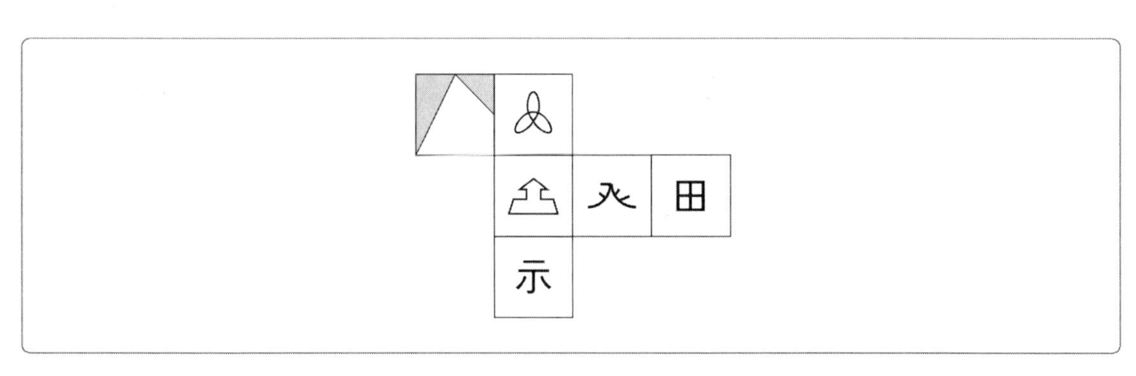

① 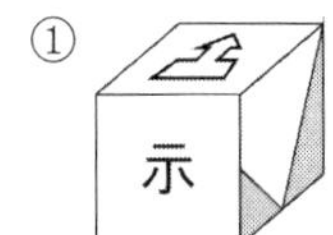
② 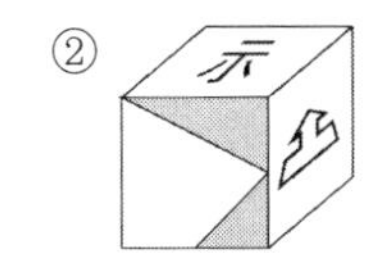
③ 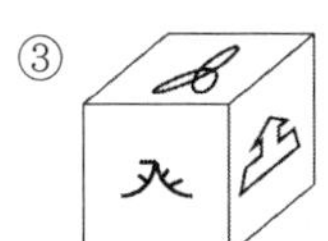
④ 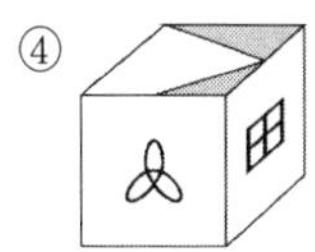

06

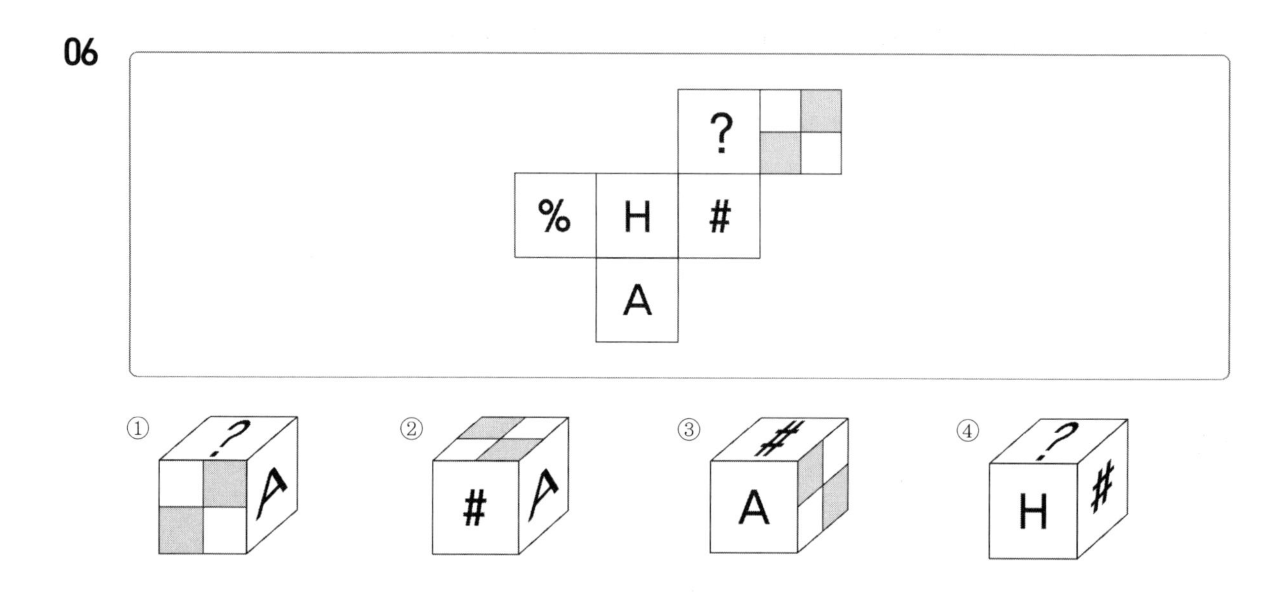

07

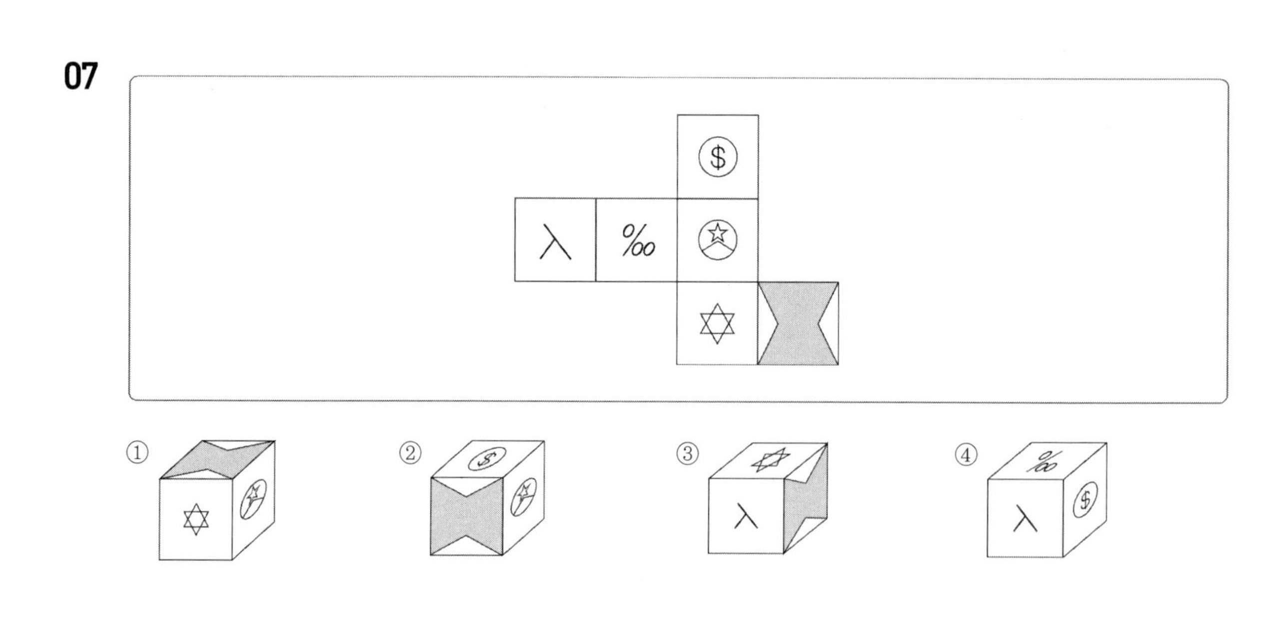

08

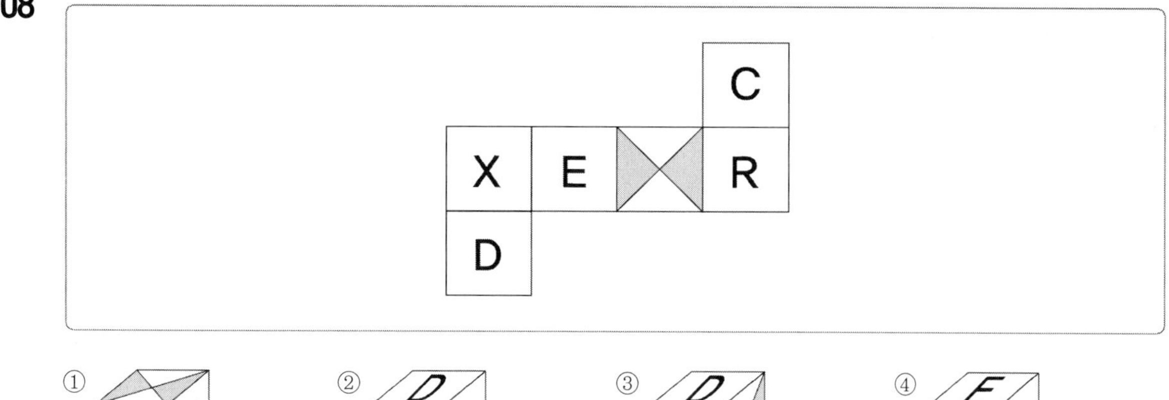

09

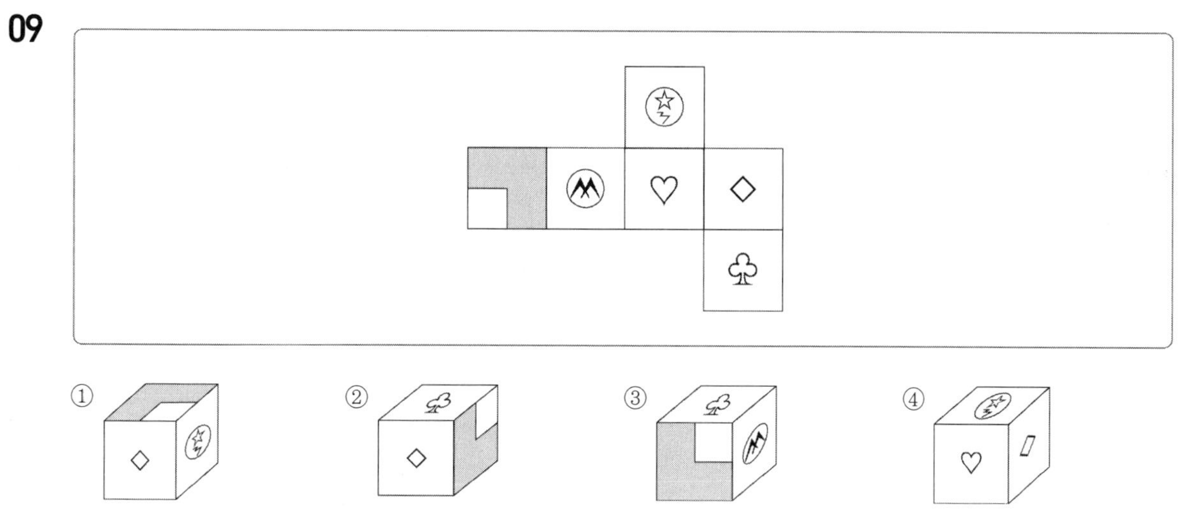

Ⓠ 다음에 제시된 그림과 같이 쌓기 위해 필요한 블록의 수를 구하시오. 【10~14】
(단, 블록은 모양과 크기가 모두 동일한 정육면체임)

10

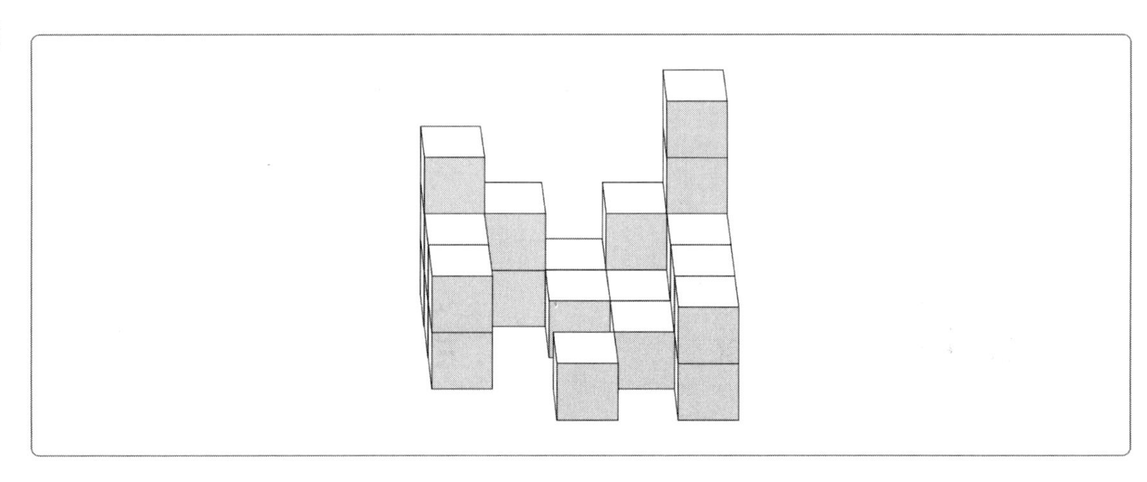

① 23　　② 24
③ 25　　④ 26

11

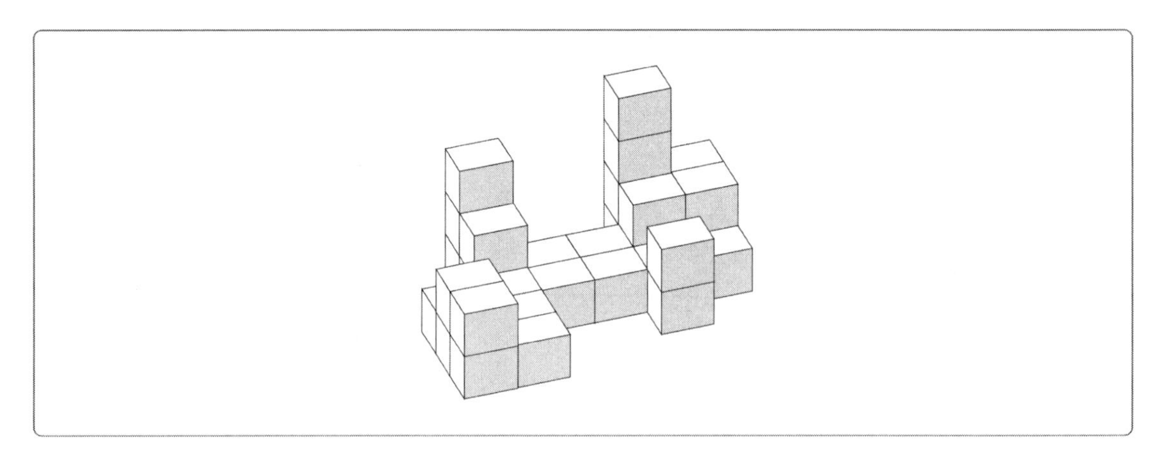

① 29　　② 30
③ 31　　④ 32

12

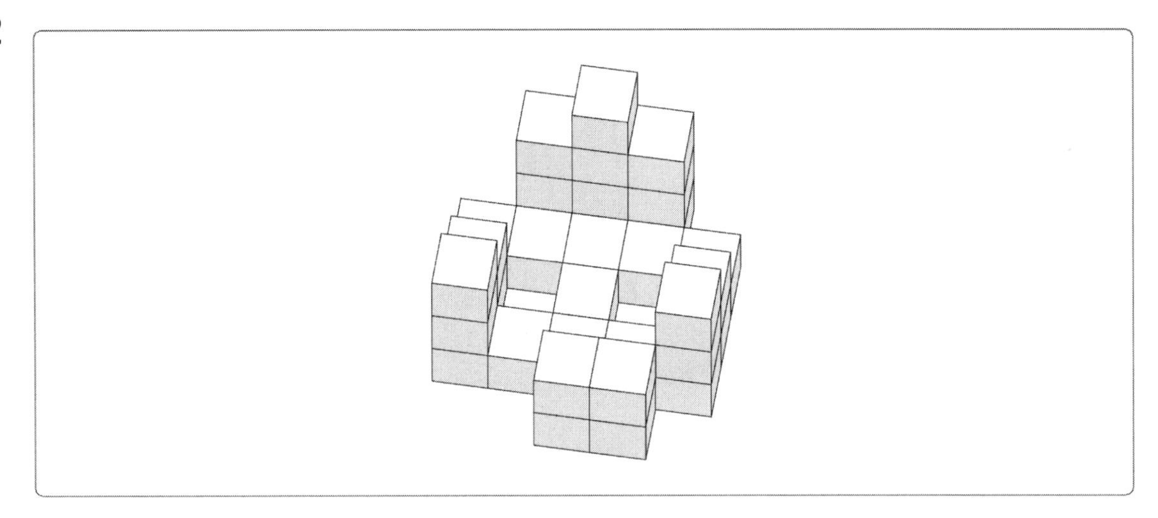

① 29 ② 31
③ 33 ④ 35

13

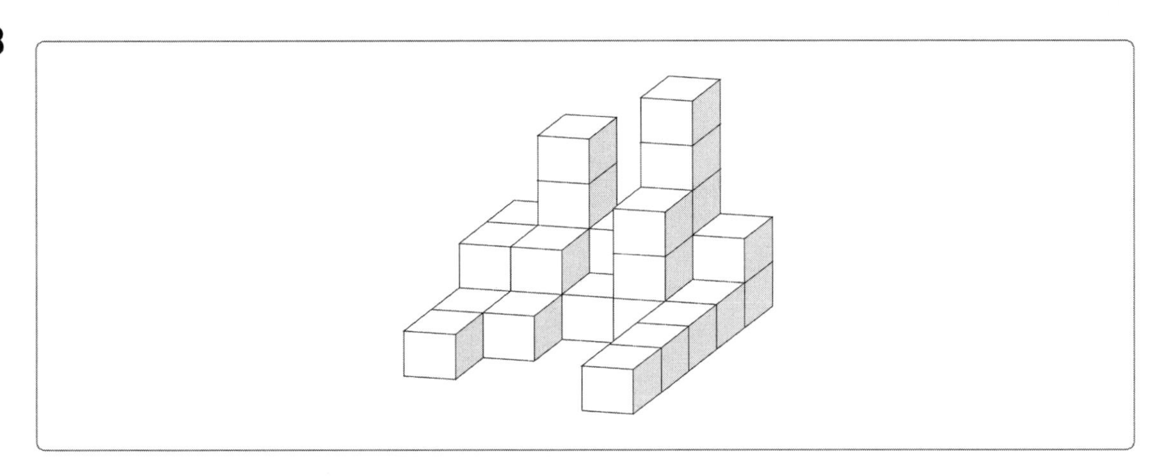

① 20 ② 25
③ 30 ④ 35

14

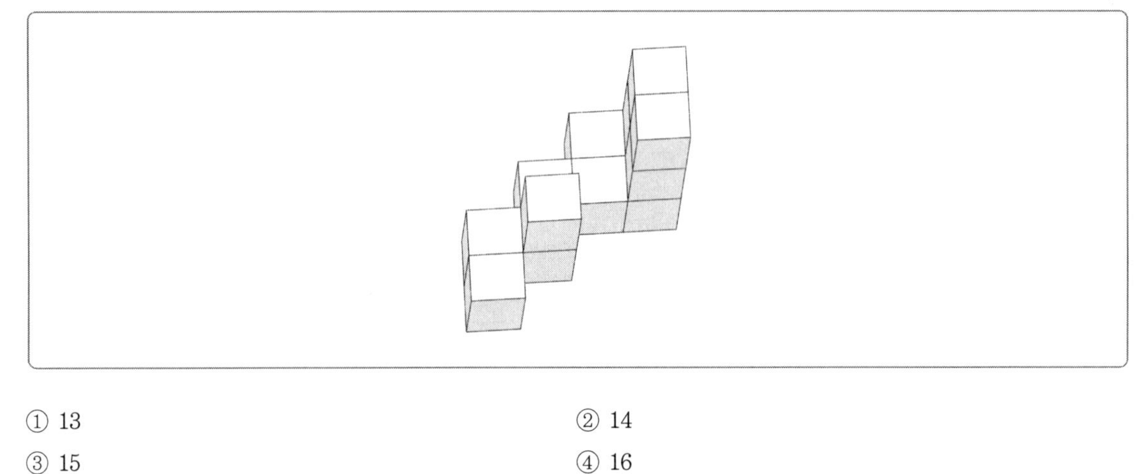

① 13　　② 14
③ 15　　④ 16

Q 아래에 제시된 블록들을 화살표 표시한 방향에서 바라봤을 때의 모양으로 알맞은 것을 고르시오. 【15~18】 (단, 블록은 모양과 크기가 모두 동일한 정육면체이며, 바라보는 시선의 방향은 블록의 면과 수직을 이루며 원근에 의해 블록이 작게 보이는 효과는 고려하지 않음)

15

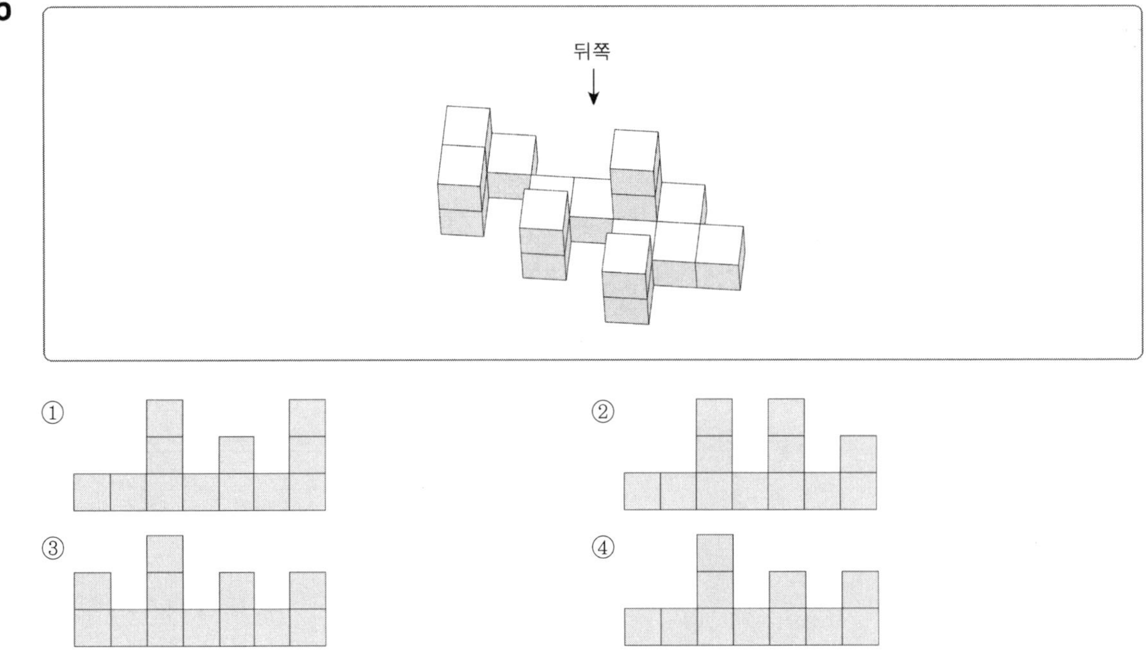

16

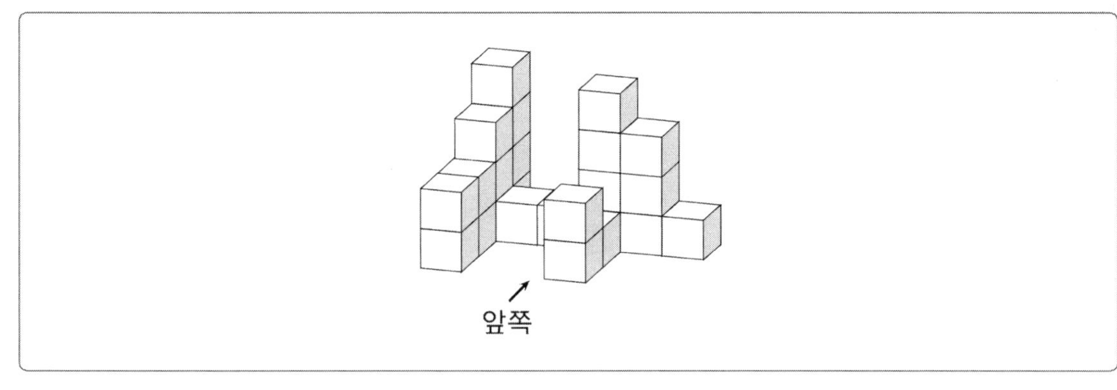

① 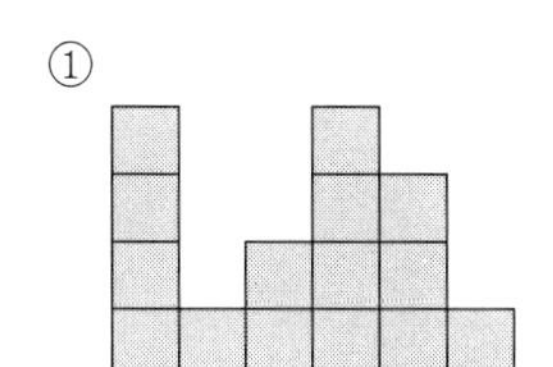
② 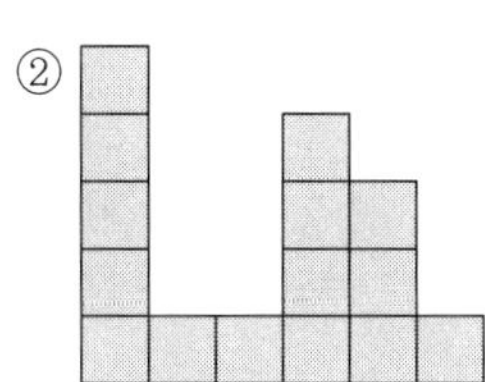
③ 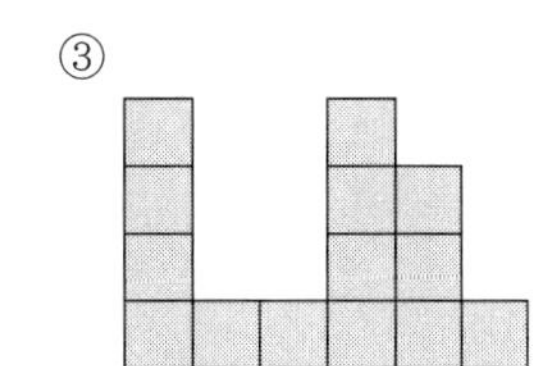
④ 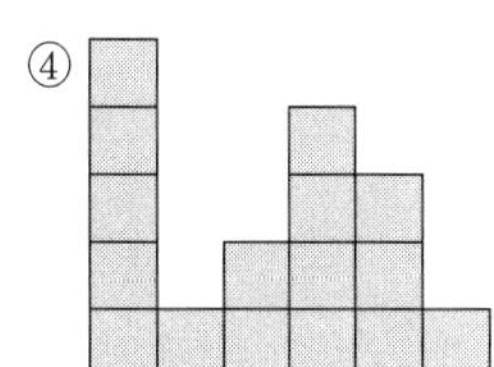

17

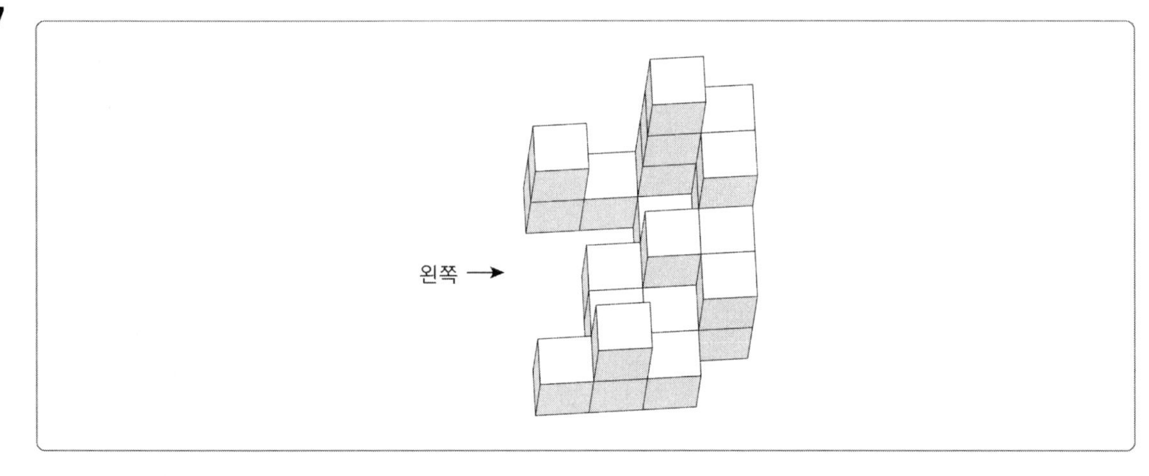

① 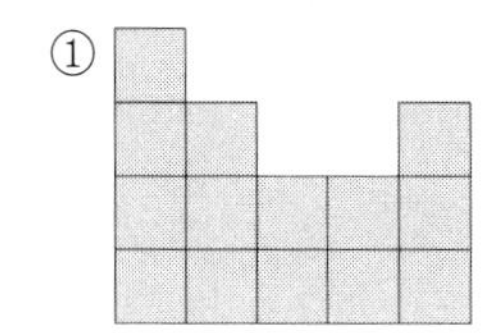
② 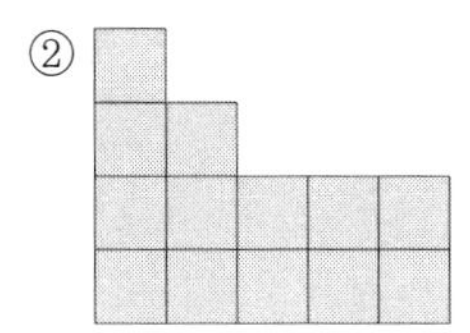
③ 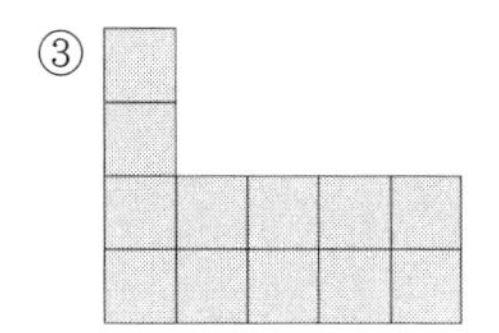
④ 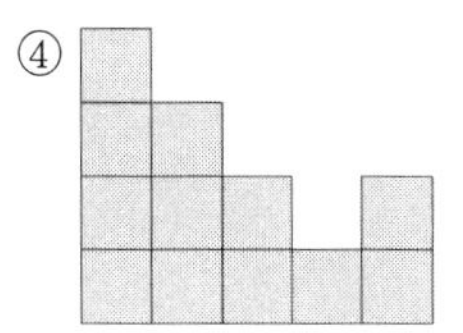

18

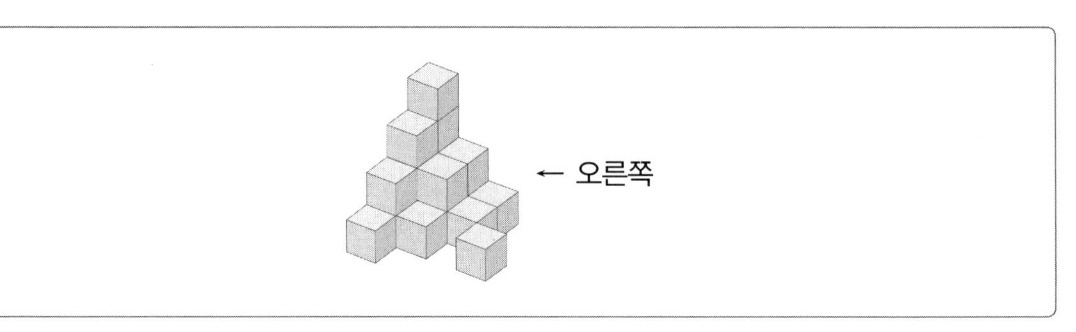

① 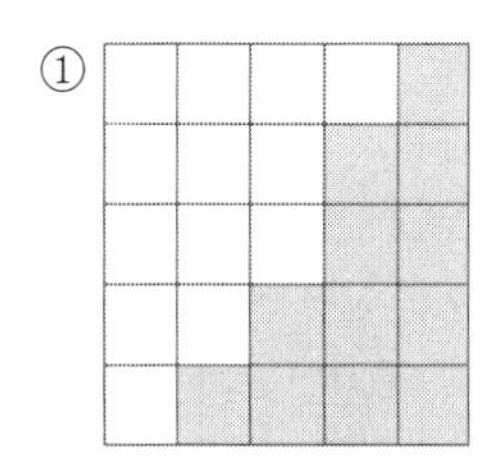
② 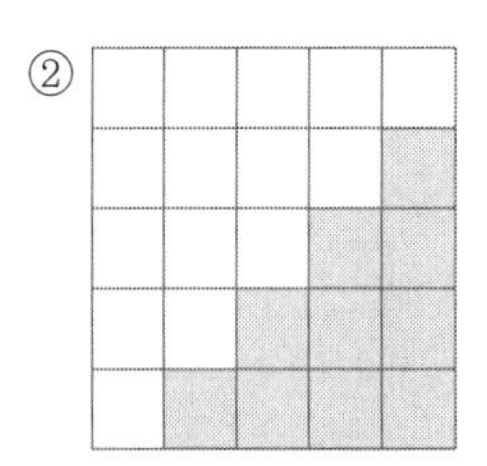
③ 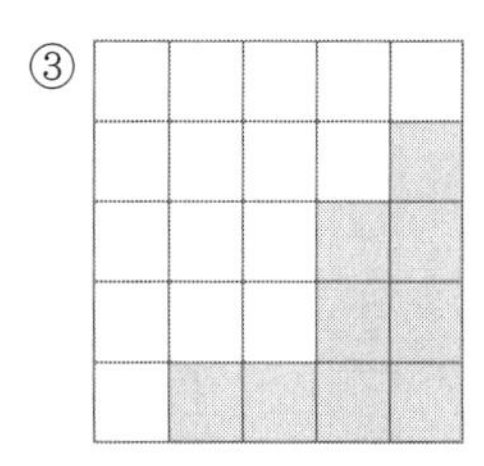
④ 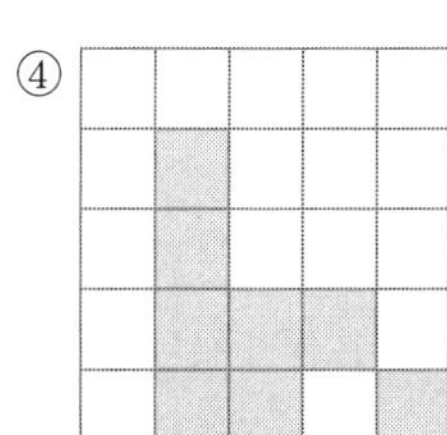

지각속도 | 30문항/3분

Q 다음 왼쪽과 오른쪽 기호, 문자, 숫자의 대응을 참고하여 각 문제의 대응이 같으면 '① 맞음'을, 틀리면 '② 틀림'을 선택하시오. 【01~03】

a = 일	b = 발	c = 임	d = 입
e = 선	f = 영	g = 관	h = 정

01 선 발 일 정 – e b a h　　① 맞음　② 틀림

02 입 영 일 정 – d f a h　　① 맞음　② 틀림

03 임 관 일 정 – c g h a　　① 맞음　② 틀림

Q 다음의 보기에서 각 문제의 왼쪽에 표시된 굵은 글씨체의 기호, 문자, 숫자의 개수를 오른쪽에서 세어 맞는 개수를 찾으시오. 【04~11】

04 **S** AWGZXTSDSVSRDSQDTWQ

① 1개 ② 2개 ③ 3개 ④ 4개

05 **▽** ◇☆◎▽◇◎○▽◇◎☆◎▽◇◎☆▽□◎▽◇△◎▽☆▽◎▽◇☆

① 8개 ② 7개 ③ 6개 ④ 5개

06 **6** 1001058762546026873217

① 1개 ② 2개 ③ 3개 ④ 4개

07 **火** 秋花春風南美北西冬木日火水金

① 1개 ② 2개 ③ 3개 ④ 4개

08 **㊂** ㊀㊁㊃㊁㊄㊀㊀㊅㊁㊀㊂㊆㊇㊁㊈㊁㊂㊁㊉㊀㊂

① 1개 ② 2개 ③ 3개 ④ 4개

09 **🏏** 🎳✉⚾⚐🧤⚾🏏✉⚾✉⚾✉🧤⚐🧤🎳⚐🧤🎳⚾✉⚐⚾🏏🏏🏏

① 1개 ② 2개 ③ 3개 ④ 4개

10 **ㅌ** 투철한 군인정신과 강인한 체력 및 투지력을 배양

① 1개 ② 2개 ③ 3개 ④ 4개

11 **✌** 👌👍👎🖐👈👌🖐👉👎🖐👈🖐☝🖐👎👌✌👌👈🖐👇

① 1개 ② 2개 ③ 3개 ④ 4개

Q 각 문제에서 아래에 제시된 단어와 일치하는 단어를 위의 단어들 사이에서 고르시오. 【12~13】

12

BSU BBS BBS BSB BUS BBC BBS BSB BSB BBS
BBS BBC BUS BUS BBC BSU SUB BUB BBU BSB
BUS BSS BUB BBU BBB BUS BUB BBB BSB BSB

BUS

① 2개 ② 3개 ③ 4개 ④ 5개

13

태 정 태 세 문 단 세 예 성 연 중 인 명 선
광 인 효 현 숙 경 영 정 순 헌 철 고 순 태
태 정 태 세 문 단 세 효 현 숙 경 영 정 순

태

① 0개 ② 2개 ③ 3개 ④ 5개

Q 다음 왼쪽과 오른쪽 기호, 문자, 숫자의 대응을 참고하여 각 문제의 대응이 같으면 '① 맞음'을, 틀리면 '② 틀림'을 선택하시오. 【14~15】

㉠ = ⓒ	㉤ = ⓔ	㉧ = ⓗ	㉣ = ⓓ
㉢ = ⓑ	㉦ = ⓐ	㉥ = ⓕ	㉡ = ⓖ

14 ⓐ ⓑ ⓒ ⓓ - ㉦ ㉢ ㉠ ㉣ ① 맞음 ② 틀림

15 ⓔ ⓕ ⓖ ⓗ - ㉤ ㉥ ㉡ ㉧ ① 맞음 ② 틀림

Q 다음 왼쪽과 오른쪽 기호, 문자, 숫자의 대응을 참고하여 각 문제의 대응이 같으면 '① 맞음'을, 틀리면 '② 틀림'을 선택하시오. 【16~18】

♯ = (마)	♮ = (차)	♭ = (나)	𝄞 = (라)	𝄐 = (사)
𝄢 = (가)	♪ = (바)	♬ = (다)	♩ = (아)	𝅘𝅥𝅯𝅘𝅥𝅯𝅘𝅥𝅯 = (자)

16 (가) (나) (다) (라) (마) – 𝄢 ♭ ♬ ♯ 𝄞 ① 맞음 ② 틀림

17 (바) (사) (아) (자) (차) – ♪ 𝄐 𝅘𝅥𝅯𝅘𝅥𝅯𝅘𝅥𝅯 ♩ ♮ ① 맞음 ② 틀림

18 (차) (아) (가) (다) (마) – ♮ ♩ 𝄢 ♬ ♯ ① 맞음 ② 틀림

Q 다음 그림과 단어는 서로 연관성을 지닌다. 이를 보고 제시된 그림은 문장으로, 문장은 그림으로 옳게 바꾼 것을 고르시오. 【19~20】

◇－재석	◆－소희	○－민호	●－~이/가	◈－그런데
△－~을/를	▲－좋아한다	▽－싫어한다	▣－그리고	

19

◆●○△▲◈◇△▽

① 소희가 재석을 좋아한다. 그리고 민호를 좋아한다.
② 재석이 소희를 좋아한다. 그런데 민호를 싫어한다.
③ 민호가 재석을 싫어한다. 그런데 소희를 좋아한다.
④ 소희가 민호를 좋아한다. 그런데 재석을 싫어한다.

20

재석이 민호를 싫어한다. 그리고 소희를 싫어한다.

① ◇●○△▽◈◆△▽
② ◇●○△▽▣◆△▽
③ ◆●○▲▽▣◆△▽
④ ●◇○△▽◈◆△▽

Q 다음 주어진 표를 참고하여 문제의 한글은 영어로, 영어는 한글로 바르게 변환한 것을 고르시오. 【21~23】

A	B	C	D	E	F	G	H	I	J
가	나	다	라	마	바	사	아	자	차

21

마차가

① EAI
② EAJ
③ EIA
④ EJA

22

CEIF

① 다자마바
② 다마바자
③ 다마자마
④ 다마자바

23

사라가마나바다

① GDAEBEC
② GDAFBFC
③ GDAEBFC
④ GEAEBFC

Q 다음의 보기에서 각 문제의 왼쪽에 표시된 굵은 글씨체의 기호, 문자, 숫자의 개수를 오른쪽에서 세어 맞는 개수를 찾으시오. 【24~30】

24 [illegible]　[illegible]　① 1개 ② 2개 ③ 3개 ④ 4개

25 [illegible]　[illegible]　① 1개 ② 2개 ③ 3개 ④ 4개

26 **v**　Give the letter to your mother when you've read it　① 1개 ② 2개 ③ 3개 ④ 4개

27 [illegible]　[illegible]　① 1개 ② 2개 ③ 3개 ④ 4개

28 [illegible]　[illegible]　① 1개 ② 2개 ③ 3개 ④ 4개

29 **0**　052510250218110710101206050504011030　① 11개 ② 12개 ③ 13개 ④ 14개

30 **ㅇ**　가까운 곳에 있는 것은 눈에 익어서 좋게 보이지 않고 멀리 있는 것은 훌륭해 보인다.　① 11개 ② 12개 ③ 13개 ④ 14개

언어논리력	25문항/20분

01 다음에서 설명하고 있는 단어로 알맞게 짝지어진 것은?

> ㉠ 어떤 일이나 현상에 대하여 깊이 살핌.
> ㉡ 언행을 삼가고 조심히 함.
> ㉢ 주의 · 주장을 세상에 널리 알림.

	㉠	㉡	㉢
①	주시	근신	선전
②	주시	신중	전달
③	경시	근신	선전
④	경시	신중	전달
⑤	경시	은둔	선전

02 다음 내용에서 주장하고 있는 것은?

> 기본적으로 한국 사회는 본격적인 자본주의 시대로 접어들었고 그것은 소비사회, 그리고 사회 구성원들의 자기표현이 거대한 복제기술에 의존하는 대중문화 시대를 열었다. 현대인의 삶에서 대중매체의 중요성은 더욱 더 높아지고 있으며 따라서 이제 더 이상 대중문화를 무시하고 엘리트 문화지향성을 가진 교육을 하기는 힘든 시기에 접어들었다. 세계적인 음악가로 추대 받고 있는 비틀즈도 영국 고등학교가 길러낸 음악가이다.

① 대중문화에 대한 검열이 필요하다.
② 한국에서 세계적인 음악가의 탄생을 위해 고등학교에서 음악 수업의 강화가 필요하다.
③ 한국 사회에서 대중문화를 인정하는 것은 중요하다.
④ 교양 있는 현대인의 배출을 위해 고전음악에 대한 교육이 필요하다.
⑤ 한국의 대중문화와 학교 교육의 연관성은 점점 줄어들고 있다.

03 빈칸에 모두 쓸 수 있는 말은?

> • 이제__ 두 다리 뻗고 잘 수 있겠어.
> • 무슨 일이 있어도 꼭 해내고__ 말겠다.
> • 지금 바로 출발해__ 늦지 않게 도착할 수 있어.
> • 우리 집이 너희 집보다__ 잘 살긴 하지만 여유롭지는 않아.

① 는
② 만
③ 가
④ 야
⑤ 도

04 다음 글을 읽은 후 적절한 반응은?

> 성공하여 부와 명예를 가진 사람이 허탈감에 빠지는 경우가 종종 있다. 하지만 비록 가난하더라도 꿈이 있는 사람은 행복하다.

① 정신적인 만족보다는 물질적인 행복을 추구해야 한다.
② 꿈이 성취되어야만 사람은 행복해 질 수 있다.
③ 가난은 사회적 박탈감을 안겨준다.
④ 가난하고 꿈도 없는 사람의 삶은 아무런 가치가 없다.
⑤ 참다운 행복은 이상을 추구하는 과정에 있다.

05 다음 글의 내용과 거리가 먼 것은?

> 현대인에게 비친 환경 문제의 심각성은 인류 문화의 존속 여부와 직접 관련된 문제이므로, 왜 이것이 건축에서도 문제가 되어야 하느냐고 새삼스럽게 논할 필요가 없다. 인간이 필요로 하는 생활공간을 계획하고 설계하는 건축이 어떻게 하면 자연 환경의 균형을 파괴하지 않으면서 인간의 필요를 충족시켜 나갈 수 있느냐를 문제로 삼아야 한다.
>
> 〈중략〉
>
> 그러면 자연 환경과 인간의 생활환경이 균형을 유지하도록 해야 하는 오늘의 건축가들에게 필요한 공간 개념이란 어떤 것인가? 공간 개념에 대한 필자의 관심은 한국적인 공간 개념의 특징을 찾는 데서 시작되었다. 공간 개념은 보편적인 것이면서도 각 문화권마다 특유의 내용을 담고 있으리라 생각했기에, 우리나라의 자연적인 조건들과 문화적인 여건들에 의해서 형성된 공간 개념이 어떤 것인가를 알아보고자 하였다.

① 현대의 환경 문제는 심각한 상황이다.
② 건축가들도 환경의 문제를 인식해야 한다.
③ 건축가들은 인간이 필요로 하는 생활공간을 계획하고 설계한다.
④ 공간 개념은 한 나라의 자연적인 조건들과 문화적인 여건들과는 상관이 없다.
⑤ 인간의 생활환경은 자연환경과 균형을 유지하는 것이 중요하다.

06

> 차이가 인정되고 상대방에게 수용되기도 하지만 차이로 인해 갈등과 폭력이 발생하는 경우도 종종 있다. 삶의 방식이 너무 달라서 어느 쪽이 우월한지 판단할 수 없거나 그것을 쉽게 (　)할 수 없을 때 우리는 어떻게 해야 할까?

① 변상　　② 용인
③ 할인　　④ 유인
⑤ 예방

07 다음 글을 순서대로 바르게 배열한 것은?

㉠ 지식인이 자기와 무관한 일에 끼어들려고 하는 사람이라는 지적은 옳다.
㉡ 사실 프랑스에서는 드레퓌스 사건이 일어났을 당시 '지식인' 아무개라고 하는 말이 부정적 의미와 함께 유행하기도 하였다.
㉢ 반(反)드레퓌스파의 입장에서 볼 때 드레퓌스 대위가 무죄석방되느냐, 유죄판결을 받느냐 하는 문제는 군사법정, 즉 국가가 관여할 문제였다.
㉣ 그런데 드레퓌스 옹호자들은 피의자의 결백을 확신한 나머지 '자기들의 권한 바깥에까지' 손을 뻗은 것이다.
㉤ 본래 지식인들은 지적 능력과 관계되는 일을 통해 어느 정도의 명성을 얻고, 이 명성을 '남용하여' 자기들의 영역을 벗어나 인간이라고 하는 보편적인 개념을 내세워 기존 권력을 비판하려고 드는 사람들을 의미하는 것 같다.

① ㉡㉣㉢㉤㉠
② ㉡㉢㉤㉣㉠
③ ㉠㉡㉢㉣㉤
④ ㉠㉢㉡㉤㉣
⑤ ㉢㉠㉡㉣㉤

08 다음 글에 포함되지 않은 내용은?

연금술이 가장 번성하던 때는 중세기였다. 연금술사들은 과학자라기보다는 차라리 마술사에 가까운 존재였다. 그들의 대부분은 컴컴한 지하실이나 다락방 속에 틀어박혀서 기묘한 실험에 열중하면서 연금술의 비법을 발견해내고자 하였다. 그것은 오늘날의 화학에서 말하자면 촉매에 해당하는 것이다. 그들은 어떤 분말을 소량 사용하여 모든 금속을 금으로 전화시킬 수 있다고 믿었다. 그리고 그들은 연금석이 그 불가사의한 작용으로 인하여 불로장생의 약이 될 것으로 생각하였다.

① 연금술사의 특징
② 연금술사의 꿈
③ 연금술의 가설
④ 연금술의 기원
⑤ 연금술의 번성기

09 다음은 청백리라는 주제로 글을 쓴 것이다. 반드시 있어야 하는 것은?

근래에 본받아야 할 청백리로 변영태가 꼽힌다. ㉠ 그가 특사가 되어 필리핀에 가게 되었을 때의 일이다. 필리핀은 더운 나라이므로 동복과 하복을 가져가라고 외무부에서 권했지만, 변영태는 매서운 추위 속에서도 하복을 입은 채로 떠났다. ㉡ 매일 운동을 하던 아령도 휴대하지 않았다. 수하물 운송료를 줄이기 위해서였다. 마닐라에서도 전차와 버스 편으로 다녔다. ㉢ 그는 외무부 장관으로서 국제회의에 참석할 때마다 남은 출장비를 꼬박꼬박 반납했고 직원들에게도 해외에서의 걷기와 버스타기를 권했다. ㉣ 그는 6·25 직후 부산 피난 시절 퇴근 후 사택에서도 자정까지는 넥타이를 맨 채 바지만 바꿔 입고 일을 계속했으며 대통령으로부터 전화가 오면 꼿꼿한 자세로 받았다. 장관직에서 물러나 있을 때는 담담하게 영어 학원에 나가면서 생계를 이었고, 논어를 영역하던 중 연탄가스로 숨졌다. 장례도 고인의 뜻에 따라 가족장으로 치렀고 정부에서 나온 부의금 300만 원은 대학에 희사했다.

① ㉠㉡
② ㉠㉢
③ ㉠㉣
④ ㉡㉢
⑤ ㉡㉣

10 아래에 제시된 글에서 발견할 수 있는 오류에 해당하는 것은?

그녀는 도서관 옆에 산다. 그러니 그녀는 책과 가까이 지낸다. 그러므로 그녀는 지식이 많을 것이다.

① 두 사건 사이에는 인과관계가 없는데 두 사건이 시간적으로 선후관계가 성립한다고 생각하여 한 사건이 다른 사건의 원인이라 여기고 있다.
② 연민 때문에 어떤 주장을 받아들이고 있다.
③ 둘 이상의 의미를 가진 말을 애매하게 사용함으로써 생기는 오류이다.
④ 어떤 사람을 인신공격하고 있다.
⑤ 반론의 가능성이 있는 요소를 원천적으로 비난하여 봉쇄하고 있다.

11 다음 글을 읽고 추론한 내용으로 가장 적절한 것은?

동이 틀 무렵, 어떤 미국 사람이 페르시아에서 시작된 방식으로 만들어진 침대에 인도에서 유래한 잠옷 차림으로 누워 있다. 그는 잠자리에서 일어나 황급히 욕실로 들어간다. 욕실의 유리는 고대 이집트인들에 의해 발명된 것이고, 마루와 벽에 붙인 타일의 사용법은 서남아시아에서, 도자기는 중국에서, 금속에 에나멜을 칠하는 기술은 청동기 시대의 지중해 지역 장인들에 의해서 발명된 것이다.
침실로 들어오자마자 옷을 입기 시작한다. 그가 입은 옷은 아시아 스텝 초원 지대의 고대 유목민들의 가죽옷에서 비롯된 것이다. 고대 이집트에서 발명된 처리법으로 제조한 가죽을 고대 그리스에서 전해 온 본에 따라 재단해서 만든 신을 신는다.
이제 그는 영국에서 발명된 열차를 향해 뜀박질을 한다. 가까스로 열차를 타고 나서, 그는 멕시코에서 발명된 담배를 피우기 위해서 자리에 등을 기댄다. 그리고 그는 중국에서 발명된 종이에다 고대 셈 족이 발명한 문자로 쓰인 기사를 읽는다.

① 문화 변동의 양상은 문화적 다양성을 보여준다.
② 우리의 일상생활은 문화 전파의 산물로 가득 차 있다.
③ 다양한 부분 문화의 형성은 문화의 획일화를 방지한다.
④ 서로 다른 문화가 공존하는 다문화 사회의 힘은 강력하다.
⑤ 사회는 단일문화로는 존부가치가 없다.

12 다음 글에서 괄호에 들어갈 내용으로 가장 알맞은 것은?

오늘날의 우리에게는 지금이 격변의 시기로 보일지 모르나, 서양의 19세기말은 다음에서 보듯이 (　　　) 시기에 해당한다. 19세기 중엽 사진기의 등장과 함께 그리는 작업의 의미가 무엇인지에 대한 답이 더 이상 외부세계의 모사라는 전통적 견해에서 주어질 수는 없었다. 이 때 고흐는 외부세계를 그대로 옮기는 것이 아니라 세계를 바라보는 화가 자신의 이미지를 화폭에 담고자 했다. 그리고 19세기말 경제학자들은 가치란 사물 자체에 내재하기보다는 사물이 사용자에게 갖는 효용가치에 주목하기 시작했다. 또한 법의 타당성을 법조문 자체에서 구하는 이른바 개념주의적 접근이 대세일 때, 일군의 법학자들은 법의 타당성을 이의 적용을 받는 사람들의 삶에서 이끌어내고자 노력하였다. 이를테면 헌법은 시대정신의 총화인 것이다. 시선을 인간의 외부에서 내부로 전환하기를 착수한 시기가 바로 서양의 19세기말이었던 것이다.

① 화풍의 전환
② 가치의 변화
③ 시대정신의 변화
④ 패러다임의 총체적 전환
⑤ 이데올로기의 변화

13 다음에서 설명하고 있는 고사성어는?

> 열 사람이 자기 밥그릇에서 한 숟가락씩 덜어 다른 사람을 위해 밥 한 그릇을 만든다는 뜻으로 여러 사람이 힘을 모으면 한 사람을 돕는 것은 쉽다는 의미를 가지고 있다.
> • 민재와 반 친구들은 불우이웃을 돕기 위해 (   )으로 돈을 모아 기부했다.

① 유비무환(有備無患)
② 십시일반(十匙一飯)
③ 망운지정(望雲之情)
④ 입신양명(立身揚名)
⑤ 형설지공(螢雪之功)

14 다음 글의 주제로 알맞은 것은?

> 혈연의 정, 부부의 정, 이웃 또는 친지의 정을 따라서 서로 사랑하고 도와가며 살아가는 지혜가 곧 전통 윤리의 기본이다. 정에 바탕을 둔 윤리인 까닭에 우리나라의 전통 윤리에는 자기중심적인 일면이 있다. 정이라는 것은 자기와의 관계가 가까운 사람에 대해서는 강하게 일어나고 먼 사람에 대해서는 약하게 일어나는 것이 보통이므로, 정에 바탕을 둔 윤리가 명령하는 행위는 상대가 누구냐에 따라서 달라질 수 있다. 예컨대, 남의 아버지보다는 내 아버지를 더 위하고 남의 아들보다는 내 아들을 더 아끼는 것이 정에 바탕을 둔 윤리에 부합하는 태도이다.

① 남의 아버지보다 내 아버지를 더 위해야 한다.
② 우리나라의 전통윤리는 가족관계의 유교적인 위계질서로부터 형성되었다.
③ 우리나라의 전통윤리는 자기중심적인 면이 강하다.
④ 공과 사를 철저히 구분하는 것이 전통윤리에 부합하는 행동이다.
⑤ 우리나라의 전통윤리는 정(情)에 바탕을 둔 윤리이다.

15 **다음에서 반드시 고려해야 할 사항임에도 불구하고 간과된 것은?**

대부분의 한국인들은 영어로 대화하는 데에 불편함을 느낀다. 따라서 영국에 주영대사로 새로 부임하게 되는 외교관 K씨가 영어로 대화하는 데 불편을 느낄 것이다.

① 한국어의 어순과 영어의 어순은 다르다.
② 대부분의 한국인들은 불어로 말하는 데도 불편을 느낀다.
③ 대부분의 한국인들은 독어로 말하는 데 불편을 느끼지 않는다.
④ 외교관으로 일하는 한국인은 대부분 영어로 말하는 데 불편을 느끼지 않는다.
⑤ 외교관으로 일하는 한국인은 대부분 일어로 말하는 데 불편을 느낀다.

16

대부분의 사람들은 '이슬람', '중동', 그리고 '아랍'이라는 지역 개념을 (　)한다. 그러나 엄밀히 말하면 세 지역 개념은 서로 다르다.

① 혼용
② 설립
③ 제한
④ 착안
⑤ 견제

17 **다음 문장에서 범하고 있는 오류는?**

영민이는 나에게 좋은 애인임에 틀림없다. 영민이가 나에게 스스로 좋은 애인이라고 말했고 그 좋은 영민이가 나에게 거짓말을 할 리가 없다.

① 논점 일탈의 오류
② 원칙 혼동의 오류
③ 순환 논증의 오류
④ 흑백 논리의 오류
⑤ 인신공격의 오류

18 다음 (　) 안에 들어갈 동물을 순서대로 바르게 나열한 것은?

> ㉠ 기운세면 (　　)가(이) 왕 노릇할까
> ㉡ (　　) 어금니 같다
> ㉢ 범 없는 골에는 (　　)가(이) 스승이라
> ㉣ 산에 들어가 (　　)를(을) 피하랴
> ㉤ 도둑놈 (　　) 꾸짖듯 한다

① 사자 → 호랑이 → 여우 → 곰 → 소
② 호랑이 → 늑대 → 개 → 사자 → 망아지
③ 소 → 사자 → 토끼 → 호랑이 → 개
④ 곰 → 늑대 → 사자 → 호랑이 → 망아지
⑤ 늑대 → 호랑이 → 소 → 곰 → 여우

19 민수, 영희, 인영, 경수 네 명이 원탁에 둘러앉았다. 민수는 영희의 오른쪽에 있고, 영희와 인영은 마주보고 있다. 경수의 오른쪽과 왼쪽에 앉은 사람을 차례로 짝지은 것은?

① 영희 – 민수
② 영희 – 인영
③ 인영 – 영희
④ 민수 – 인영
⑤ 인영 – 민수

20 다음 글의 주제로 적절한 것은?

> 정보 사회라고 하는 오늘날, 우리는 실제적 필요와 지식 정보의 획득을 위해서 독서하는 경우가 많다. 일정한 목적의식이나 문제의식을 안고 달려드는 독서일수록 사실은 능률적인 것이다. 르네상스적인 만능의 인물이었던 괴테는 그림에 열중하기도 했다. 그는 그림의 대상이 되는 집이나 새를 더 관찰하기 위해서 그리는 것이라고, 의아해 하는 주위 사람에게 대답했다고 전해진다. 그림을 그리겠다는 목적의식을 가지고 집이나 꽃을 관찰하면 분명하고 세밀하게 그 대상이 떠오를 것이다. 마찬가지로 일정한 주제 의식이나 문제의식을 가지고 독서를 할 때 보다 창조적이고 주체적인 독서 행위가 성립될 것이다.
> 오늘날 기술 정보 사회의 시민이 취득해야 할 상식과 정보는 무량하게 많다. 간단한 읽기, 쓰기와 셈하기 능력만 갖추고 있으면 얼마 전까지만 하더라도 문맹(文盲)상태를 벗어날 수 있었다. 오늘날 사정은 이미 동일하지 않다. 자동차 운전이나 컴퓨터 조작이 바야흐로 새 시대의 '문맹' 탈피 조건으로 부상하고 있다. 현대인 앞에는 그만큼 구비해야 할 기본적 조건과 자질이 수없이 기다리고 있다.
> 사회가 복잡해짐에 따라 신경과 시간을 바쳐야 할 세목도 증가하게 마련이다. 그러나 어느 시인이 얘기한 대로 인간 정신이 마련해 낸 가장 위대한 세계는 언어로 된 책의 마법 세계이다. 그 세계 속에서 현명한 주민이 되기 위해서는 무엇보다도 자기 삶의 방향에 맞게 시간을 잘 활용해야 할 것이다.

① 정보량의 증가에 비례한 서적의 증가
② 시대에 따라 변화하는 문맹의 조건
③ 목적의식을 가진 독서의 필요성
④ 정보 사회에서 르네상스의 시대적 의미
⑤ 문맹 탈피를 위한 학습 기회의 제공

Q 다음 글을 읽고 물음에 답하시오. 【21~23】

공간 이용에서 네거티비즘이 문제시되어야 하는 또 한 가지 측면은 인간 사회 안에서 일어나는 문제이다. 하나의 공간을 어떤 특정한 목적을 위해 제한해 버린다는 것은 언제나 그 ㉠ 제한된 공간 밖에 있는 사람들에게 저항감을 느끼게 하거나 상대적인 빈곤감을 느끼게 할 수 있다. 대도시 안에 있는 ㉡ 빈민촌은 그 자체가 제한된 공간이라는 인상을 주지만, 사실상은 ㉢ 그 곳에 있는 사람들이 행동의 제한을 받는다. 그러한 특수 공간을 만든 사람은 그들이 아니라 ㉣ 그 공간 밖에 사는 사람들이기 때문이다. 그런 빈민촌에서 벗어나고 싶지만 ㉤ 바깥 공간이 제한되어 있기 때문에 못 나오는 사람들은 있으나, 바깥 공간에서 빈민촌으로 들어가고자 하는 사람은 없다는 사실이 중요하다. 그러므로 어떠한 공간 설계든 그것으로 인해서 그 공간에서 추방당하거나 제외되는 사람들이 있어야 하는 것이면 그것은 바람직하지 못한 것이라고 할 수 있다. 윤리적으로 공간 설계는 그 제한된 공간 안에 있는 사람들이나 그 공간 밖에 있는 사람들이 똑같이 그 설계의 결과로 혜택을 받을 수 있게 해야 한다. 이처럼 한 공간의 안과 밖이 다 같이 좋은 목적을 위해 이용될 수 있는 공간을 '(　　)'이라고 한다면, 이 공간 개념은 하나의 건물 안에 있는 공간들이나 건물들 사이의 공간들, 또는 도시 공간 전체와 인간의 생활공간 전체를 계획하고 설계하는 데에도 적용이 되어야 할 것이다.

– 김수근, 「건축과 동양 정신」 –

21 주어진 글의 성격으로 알맞은 것은?

① 상징적
② 논리적
③ 서사적
④ 관조적
⑤ 낭만적

22 ㉠~㉤ 중 공간의 의미가 다른 것은?

① ㉠
② ㉡
③ ㉢
④ ㉣
⑤ ㉤

23 주어진 글의 내용으로 보아 빈칸에 들어갈 말로 가장 알맞은 것은?

① 기분 공간
② 통합 공간
③ 자연 공간
④ 사유 공간
⑤ 열린 공간

Q 다음 글을 읽고 물음에 답하시오. 【24~25】

유명한 인류 언어학자인 워프는 “언어는 우리의 행동과 사고의 양식을 결정하고 주조(鑄造)한다.”고 하였다. 그것은 우리가 실세계를 있는 그대로 보고 경험하는 것이 아니라 언어를 통해서 비로소 인식한다는 뜻이다. 예를 들면, 광선이 프리즘을 통과했을 때 나타나는 색깔인 무지개색이 일곱 가지라고 생각하는 것은 우리가 색깔을 분류하는 말이 일곱 가지이기 때문이라는 것이다. 우리 국어에서 초록, 청색, 남색을 모두 푸르다(혹은 파랗다)고 한다. ‘푸른(파란) 바다’, ‘푸른(파란) 하늘’ 등의 표현이 그것을 말해 준다. 따라서, 어린이들이 흔히 이 세 가지 색을 혼동하고 구별하지 못하는 일도 있다. 분명히 다른 색인데도 한 가지 말을 쓰기 때문에 그 구별이 잘 안 된다는 것은, 말이 우리의 사고를 지배한다는 뜻이 된다. 말을 바꾸어서 우리는 언어를 통해서 객관의 세계를 보기 때문에 우리가 보고 느끼는 세계는 있는 그대로의 객관의 세계라기보다, 언어에 반영된 주관 세계라는 것이다. 이와 같은 이론은 ‘언어의 상대성 이론’이라고 불리워 왔다.

이와 같은 이론적 입장에 서 있는 사람들은 다음과 같은 말도 한다. 인구어(印歐語) 계통의 말들에는 열(熱)이라는 말이 명사로서는 존재하지만 그에 해당하는 동사형은 없다. 따라서, 지금까지 수백 년 동안 유럽의 과학자들은 열을 하나의 실체(實體)로서 파악하려고 노력해 왔다(명사는 실상을 가진 물체를 지칭하는 것이 보통이므로). 따라서, ‘열’이 실체가 아니라 하나의 역학적 현상이라는 것을 파악하기까지 오랜 시일이 걸린 것이다. 아메리카 인디언 말 중 호피 어에는 ‘열’을 표현하는 말이 동사형으로 존재하기 때문에 만약 호피 어를 하는 과학자가 열의 정체를 밝히려고 애를 썼다면 열이 역학적 현상에 지나지 않는 것이지 실체가 아니라는 사실을 쉽사리 알아냈을 것이라고 말한다. 그러나 실제로는 언어가 그만큼 우리의 사고를 철저하게 지배하는 것은 아니다. 물론 언어상의 차이가 다른 모양의 사고 유형이나, 다른 모양의 행동 양식으로 나타나는 것은 사실이지만 그것이 절대적인 것은 아니다. 앞에서 말한 색깔의 문제만 해도 어떤 색깔에 해당되는 말이 그 언어에 없다고 해서 전혀 그 색깔을 인식할 수 없는 것은 아니다. 진하다느니 연하다느니 하는 수식어를 붙여서 같은 종류의 색깔이라도 여러 가지로 구분하는 것이 그 한 가지 예다. 물론, 해당 어휘가 있는 것이 없는 것보다 인식하기에 빠르고 또 오래 기억할 수 있는 것이지만 해당 어휘가 없다고 해서 인식이 불가능한 것은 아니다. 언어 없이 사고가 불가능하다는 이론도 그렇다. 생각은 있으되, 그 생각을 표현할 적당한 말이 없는 경우도 얼마든지 있으며, 생각은 분명히 있지만 말을 잊어서 표현에 곤란을 느끼는 경우도 흔한 것이다. 음악가는 언어라는 매개를 통하지 않고 작곡을 하여 어떤 생각이나 사상을 표현하며, 조각가는 언어 없이 조형을 한다. 또, 우리는 흔히 새로운 물건, 새로운 생각을 이제까지 없던 새말로 만들어 명명하기도 한다.

24 윗글은 어떤 질문에 대한 대답으로 볼 수 있는가?

① 언어와 사고는 어떤 관계에 있는가?
② 문법 구조와 사고는 어떤 관계에 있는가?
③ 개별 언어의 문법적 특성은 무엇인가?
④ 언어가 사고 발달에 끼치는 영향은 무엇인가?
⑤ 동일한 대상에 대한 표현이 언어마다 왜 다른가?

25 윗글의 논지 전개 방식에 대한 설명으로 옳은 것은?

① 자기 이론의 단점을 인정하고 다른 의견으로 보완하고 있다.
② 하나의 이론을 소개한 다음 그 이론의 한계를 지적하고 있다.
③ 대립하는 두 이론 가운데 한 쪽의 논리적 정당성을 강조하고 있다.
④ 대상에 대한 인식의 시대적 변화 과정을 체계적으로 서술하고 있다.
⑤ 난립하는 여러 이론의 단점을 극복한 새로운 이론을 도출하고 있다.

자료해석력	20문항/25분

01 어느 통신회사가 A, B, C, D, E 5개 건물을 전화선으로 연결하려고 한다. 여기서 A와 B가 연결되고, B와 C가 연결되면 A와 C도 연결된 것으로 간주한다. 다음은 두 건물을 전화선으로 직접 연결하는데 드는 비용을 나타낸 것이다. A, B, C, D, E를 모두 연결하는데 드는 비용은 얼마인가?

(단위 : 억 원)

	A	B	C	D	E
A		10	8	7	9
B	10		5	7	8
C	8	5		4	6
D	7	7	4		4
E	9	8	6	4	

① 19억 원
② 20억 원
③ 21억 원
④ 24억 원

02 다음은 학생들의 SNS(Social Network Service) 계정 소유 여부를 나타낸 예시표이다. 이에 대한 설명으로 옳은 것은?

(단위 : %)

구분		소유함	소유하지 않음	합계
성별	남학생	49.1	50.9	100
	여학생	71.1	28.9	100
학교급별	초등학생	44.3	55.7	100
	중학생	64.9	35.1	100
	고등학생	70.7	29.3	100

㉠ SNS 계정을 소유한 학생의 비율은 남학생과 여학생 모두 50%가 넘는다.
㉡ 상급 학교 학생일수록 SNS 계정을 소유한 비율이 높다.
㉢ 조사 대상 중 SNS 계정을 소유한 비율 중 가장 높은 학급은 중학생이다.
㉣ 초등학생의 경우 중·고등학생과 달리 SNS 계정을 소유한 학생이 그렇지 않은 학생보다 적다.

① ㉠㉡
② ㉠㉢
③ ㉡㉢
④ ㉡㉣

03 섭식억제자와 정상인의 불안에 따른 섭식 행동을 조사한 결과 다음 자료를 얻었다. 결론을 내리기 위하여 ㉠, ㉡에 가장 적절한 것은?

	불안 여부	정상인	섭식 억제자
맛있는 과자	불안이 없는 조건	㉠	5
	불안이 높은 조건	7	8
맛없는 과자	불안이 없는 조건	4	㉡
	불안이 높은 조건	3	4

〈결론〉

섭식억제자는 불안하지 않을 때 정상인에 비해 과자를 섭취하는 양이 적다. 그러나 섭식억제자는 불안을 느낄 때 과자의 맛에 상관없이 정상인보다 그 섭식양이 더 많다. 이는 섭식억제자의 경우 불안을 조절하는 심리적 기능이 취약하여 불안을 경험할 때 음식의 억제가 정상인보다 더 어렵다는 것을 의미한다.

	㉠	㉡
①	5	3
②	9	4
③	6	2
④	8	5

Q 다음은 ㈎지역의 토지면적 현황을 나타낸 예시표이다. 표를 보고 물음에 알맞은 답을 고르시오. 【4~5】

㈎지역의 토지면적 현황

(단위 : m^2)

토지유형 / 연도	삼림	초지	습지	나지	경작지	훼손지	전체 면적
2018	539,691	820,680	22,516	898,566	480,645	1	2,762,099
2019	997,114		204	677,654	555,334	1	2,783,806
2020	1,119,360	187,479	94,199	797,075	487,767	1	2,685,881
2021	1,595,409	680,760	20,678	182,424	378,634	4,825	2,862,730
2022	1,668,011	692,018	50,316	50,086	311,086	129,581	2,901,098

※ 단, 계산 값은 소수점 첫째 자리에서 반올림한다.

04 주어진 표를 보고 아래 문장의 A, B, C의 값을 바르게 구한 것은?

2019년 초지의 면적은 (A)m^2로 전체 면적의 약 (B)%를 차지하며, 2018년에 비해 약 (C)% 감소하였다.

① A : 553,499, B : 20, C : 33%
② A : 543,499, B : 19, C : 32%
③ A : 553,499, B : 20, C : 31%
④ A : 543,499, B : 20, C : 31%

05 주어진 표에 대한 다음 설명 중 옳지 않은 것은?

① 연도별 토지면적 변화폭이 가장 큰 해와 토지유형은 2020년~2021년, 나지이다.
② 훼손지를 제외하고, 연도별 토지면적 변화폭이 가장 작은 해와 토지유형은 2018~2019년, 습지이다.
③ ㈎지역에서 삼림은 매해 그 면적이 가장 넓다.
④ 2019년~2020년을 제외하고 ㈎지역 토지의 전체면적은 꾸준히 증가하였다.

Q 다음은 주유소 4곳을 경영하는 서원각에서 2022년 VIP 회원의 업종별 구성비율을 지점별로 조사한 예시표이다. 표를 보고 물음에 답하시오. (단, 가장 오른쪽은 각 지점의 회원수가 전 지점의 회원 총수에서 차지하는 비율을 나타낸다.) 【06~08】

구분	대학생	회사원	자영업자	주부	각 지점 / 전 지점
A	10%	20%	40%	30%	10%
B	20%	30%	30%	20%	30%
C	10%	50%	20%	20%	40%
D	30%	40%	20%	10%	20%
전 지점	17%		25%		100%

06 서원각 전 지점에서 회사원의 수는 회원 총수의 몇 %인가?

① 24%
② 33%
③ 39%
④ 51%

07 A지점의 회원수를 5년 전과 비교했을 때 자영업자의 수가 2배 증가했고 주부회원과 회사원은 1/2로 감소하였으며 그 외는 변동이 없었다면 5년전 대학생의 비율은? (단, A지점의 2022년 VIP회원의 수는 100명이다.)

① 7.69%
② 8.53%
③ 8.67%
④ 9.12%

08 B지점의 대학생 회원수가 300명일 때 C지점의 대학생 회원수는?

① 100명
② 200명
③ 300명
④ 400명

09 서울시 유료 도로에 대한 예시자료이다. 산업용 도로 3km의 건설비는 얼마가 되는가?(소수 둘째자리에서 반올림한다.)

분류	도로수	총길이	건설비
관광용 도로	5	30km	30억
산업용 도로	7	55km	300억
산업관광용 도로	9	198km	400억
합계	21	283km	300억

① 약 5.5억 원
② 약 11억 원
③ 약 16.5억 원
④ 약 22억 원

10 다음은 성인 남녀 500명을 대상으로 '누가 노인의 생계를 책임져야 하는가?'에 대해 설문 조사를 실시한 결과를 나타낸 예시표이다. 이 조사 결과에 대한 설명으로 옳은 것은?

(단위 : %)

구분	자식 및 가족	정부 및 사회	노인 스스로 해결	무응답	합계
2016	60.7	29.1	7.7	2.5	100
2018	37.2	47.8	11.4	3.6	100
2020	30.4	51.0	15.0	3.6	100
2022	28.7	54.0	13.6	3.7	100

① 응답하지 않은 비율은 항상 10%이상 차지한다.
② 자식 및 가족이 노인을 부양한다는 비율이 증가하고 있다.
③ 노인이 스스로 향후 문제를 해결하려는 비율이 지속적으로 증가하고 있다.
④ 노인 부양의 책임을 개인적 차원보다 정부 및 사회적 차원에서 인식하는 응답자가 늘고 있다.

11 다음은 새해 토정비결과 궁합에 관하여 사람들의 믿는 정도를 조사한 결과이다. 둘 다 가장 믿을 확률이 높은 사람들은?

대상 \ 구분		토정비결(%)	궁합(%)
나이별	20대	30.5	35.7
	30대	33.2	36.2
	40대	45.9	50.3
	50대	52.5	61.9
	60대	50.3	60.2
학력별	초등학교 졸업	81.2	83.2
	중학교 졸업	81.1	83.3
	고등학교 졸업	52.4	51.6
	대학교 졸업	32.3	30.3
	대학원 졸업	27.5	26.2
성별	남자	45.2	39.7
	여자	62.3	69.5

① 초등학교 졸업 학력의 60대 남성
② 중학교 졸업 학력의 50대 여성
③ 고등학교 졸업 학력의 40대 남성
④ 대학교 졸업 학력의 30대 남성

12 다음은 우리나라의 주택 수와 주택 보급률 변화를 나타낸 예시표이다. 이에 대한 설명으로 적절하지 못한 것은?

구분 \ 연도		1992	2002	2012	2022
주택 수		4,360	5,319	7,357	11,472
주택보급률 (%)	전국	78.2	72.7	72.4	96.2
	도시	58.8	56.6	61.1	87.8

※ 주택 보급률 = 주택 수/주택 소요 가구 수

① 2022년 주택수는 2002년보다 2배이상 증가하였다.
② 전국의 주택보급률과 도시의 주택보급률의 차이는 지속적으로 감소하고 있다.
③ 전국의 주택보급률은 도시의 주택보급률의 증감현상과 동일하게 적용된다.
④ 도시의 주택보급률은 2002년 이후 지속적으로 증가하고 있다.

13 다음은 전자 상거래의 시장 규모를 나타낸 예시표이다. 이에 대한 설명으로 옳은 것을 모두 고르면?

(단위 : 억 달러)

구분	2020년	2021년	2022년
세계	6,570	12,336	67,898
미국	4,887	8,641	31,890
한국	56	141	2,057

㉠ 세계의 전자 상거래의 시장규모는 지속적으로 증가하고 있다.
㉡ 한국의 전자 상거래의 시장규모는 지속적으로 감소하고 있다.
㉢ 미국과 한국의 전자 상거래의 시장규모 차이는 지속적으로 증가하고 있다.
㉣ 미국의 전자 상거래의 시장규모는 세계의 전자 상거래의 시장규모의 절반 이상을 지속적으로 차지하고 있다.

① ㉠㉡
② ㉠㉢
③ ㉠㉣
④ ㉡㉢

Q 다음은 어느 음식점의 종류별 판매비율을 나타낸 예시표이다. 물음에 답하시오. 【14~15】

(단위 : %)

종류	2019년	2020년	2021년	2022년
A	17.0	26.5	31.5	36.0
B	24.0	28.0	27.0	29.5
C	38.5	30.5	23.5	15.5
D	14.0	7.0	12.0	11.5
E	6.5	8.0	6.0	7.5

14 2022년 총 판매개수가 1,500개라면 A의 판매개수는 몇 개인가?

① 500개
② 512개
③ 535개
④ 540개

15 다음 중 옳지 않은 것은?

① A의 판매비율은 꾸준히 증가하고 있다.
② C의 판매비율은 4년 동안 50% 이상 감소하였다.
③ 2019년과 비교할 때 E 메뉴의 2022년 판매비율은 3%p 증가하였다.
④ 2019년 C의 판매비율이 2022년 A의 판매비율보다 높다.

16 다음 표는 어떤 보험 회사에 하루 동안 청구되는 보상 건수와 확률이다. 이틀 연속으로 청구된 보상 건수의 합이 2건 미만일 확률은? (단, 첫째 날과 둘째 날에 청구되는 보상건수는 서로 무관하다.)

보상 건수	0	1	2	3 이상
확률	0.4	0.3	0.2	0.1

① 0.4
② 0.5
③ 0.6
④ 0.8

17 둘레가 6km인 공원을 영수와 성수가 같은 장소에서 동시에 출발하여 같은 방향으로 돌면 1시간 후에 만나고, 반대 방향으로 돌면 30분 후에 처음으로 만난다고 한다. 영수가 성수보다 걷는 속도가 빠르다고 할 때, 영수가 걷는 속도는?

① 6km/h
② 7km/h
③ 8km/h
④ 9km/h

18 두 자리의 자연수가 있다. 이 수는 각 자리의 숫자의 합의 4배이고, 십의 자리의 숫자와 일의 자리 숫자를 서로 바꾸면 바꾼 수는 처음 수보다 27이 크다고 한다. 처음 자연수를 구하면?

① 24 ② 30
③ 36 ④ 60

19 20% 소금물 100g이 잇다. 소금물 xg을 덜어내고, 덜어낸 양만큼의 소금을 첨가하였다. 거기에 11%의 소금물 yg을 섞었더니 26%의 소금물 300g이 되었다. 이때 $x+y$의 값은 얼마인가?

① 213 ② 235
③ 245 ④ 252

20 호숫가에 같은 간격으로 나무를 심으려고 한다. 호수의 둘레는 412m이고 나무 간격을 4m로 할 때, 몇 그루의 나무가 필요한가?

① 100그루 ② 101그루
③ 102그루 ④ 103그루

CHAPTER 3회

실전 모의고사

≫ 정답 및 해설 p.186

공간지각능력	18문항/10분

Q 다음 입체도형의 전개도로 알맞은 것을 고르시오. 【01~04】

- 입체도형을 전개하여 전개도를 만들 때, 전개도에 표시된 그림(예 : ▯, ◺, ▭ 등)은 회전의 효과를 반영함. 즉, 본 문제의 풀이과정에서 보기의 전개도 상에 표시된 ▯과 ▭는 서로 다른 것으로 취급함.
- 단, 기호 및 문자(예 : ♤, ☎, ♨, K, H)의 회전에 의한 효과는 본 문제의 풀이과정에 반영하지 않음. 즉, 입체도형을 펼쳐 전개도를 만들었을 때 ☎의 방향으로 나타나는 기호 및 문자도 보기에서는 ☎방향으로 표시하며 동일한 것으로 취급함.

01

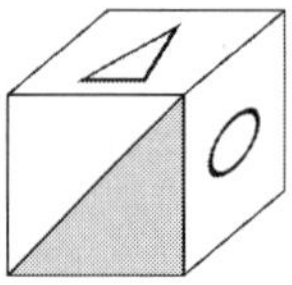

①

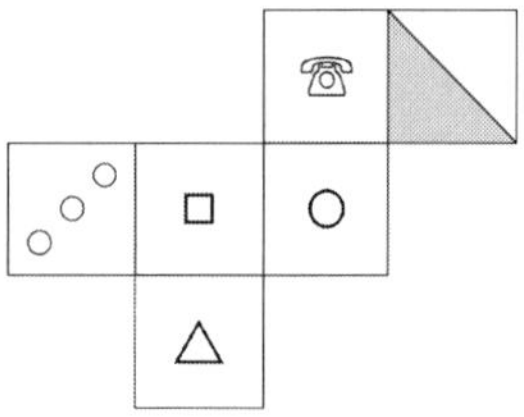

②

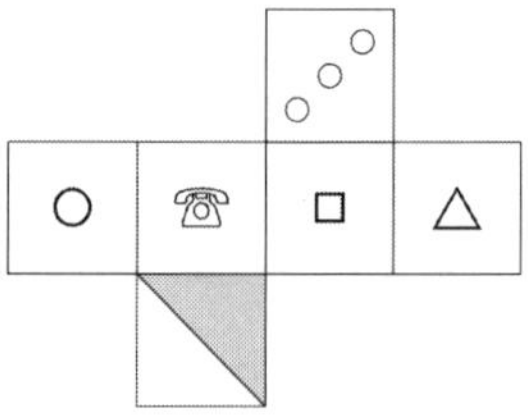

③

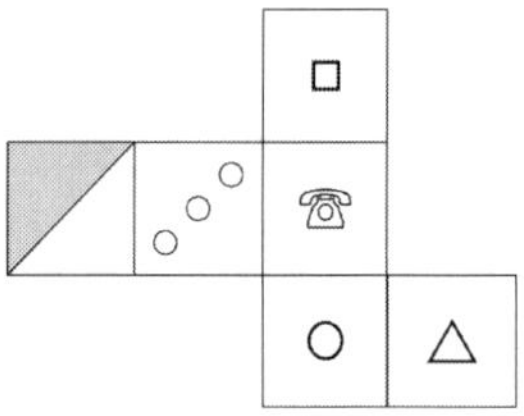

④

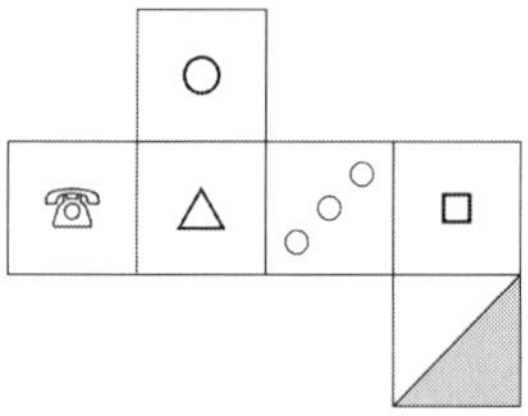

02

① ② ③ ④

03

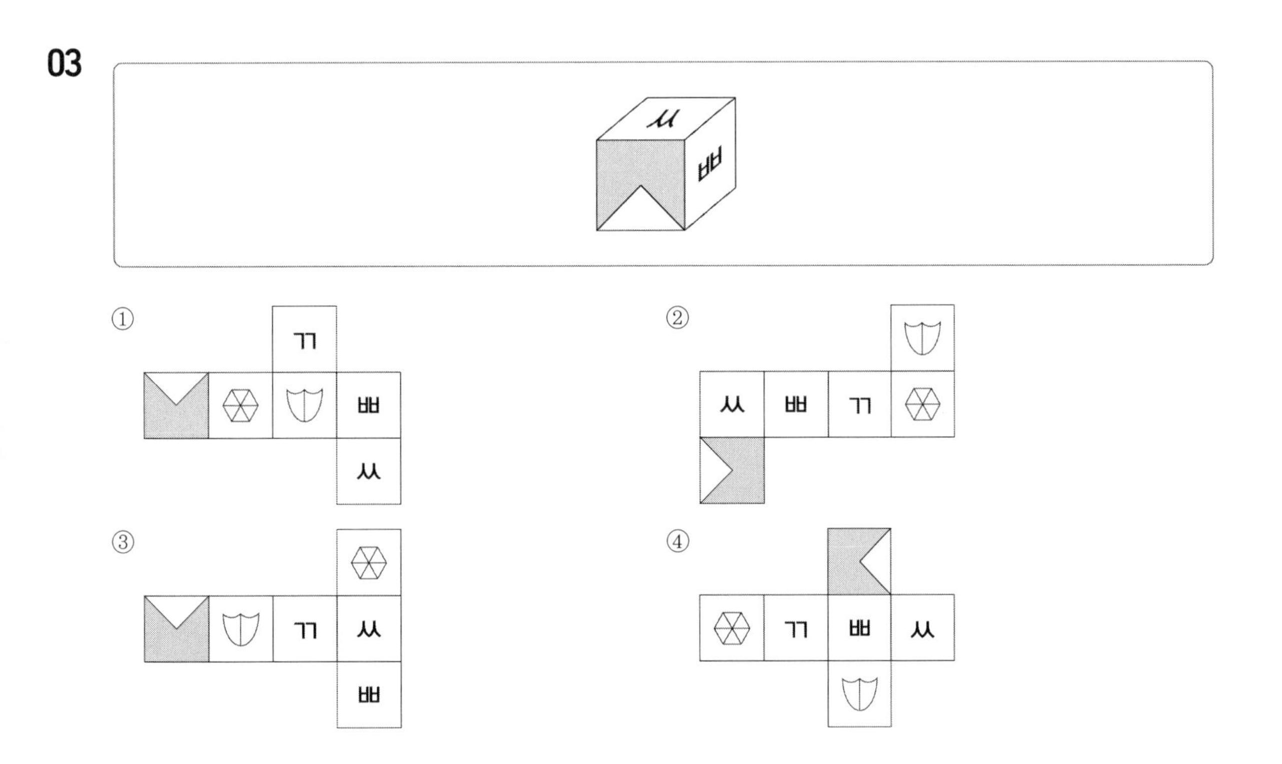

04

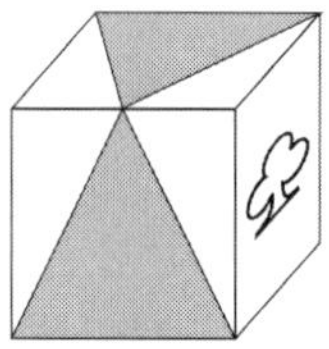

①

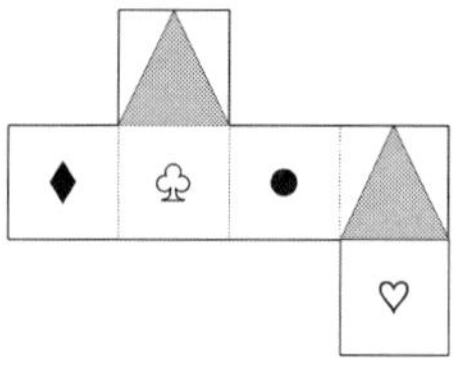

②

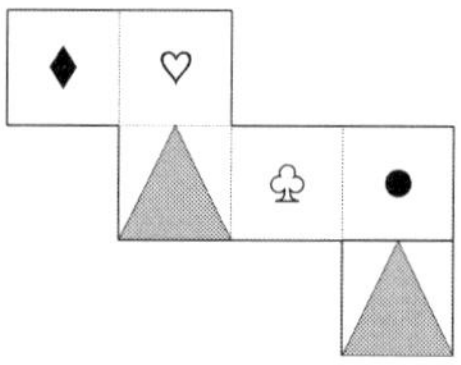

③

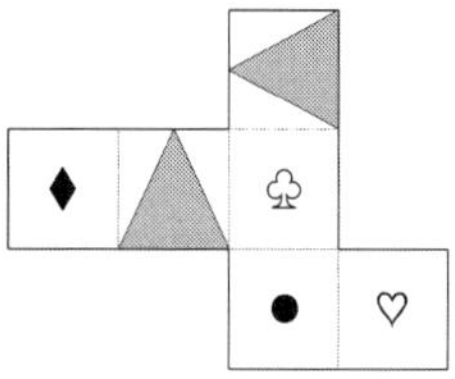

④

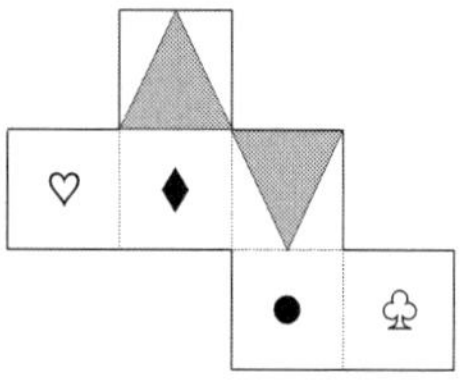

Ⓠ 다음 전개도로 만든 입체도형에 해당하는 것을 고르시오. 【05~09】

> • 전개도를 접을 때 전개도 상의 그림, 기호, 문자가 입체도형의 겉면에 표시되는 방향으로 접음.
> • 전개도를 접어 입체도형을 만들 때, 전개도에 표시된 그림(예 : ▥, ◢, ▥ 등)은 회전의 효과를 반영함. 즉, 본 문제의 풀이과정에서 보기의 전개도 상에 표시된 ▥과 ▤는 서로 다른 것으로 취급함.
> • 단, 기호 및 문자(예 : ♤, ☎, ♨, K, H)의 회전에 의한 효과는 본 문제의 풀이과정에 반영하지 않음. 즉, 전개도를 접어 입체도형을 만들었을 때 ☏의 방향으로 나타나는 기호 및 문자도 보기에서는 ☎방향으로 표시하며 동일한 것으로 취급함.

05

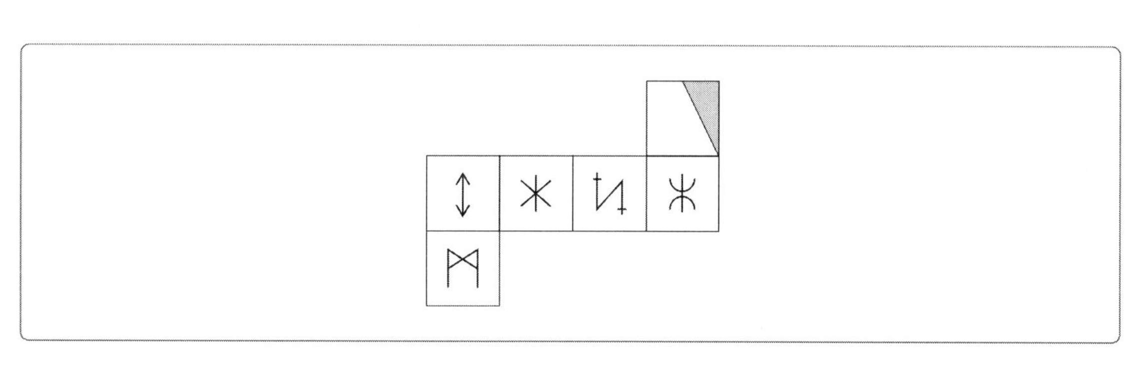

① 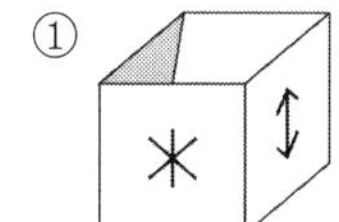

② 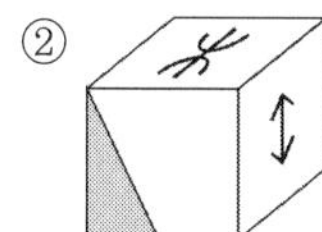

③ 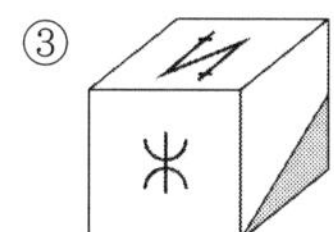

④ 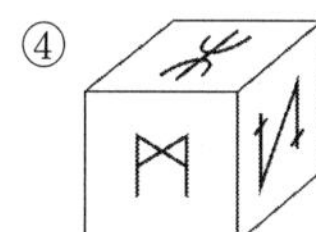

06

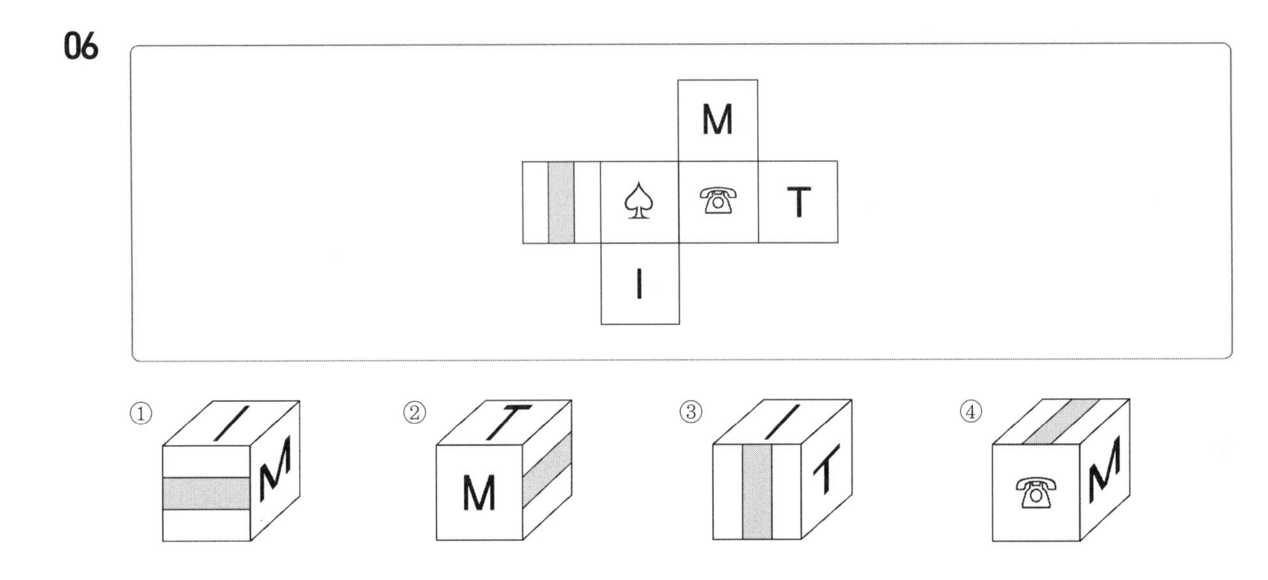

07

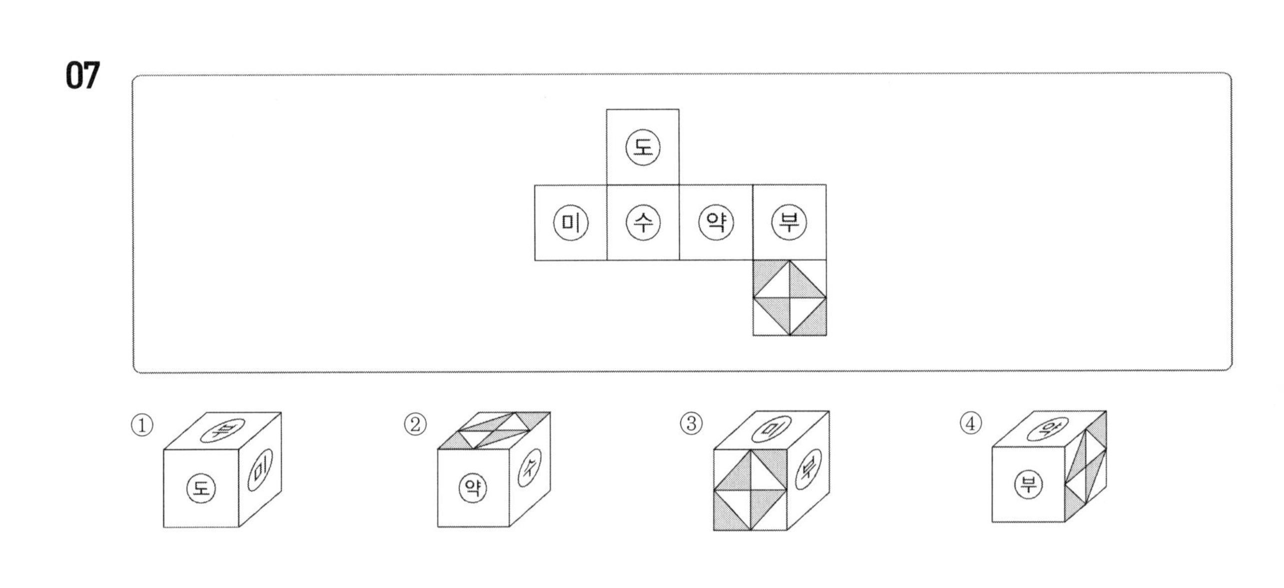

08

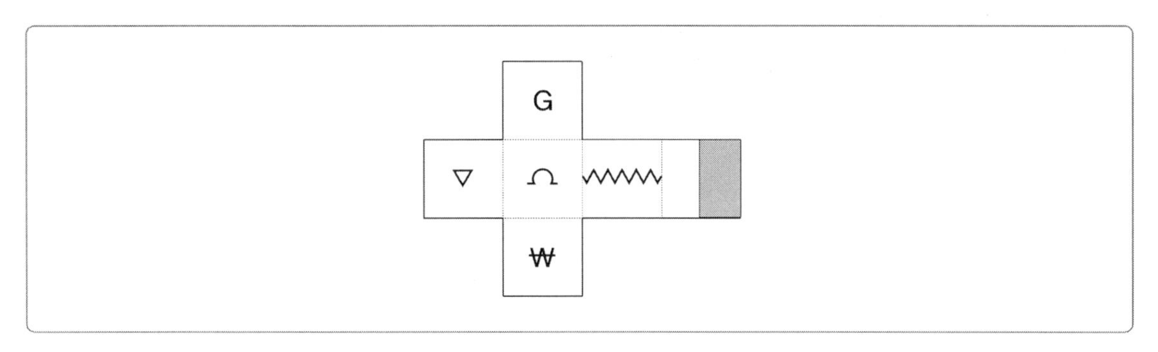

① ② 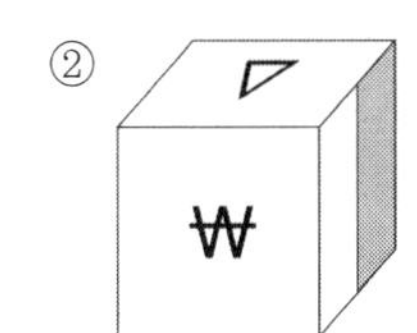 ③ 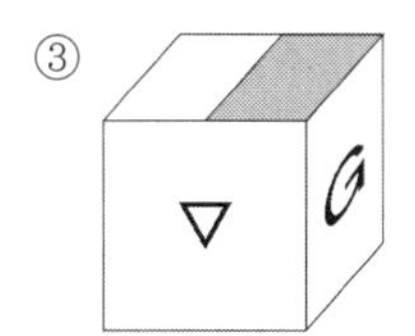 ④ 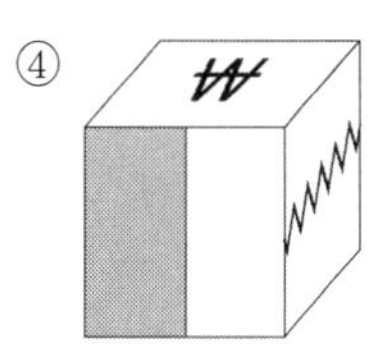

09

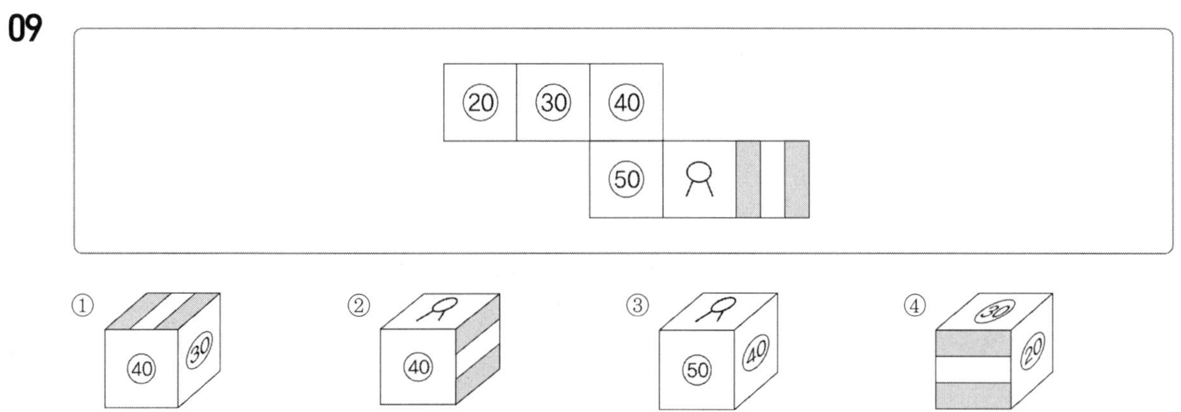

Q 다음에 제시된 그림과 같이 쌓기 위해 필요한 블록의 수를 구하시오. 【10~14】
(단, 블록은 모양과 크기가 모두 동일한 정육면체임)

10

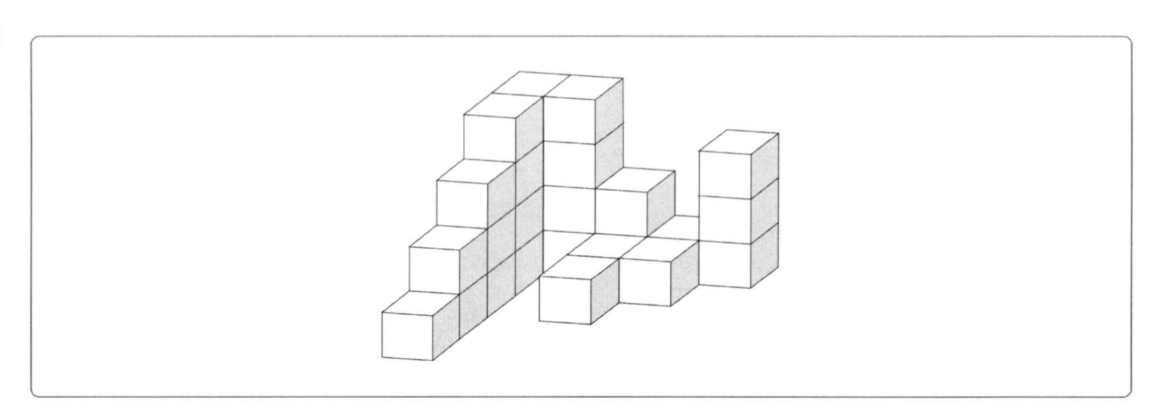

① 27 ② 28
③ 29 ④ 30

11

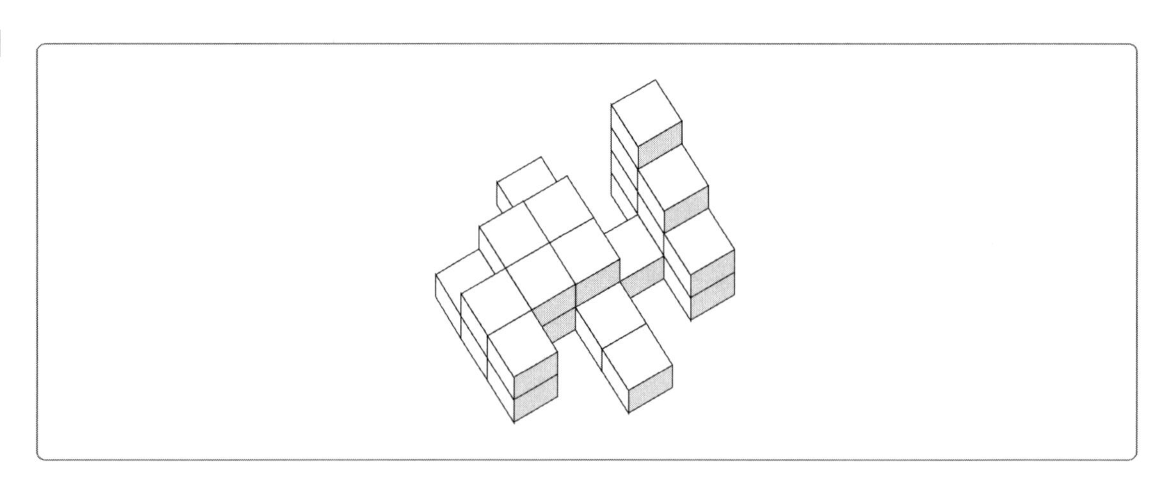

① 22 ② 24
③ 26 ④ 28

12

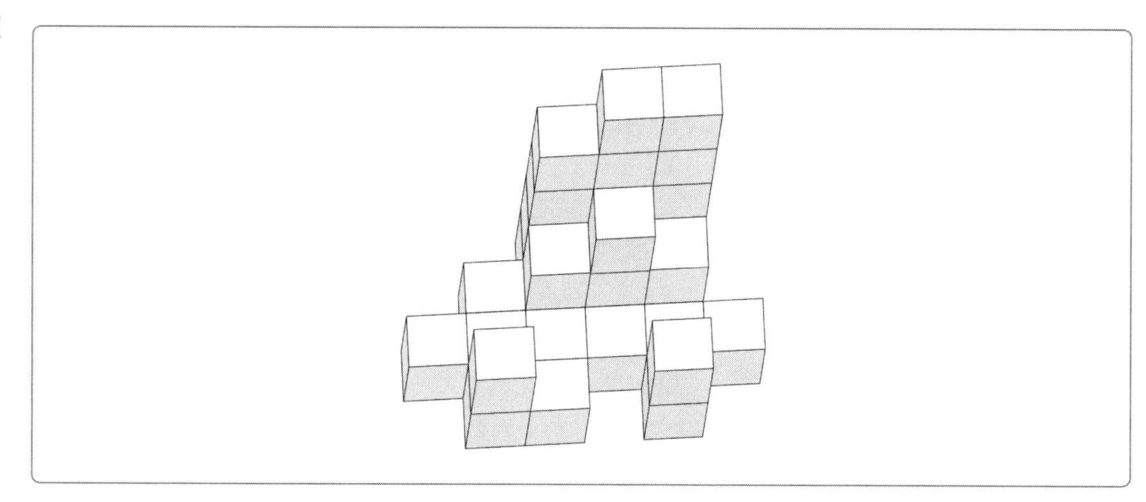

① 33　　② 34
③ 35　　④ 36

13

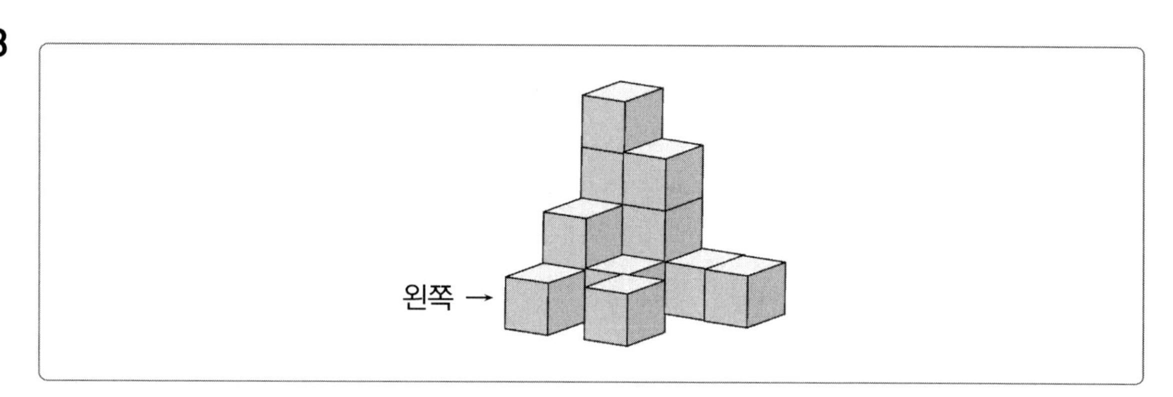

① 12개
② 13개
③ 14개
④ 15개

14

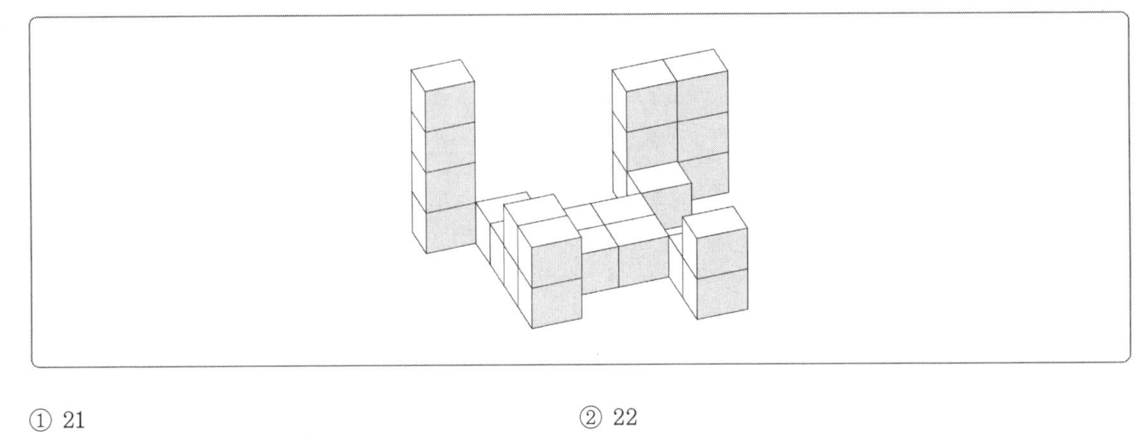

① 21　　② 22

③ 23　　④ 24

Ⓠ 아래에 제시된 블록들을 화살표 표시한 방향에서 바라봤을 때의 모양으로 알맞은 것을 고르시오. 【15~18】 (단, 블록은 모양과 크기가 모두 동일한 정육면체이며, 바라보는 시선의 방향은 블록의 면과 수직을 이루며 원근에 의해 블록이 작게 보이는 효과는 고려하지 않음)

15

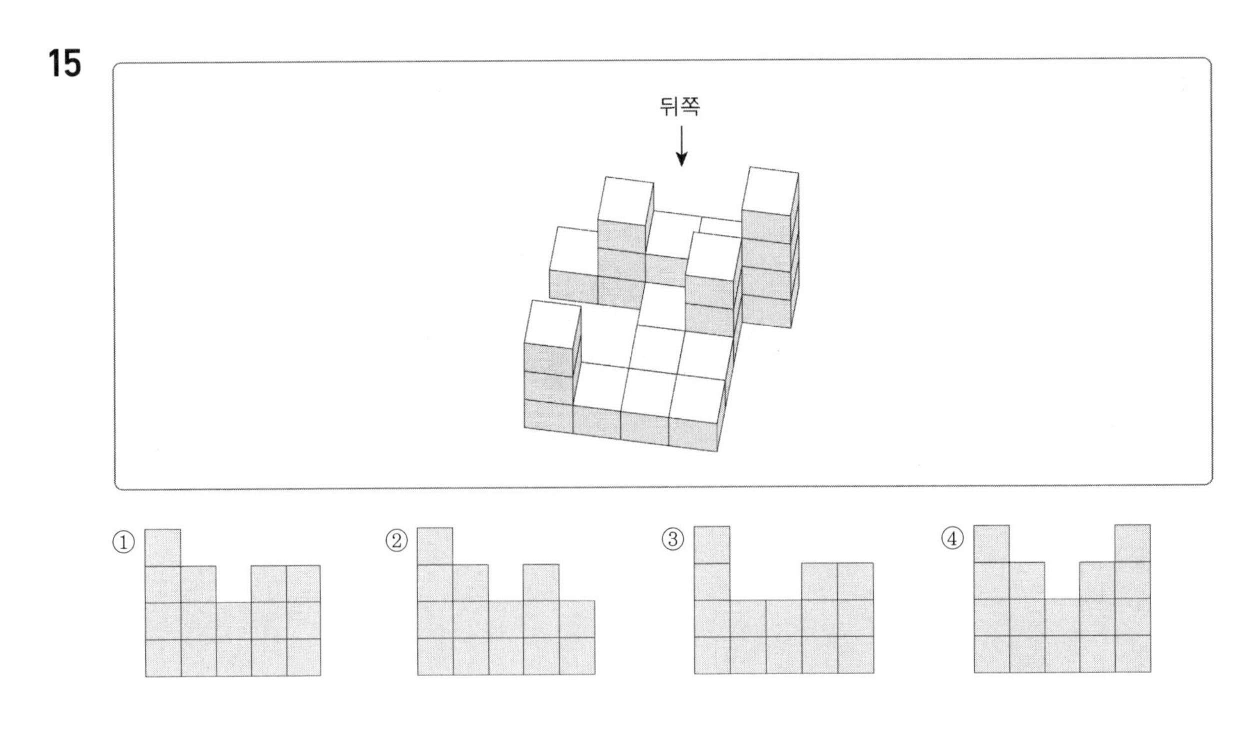

16

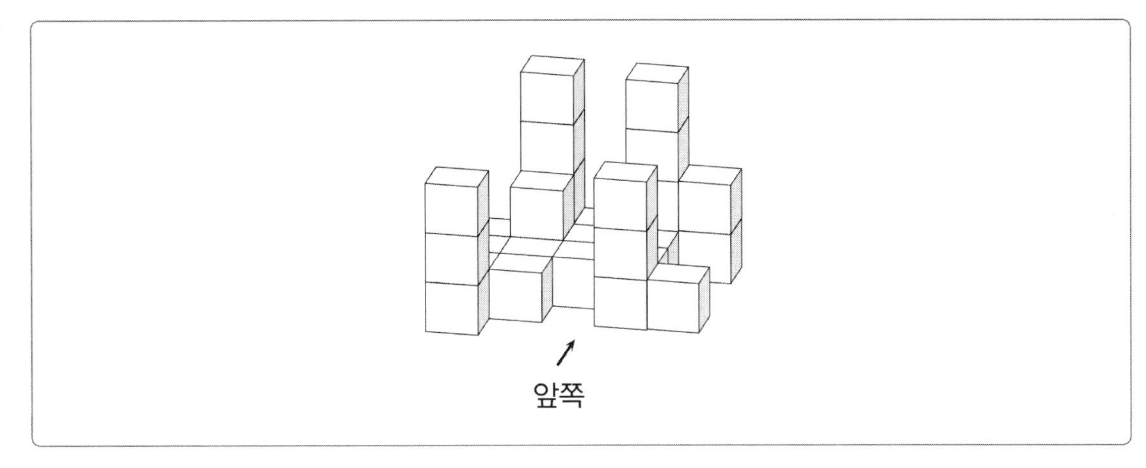

① 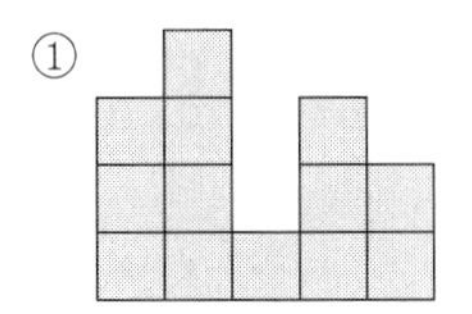

② 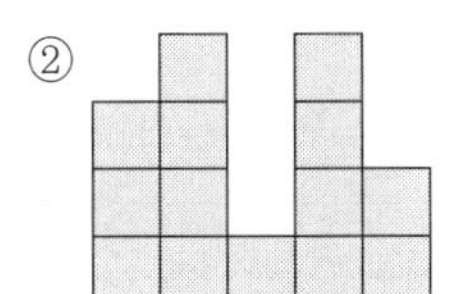

③ 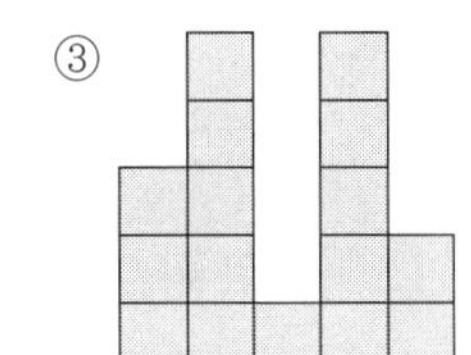

④ 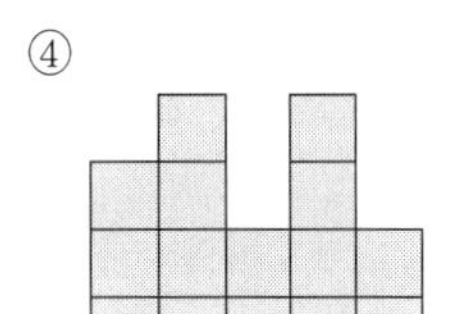

17

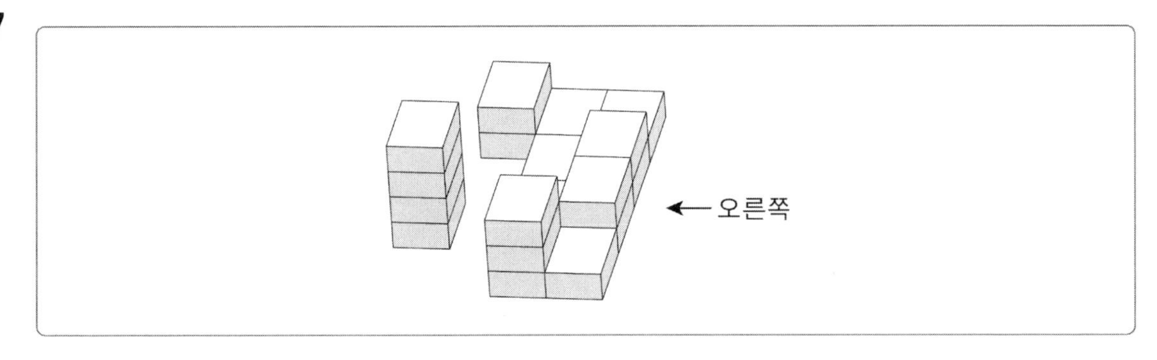

① 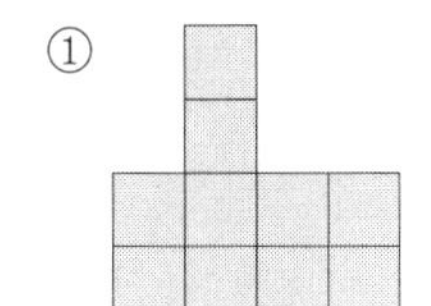

② 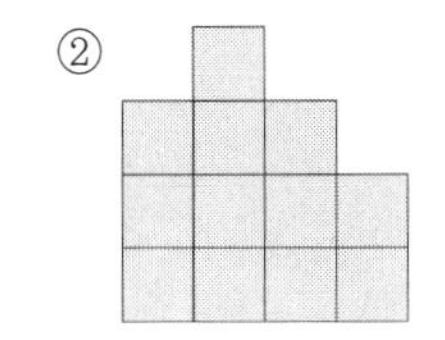

③ 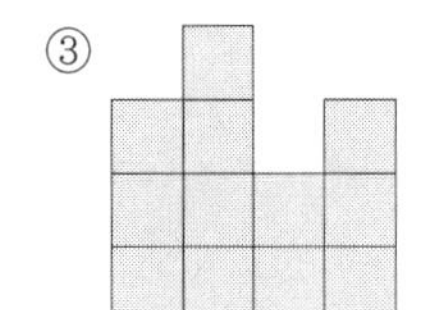

④ 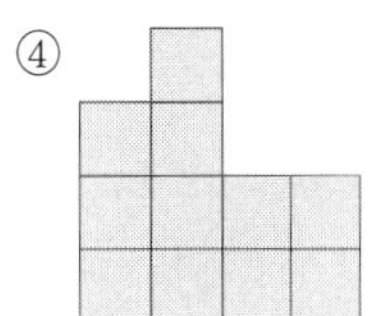

18

왼쪽 →

① ② ③ ④

지각속도	30문항/3분

Q 다음 왼쪽과 오른쪽 기호, 문자, 숫자의 대응을 참고하여 각 문제의 대응이 같으면 '① 맞음'을, 틀리면 '② 틀림'을 선택하시오. 【01~03】

ⓐ = 지	ⓑ = 평	ⓒ = 직	ⓓ = 격	ⓔ = 능	ⓕ = 판
ⓖ = 력	ⓗ = 성	ⓘ = 적	ⓙ = 무	ⓚ = 단	ⓛ = 가

01 지 적 능 력 평 가 – ⓐ ⓘ ⓔ ⓖ ⓛ ⓑ ① 맞음 ② 틀림

02 직 무 성 격 평 가 – ⓒ ⓙ ⓗ ⓓ ⓑ ⓛ ① 맞음 ② 틀림

03 적 성 판 단 능 력 – ⓘ ⓗ ⓕ ⓚ ⓔ ⓖ ① 맞음 ② 틀림

Q 다음 제시된 각 문제의 왼쪽에 표시된 굵은 글씨체의 기호, 문자, 숫자의 개수로 옳은 것을 찾으시오. 【04~07】

04 **5** 7856432154875494213445678910156434321457533121 ① 5개 ② 6개 ③ 7개 ④ 8개

05 **♤** ▽☆★○●◎◇◆□■△▲▽▼◁◀▷▶♤♠♡♥♧♣⊙◈▣◐◑■▤ ① 0개 ② 1개 ③ 2개 ④ 3개

06 **8** 3215489513548923154872315457989913213454987 ① 3개 ② 4개 ③ 5개 ④ 6개

07 **s** Joe's statement admits of one interpretation only, that he was certainly aware of what he was doing. ① 4개 ② 5개 ③ 6개 ④ 7개

Q 다음에서 각 문제의 왼쪽에 표시된 굵은 글씨체의 기호, 문자, 숫자의 개수를 오른쪽에서 모두 세어 보시오. 【08~10】

08 **s** dbrrnsgornsrhdrnsqntkrhks ① 1개 ② 2개 ③ 3개 ④ 4개

09 $\boldsymbol{x^2}$ $x^3 x^2 z^7 x^3 z^6 z^5 x^4 x^2 x^9 z^2 z^1$ ① 1개 ② 2개 ③ 3개 ④ 4개

10 **r** If there is one custom that might be assumed to be beyond criticism. ① 2개 ② 3개 ③ 4개 ④ 5개

Q 다음 주어진 표의 문자와 숫자의 대응을 참고하여 각 문제의 대응이 같으면 답안지에 '①맞음'을, 같지 않으면 '②틀림'을 선택하시오. 【11~14】

가	갸	거	겨	고	교	구	규	그	기
0	1	2	3	4	9	8	7	6	5

11 734 – 규겨고 ① 맞음 ② 틀림

12 369 – 고겨구 ① 맞음 ② 틀림

13 1257 – 갸거기규 ① 맞음 ② 틀림

14 02468 – 가갸거겨고 ① 맞음 ② 틀림

Q 다음 중 각 문제에서 제시된 단어와 같은 단어의 개수를 고르시오. 【15~17】

마음	마을	마이너스	마이신	마약	마우스	마술
마부	마력	마루	마늘	말다	마당	마그마
마디	마감	마개	마가린	마스크	마임	마중
마취	망상	막차	마하	막걸리	막간	막내딸
마패	마카로니	마침내	마찰	마초	마천루	마지기
마직	마파람	무마	마피아	마련	마무리	마니아
마비	마치	망사	만취	마름	마다	만사

15 마루 ① 1개 ② 2개 ③ 3개 ④ 4개

16 마임 ① 1개 ② 2개 ③ 3개 ④ 4개

17 마술 ① 1개 ② 2개 ③ 3개 ④ 4개

Ⓠ 각 문제에서 아래에 제시된 단어와 일치하는 단어를 위의 단어들 사이에서 고르시오. 【18~20】

18

보리 보라 보도 보물 보람 보라 보물 모래 보다 모다
소리 소라 소란 보리 보도 모다 모래 보도 모래 보람
모래 보리 보도 보도 보리 모래 보물 보다 모다 보리

모래

① 3개 ② 4개 ③ 5개 ④ 6개

19

經題 京制 京第 耕作 京畿 競技 經題 經題
京畿 京制 經題 京制 經題 京畿 經濟 經題
京畿 京畿 經濟 耕作 經濟 耕作 耕作 京制

經濟

① 2개 ② 3개 ③ 4개 ④ 5개

20

계란 계륵 개미 거미 갯벌 계곡 계륵 갯벌 게임 계란
계곡 개미 거미 거미 계륵 갯벌 개미 개미 게임 거미
계곡 개미 계란 계륵 거미 게임 거미 계곡 개미 거미

계곡

① 1개 ② 2개 ③ 4개 ④ 6개

Ⓠ 다음에서 각 문제의 왼쪽에 표시된 굵은 글씨체의 기호, 문자, 숫자의 개수를 모두 세어 보시오. 【21~25】

21 **F** G H I J F K L K K I G E D C B C C A D G H ① 0개 ② 1개 ③ 2개 ④ 3개

22 **9** 257895412365897784515698321595457898751354 ① 3개 ② 4개 ③ 5개 ④ 6개

23 **ㅁ** 머루나비먹이무리만두먼지미리메리나루무림 ① 3개 ② 5개 ③ 7개 ④ 9개

24 **h** I cut it while handling the tools. ① 1개 ② 2개 ③ 3개 ④ 4개

25 **걽** 걆곃걺게겙겗겔곍것격겡겚겥격걽걥 ① 1개 ② 2개 ③ 3개 ④ 4개

Q 다음 왼쪽과 오른쪽 기호, 문자, 숫자의 대응을 참고하여 각 문제의 대응이 같으면 '① 맞음'을, 틀리면 '② 틀림'을 선택하시오. 【26~28】

예 = A	글 = O	도 = S	표 = G	해 = F
약 = D	높 = P	유 = Q	특 = W	활 = J

26 A P W G J – 예 높 특 표 활 ① 맞음 ② 틀림

27 D S D O Q – 약 도 약 글 유 ① 맞음 ② 틀림

28 F G J A S – 해 표 활 예 도 ① 맞음 ② 틀림

Q 다음 왼쪽과 오른쪽 기호, 문자, 숫자의 대응을 참고하여 각 문제의 대응이 같으면 '① 맞음'을, 틀리면 '② 틀림'을 선택하시오. 【29~30】

ㅏ = ○	ㅛ = ◬	ㅡ = ⨞	ㅕ = ◎	ㅗ = ⊗
ㅜ = ▢	ㅣ = ◇	ㅑ = ▣	ㅓ = ▢	ㅠ = ◈

29 ○ ▣ ▢ ◎ ⨞ – ㅏ ㅑ ㅓ ㅕ ㅗ ① 맞음 ② 틀림

30 ⊗ ◬ ▢ ◈ ◇ – ㅗ ㅛ ㅜ ㅠ ㅣ ① 맞음 ② 틀림

언어논리력 | 25문항/20분

01 다음의 상황을 표현하는 관용구로 알맞은 것은?

> 그녀는 작년까지 경마와 도박에 빠져서 재산을 탕진했지만, 지금은 완전히 끊고 착실하게 살고 있다.

① 손을 치다
② 손을 걸다
③ 손을 놓다
④ 손을 씻다
⑤ 손을 들다

02 다음 문장의 빈칸에 들어갈 말로 알맞게 짝지어진 것은?

> • 그는 내키지 않는 일은 (　　) 하지 않는다.
> • 나는 그가 나를 좋아하는 줄로 (　　) 짐작하고 기분이 좋아졌다.
> • 어디선가 (　　) 소리가 들렸다.

① 반드시 – 지레 – 무심코
② 반드시 – 이내 – 문득
③ 결코 – 지레 – 무심코
④ 절대로 – 이내 – 문득
⑤ 절대로 – 지레 – 갑자기

03 다음 중 밑줄 친 부분이 바르게 사용된 것은?

① 형과 나는 성격이 정말 <u>틀리다</u>.
② 누나가 교복을 <u>달이는</u> 모습이 보였다.
③ 나는 학생들을 <u>가르치는</u> 선생님이 되고 싶다.
④ 그녀는 합격자 발표를 가슴 <u>조리며</u> 기다렸다.
⑤ 그는 그녀가 다시 오기만을 간절히 <u>바랬다</u>.

04 다음 글의 제목으로 가장 적절한 것은?

> 실험심리학은 19세기 독일의 생리학자 빌헬름 분트에 의해 탄생된 학문이었다. 분트는 경험과학으로서의 생리학을 당시의 사변적인 독일 철학에 접목시켜 새로운 학문을 탄생시킨 것이다. 분트 이후 독일에서는 실험심리학이 하나의 학문으로 자리 잡아 발전을 거듭했다. 그런데 독일에서의 실험심리학 성공은 유럽 전역으로 확산되지는 못했다. 왜 그랬을까? 당시 프랑스나 영국에서는 대학에서 생리학을 연구하고 교육할 수 있는 자리가 독일처럼 포화상태에 있지 않았고 오히려 팽창 일로에 있었다. 또한, 독일과는 달리 프랑스나 영국에서는 한 학자가 생리학, 법학, 철학 등 여러 학문 분야를 다루는 경우가 자주 있었다.

① 유럽 국가 간 학문 교류와 실험심리학의 정착
② 유럽에서 독일의 특수성
③ 유럽에서 실험심리학의 발전 양상
④ 실험심리학과 생리학의 학문적 관계
⑤ 실험심리학에 대한 유럽과 독일의 차이

05

열매를 따기 위해서 침팬지는 직접 나무에 올라가기도 하지만 상황에 따라서는 도구를 써서 열매를 떨어뜨리기도 한다. 누구도 침팬지에게 막대기를 휘두르라고 하지 않았다. 긴 막대기가 열매를 얻는 효과적인 방법이라고는 할 수 없다. 여하튼 침팬지는 인간처럼 스스로 이 방법을 (　　)했고 직접 나무를 오르는 대신 이 방법을 쓴 것이다. 이를 두고 침팬지는 지능적으로 열매를 딴다고 할 만하다.

① 의탁
② 해제
③ 단절
④ 고안
⑤ 낭비

06 다음 글을 순서대로 바르게 배열한 것은?

㉠ 정확한 보도를 하기 위해서는 문제를 전체적으로 보아야 하고, 역사적으로 새로운 가치의 편에서 봐야 하며, 무엇이 근거이고, 무엇이 조건인가를 명확히 해야 한다.
㉡ 양심적이고자 하는 언론인이 때로 형극의 길과 고독의 길을 걸어야 하는 이유가 여기에 있다.
㉢ 신문이 진실을 보도해야 한다는 것은 새삼스러운 설명이 필요 없는 당연한 이야기이다.
㉣ 이러한 준칙을 강조하는 것은 기자들의 기사 작성 기술이 미숙하기 때문이 아니라, 이해관계에 따라 특정 보도의 내용이 달라지기 때문이다.
㉤ 자신들에게 유리하도록 기사가 보도되게 하려는 외부 세력이 있으므로 진실 보도는 일반적으로 수난의 길을 걷게 마련이다.

① ㉠㉢㉤㉡㉣
② ㉢㉠㉣㉡㉤
③ ㉣㉠㉡㉢㉤
④ ㉠㉢㉣㉤㉡
⑤ ㉢㉠㉣㉤㉡

07 다음 글의 ㉠ ~ ㉤ 중 글의 흐름으로 보아 삭제해도 되는 문장은?

> ㉠ 토의는 어떤 공통된 문제에 대해 최선의 해결안을 얻기 위하여 여러 사람이 의논하는 말하기 양식이다. ㉡ 패널 토의, 심포지엄 등이 그 대표적 예이다. ㉢ 토의가 여러 사람이 모여 공동의 문제를 해결하는 것이라면 토론은 의견을 모으지 못한 어떤 쟁점에 대하여 찬성과 반대로 나뉘어 각자의 주장과 근거를 들어 상대방을 설득하는 것이라 할 수 있다. ㉣ 패널 토의는 3 ~ 6인의 전문가들이 사회자의 진행에 따라, 일반 청중 앞에서 토의 문제에 대한 정보나 지식, 의견이나 견해 등을 자유롭게 주고받는 유형이다. ㉤ 심포지엄은 전문가가 참여한다는 점, 청중과 질의 · 응답 시간을 갖는다는 점에서는 패널토의와 비슷하다. 다만 전문가가 토의 문제의 하위 주제에 대해 서로 다른 관점에서 연설이나 강연의 형식으로 10분 정도 발표한다는 점에서는 차이가 있다.

① ㉠
② ㉡
③ ㉢
④ ㉣
⑤ ㉤

08 다음 중 ( ) 안에 들어갈 접속어를 순서대로 나열한 것은?

> 오늘날의 문화는 인간관계에서 집단 이기주의가 갖는 힘과 범위 그리고 지속성을 깨닫지 못하고 있다. 한 집단에 속하는 개인들 간의 관계를 순전히 도덕적이고 합리적인 조정과 설득에 의해 확립하는 일이 쉽지는 않을지라도 전혀 불가능한 것은 아니다. ( ) 집단과 집단 사이에서는 이런 일이 결코 이루어질 수 없다. ( ) 집단들 간의 관계는 항상 윤리적이기보다는 지극히 정치적이다. ( ) 그 관계는 각 집단의 요구와 필요성을 비교, 검토하여 도덕적이고 합리적인 판단에 의해서 수립되는 것이 아니라 각 집단이 갖고 있는 힘의 비율에 따라 수립된다.

① 그러나 – 따라서 – 즉
② 그러나 – 게다가 – 오히려
③ 그런데 – 따라서 – 왜냐하면
④ 그런데 – 게다가 – 그러므로
⑤ 그래서 – 그러나 – 그러므로

09 아래의 지문으로부터 알 수 없는 것은?

> '끈끈이주걱'은 물이끼가 자라면서 해가 드는 습지에 서식합니다. 끈끈이주걱은 5cm쯤 되는 잎자루 끝에 동그란 잎을 달고 있습니다. 그리고 잎 가장자리와 잎 안쪽에 털이 많이 나 있습니다. 그 털끝에서 투명한 물엿 같은 점액이 나옵니다. 벌레가 날아와서 잎의 점액에 닿으면 '아차!'하는 순간에 곧 잎에 엉겨 붙고 맙니다. 벌레가 달아나려고 꿈틀거리면 꿈틀거릴수록 끈끈이주걱에서 점액이 더 많이 나옵니다. 이렇게 털과 잎이 움직여서 벌레를 잡아 버립니다. 점액은 벌레를 붙게 할 뿐만 아니라, 벌레를 녹여 버리기도 합니다. 점액 속에 소화액이 들어 있기 때문입니다. 소화액에 녹은 벌레는 잎의 털에 흡수되어 끈끈이주걱의 양분으로 쓰입니다.

① 끈끈이주걱의 서식지
② 끈끈이주걱의 모양
③ 끈끈이주걱의 특징
④ 끈끈이주걱의 번식 방법
⑤ 끈끈이주걱의 양분 흡수

10 다음의 경고문을 보고 심한 불쾌감을 느꼈다면 이 경고문은 어떤 문제점을 지니고 있는 것이다. 그 문제점으로 가장 옳지 않은 것은?

> • 쓰레기는 쓰레기봉투에 담아 버리시오.
> • 그냥 버리는 사람은 고발 조치하겠음.

① 강한 명령형의 어조를 사용하였다.
② 독자에 대한 예의를 지키지 않았다.
③ 독자를 위협하는 내용으로 되어 있다.
④ 독자의 지적 수준을 무시하고 과소평가했다.
⑤ 자신의 신분을 전혀 밝히지 않았다.

11 다음 지문을 보고 글의 전개순서로 가장 자연스러운 것은?

(가) 그 비판을 통해서 현재의 문화 창조에 이바지할 수 있다고 생각되는 것만을 우리의 전통이라고 불러야 할 것이다. 이와 같이, 전통은 인습과 구분될뿐더러, 또 단순한 유물(遺物)과도 다르다. 현재의 문화를 창조하는 일과 관계가 없는 것을 우리는 문화적 전통이라고 부를 수가 없기 때문이다.

(나) 전통은 물론 과거로부터 이어 온 것을 말한다. 이 전통은 대체로 그 사회 및 그 사회 구성원(構成員)인 개인의 몸에 배어 있는 것이다. 그러므로 스스로 깨닫지 못하는 사이에 전통은 우리의 현실에 작용하는 경우가 있다. 그러나 과거에서 이어 온 것을 무턱대고 모두 전통이라고 한다면, 인습(因襲)이라는 것과의 구별이 서지 않을 것이다. 우리는 인습을 버려야 할 것이라고는 생각하지만, 계승(繼承)해야 할 것이라고는 생각하지 않는다. 여기서 우리는, 과거에서 이어 온 것을 객관화(客觀化)하고 이것을 비판해야 한다.

(다) 우리가 계승해야 할 민족 문화의 전통으로 여겨지는 것들이 과거의 인습을 타파(打破)하고 새로운 것을 창조하려는 노력의 결정(結晶)이었다는 것은 지극히 중대한 사실이다. 세종대왕의 훈민정음 창제 과정에서 이 점은 뚜렷이 나타나고 있다. 만일, 세종이 고루(固陋)한 보수주의적 유학자들에게 한글 창제의 뜻을 굽혔던들, 우리 민족 문화의 최대 걸작품이 햇빛을 못 보고 말았을 것이 아니겠는가?

(라) 그러므로 어느 의미에서는 고정불변(固定不變)의 신비로운 전통이라는 것이 존재한다기보다 오히려 우리 자신이 전통을 찾아내고 창조한다고도 할 수가 있다. 따라서 과거에는 훌륭한 문화적 전통의 소산(所産)으로 생각되던 것이, 후대(後代)에는 버림을 받게 되는 예도 허다하다. 한편, 과거에는 돌보아지지 않던 것이 후대에 높이 평가되는 일도 한두 가지가 아니다.

① (가)(다)(나)(라)
② (다)(나)(가)(라)
③ (라)(나)(다)(가)
④ (나)(가)(라)(다)
⑤ (라)(나)(가)(다)

12 다음에서 콜레라의 원인 규명으로 이끈 결정적인 사고방식은?

> 19세기까지만 해도 콜레라는 하늘이 내린 재앙으로 간주되었다. 1850년대는 런던에서만 콜레라로 수천 명이 목숨을 잃었다. 누구도 콜레라의 원인을 알지 못했기 때문에 공포가 확산되었다. 의사인 존 스노는 콜레라가 발생하고 있던 소호 지역을 중심으로 콜레라의 원인을 밝히는 연구에 착수하였다. 그는 소호 지역에 대한 상세한 지도를 그린 후, 사망자들이 발생한 지점에 점을 찍기 시작하였다. 사망자들을 나타낸 점은 브로드 거리에 집중되어 있었다. 스노는 지도를 보고 콜레라의 원인이 네 거리의 가운데 있는 우물과 관련이 깊을 것이라고 생각하였다. 그는 시의 담당자와 상의하여 펌프의 손잡이를 제거하였다. 우물을 사용하지 못하게 되면서 콜레라 발병자는 사라지게 되었다.

① 시간적 사고
② 공간적 사고
③ 사회적 사고
④ 수리적 사고
⑤ 비판적 사고

13 다음 문장이 들어가기에 알맞은 곳은?

> 이를 계기로 '피해자–가해자 화해'프로그램이 만들어졌는데, 이것이 '회복적 사법'이라는 사법관점의 첫 적용이었다.

> ㉠ 1974년 캐나다에서 소년들이 집과 자동차를 파손하여 체포되었다. 보호 관찰관이 소년들의 사과와 당사자 간 합의로 이 사건을 해결하겠다고 담당 판사에게 건의하였고, 판사는 이를 수용했다.
> ㉡ 그 결과 소년들은 봉사 활동과 배상 등으로 자신들의 행동을 책임지고 다시 마을의 구성원으로 복귀하였다.
> ㉢ 이와 같이 회복적 사법이란 범죄로 상처 입은 피해자, 훼손된 인간관계와 공동체 등의 회복을 지향하는 형사 사법의 새로운 관점이자 범죄에 대한 새로운 대응인 것이다. 여기서 형사 사법이란 범죄와 형벌에 관한 사법 제도라 할 수 있다.

① ㉠의 앞
② ㉠의 뒤
③ ㉡의 뒤
④ ㉢의 뒤
⑤ 글의 내용과 어울리지 않는다.

14 다음 글에서 범하고 있는 논리적 오류와 유사한 것은?

> 상수가 어제 백화점에 가서 10만 원 하는 운동화를 샀다. 그러므로 상수는 낭비벽이 심한 아이임에 틀림없다.

① 꿈은 생리현상이다. 인생은 꿈이다. 그러므로 인생은 생리현상이다.
② 현대는 경쟁사회이다. 이 시대에 내가 살아남으려면 남이 나를 쓰러뜨리기 전에 내가 먼저 남을 쓰러뜨려야 한다.
③ 그가 무단횡단을 하는 바람에 지나가던 차가 그를 피하기 위해 방향을 틀다가 사람을 치어 두 명을 죽게 했다. 그러므로 그는 살인자다.
④ 김 선생이 한국고교에 다니는 한 학생을 알고 있었는데, 그 학생은 매우 총명하였다. 마침 한국고교로 가게 된 김 선생은 학생들이 총명하리라 기대하고 교실에 들어갔으나, 그만 쓴웃음을 지을 수밖에 없었다.
⑤ 유령은 분명히 존재한다. 지금까지 유령이 존재하지 않는다는 것을 증명할 수 있는 사람은 없었기 때문이다.

15 다음 글의 주제를 바르게 기술한 것은?

> 칠레 산호세 광산에 매몰됐던 33명의 광부 전원이 69일간의 사투 끝에 모두 살아서 돌아왔다. 기적의 드라마였다. 거기엔 칠레 국민, 아니 전 세계인의 관심과 칠레 정부의 아낌없는 지원, 그리고 최첨단 구조장비의 동원뿐만 아니라 작업반장 우르수아의 리더십이 중요하게 작용하였다. 그러나 그 원동력은 매몰된 광부들 스스로가 지녔던, 살 수 있다는 믿음과 희망이었다. 그것 없이는 그 어떤 첨단 장비도, 국민의 열망도, 정부의 지원도, 리더십도 빛을 발하기 어려웠을 것이다.

① 칠레 광부의 생환은 기적이다.
② 광부의 인생은 광부 스스로가 만들어 간다.
③ 세계는 칠레 광부의 구조에 동원된 최첨단 장비에 주목했다.
④ 삶에 대한 믿음과 희망이 칠레 광부의 생환 기적을 만들었다.
⑤ 집단의 위기 속에서 지도자의 리더십은 더욱 큰 효력을 발휘한다.

Q 다음 글을 읽고 물음에 답하시오. 【16~17】

일제 침략과 함께 우리말에는 상당수의 일본어가 그대로 들어와 우리말을 오염시켰다. 광복 후 한참 뒤까지도 일본말은 일상 언어 생활에서 예사로 우리의 입에 오르내렸다. 일제 35년 동안에 뚫고 들어온 일본어를 한꺼번에 우리말로 바꾸기란 여간 힘든 일이 아니었다. '우리말 도로찾기 운동'이라든가 '국어 순화 운동'이 지속적으로 전개되어 지금은 특수 전문 분야를 제외하고는 일본어의 찌꺼기가 많이 사라졌다. 원래, 새로운 문물이 들어오면, 그것을 나타내기 위한 말까지 따라 들어오는 것은 자연스런 일이다. 그 동안은 우리나라가 때로는 주권을 잃었기 때문에, 때로는 먹고 사는 일에 바빴기 때문에, 우리의 가장 소중한 정신적 문화유산인 말과 글을 가꾸는 데까지 신경을 쓸 수 있는 형편이 못되었었지만, 지금은 사정이 달라졌다. 일찍이 주시경 선생은, 말과 글을 정리하는 일은 집안을 청소하는 일과 같다고 말씀하셨다. 집안이 정리가 되어 있지 않으면 정신마저 혼몽해지는 일이 있듯이, 우리말을 갈고 닦지 않으면 국민정신이 해이해지고 나라의 힘이 약해진다고 보았던 것이다. 이러한 정신이 있었기 때문에, 일제가 통치하던 어려운 환경 속에서도 우리 선학들은 우리말과 글을 지키고 가꾸는 일에 혼신의 정열을 기울일 수 있었던 것이다. 나는 얼마 전, 어느 국어학자가 정년을 맞이하면서 자신과 제자들의 글을 모아서 엮어 낸 수상집의 차례를 보고, 우리말을 가꾸는 길이란 결코 먼 데 있는 것이 아니라는 사실을 깊이 깨달은 일이 있다. 차례를 '첫째 마당, 둘째 마당', '첫째 마디, 둘째 마디'와 같은 이름을 사용하여 꾸몄던 것이다. 일상생활에서 흔히 쓰는 '평평하게 닦아 놓은 넓은 땅'을 뜻하는 '마당'에다 책의 내용을 가른다는 새로운 뜻을 준 것이다. 새로운 낱말을 만들 때에는 몇몇 선학들이 시도했듯이 '매, 가름, 목'처럼 일상어와 인연을 맺기가 어려운 것을 쓰거나, '엮, 묶'과 같이 낱말의 한 부분을 따 오는 방식보다는 역시 일상적으로 쓰는 말에 새로운 개념을 불어넣는 방식을 취하는 것이 언어 대중의 기호를 충족시킬 수 있겠다고 생각된다. 내가 어렸을 때, 우리 고장에서는 시멘트를 '돌가루'라고 불렀다. 이런 말들은 자연적으로 생겨난 훌륭한 우리 고유어인데도 불구하고, 사전에도 실리지 않고 그냥 폐어가 되어 버렸다. 지금은 고향에 가도 이런 말을 들을 수 없으니 안타깝기 그지없다. 고속도로의 옆길을 가리키는 말을 종전에 써 오던 용어인 '노견'에서 '갓길'로 바꾸어 언중이 널리 사용하는 것을 보고, '우리의 언어생활도 이제 바른 방향을 잡아 가고 있구나.' 하고 생각했던 적이 있다.

16 윗글의 내용을 통해 알 수 있는 내용이 아닌 것은?

① 일제 침략 이후 우리나라에 많은 일본어가 들어와 사용되었다.
② 일제 치하에서 우리의 말과 글을 가꾸는 것은 쉽지 않은 일이었다.
③ 주시경 선생은 우리의 말과 글을 가꾸기 위한 구체적 방법을 제시하였다.
④ 국어학을 전공하지 않은 사람들에 의해서도 외래어를 대체할 수 있는 우리말이 만들어졌다.
⑤ 일본어의 잔재를 청산하기 위한 지속적인 노력으로 우리말 가꾸기에 적지 않은 성과가 있었다.

17 윗글의 내용으로 보아, 우리말을 가꾸기 위한 방안을 제시할 때 가장 적절한 것은?

① 우리말을 오염시키는 외래어는 모두 고유어로 바꾸도록 하자.
② 새롭게 낱말을 만들 때에는 낱말의 한 부분을 따오도록 하자.
③ 언중이 쉽게 받아들일 수 있는 고유어를 적극 살려 쓰도록 하자.
④ 한자어는 이미 우리말로 굳어졌으니까 일본어에서 유래된 말만 고유어로 다듬도록 하자.
⑤ 억지로 하면 부작용이 클 수 있으니까 대중 사회에서 자연스럽게 언어 순화가 이루어지도록 놓아두자.

18 주어진 지문을 읽고 그 추론으로 '옳다, 옳지 않다, 주어진 지문으로는 알 수 없다'를 가장 적절하게 표기한 것은?

> 독일 표현주의자들이 강렬한 표현을 추구하고 있을 때, 몬드리안은 네덜란드의 모더니즘을 이끌어 나가며 새로운 미술 양식을 만들어냈다. 젊은 시절 다양한 예술 형태와 양식을 시도했던 그는 1917년 「데 스틸」이라는 종합예술전문지를 발간한 데오 반 도스버그와 함께 활동했다. '데 스틸'은 '양식'이라는 의미로, 건축가, 디자이너, 화가, 이론가들이 모여 가장 완벽하고 모든 이치에 통달한, 거스름이 없는, 가장 보편적인, 그러면서도 새로운 추상 예술을 만들어내는 것을 목표로 삼은 야심 찬 운동이었다.
> 미술이 수학적인 것이 되기를 바랐던 몬드리안은 자연의 형상을 소거하고 새로운 추상으로 나아갔는데, 그렇게 만들어진 것이 바로 유명한 '적황청의 구성'이다. 3가지 기본 색과 기본 톤으로 색을 제한한 것도 본질적인 요소를 제외한 불필요한 것을 배제하려는 의도에서였다. 그는 오로지 빨강, 노랑, 파랑 같은 삼원색과 흰색, 검은색, 회색 같은 무채색만을 조심스럽게 계산하여 배치하면서, '불평등한 균형, 그러나 평온한 대칭'을 구현하고자 하였다. 이 때문에 그의 격자형 그림들은 서로 비슷해 보이긴 하지만 각각은 정확히 계산된 완전히 다른 그림이다. 또한 그는 수직선과 수평선이 일종의 음(陰)과 양(陽)처럼 미술에서 가장 중요한 두 개의 축이라고 보았다. 몬드리안은 수직선이 생기를, 수평선이 평온함을 나타낸다고 생각했고, 이 두 선들을 서로 적절한 각도에서 교차시키면 '역동적인 평온함'을 표현할 수 있다고 보았다.

① 데오 반 도스버그는 젊은 시절 다양한 예술 형태와 양식을 시도했다. – 주어진 지문으로는 알 수 없다.
② 몬드리안은 자연 현상을 통해 새로운 추상을 추구했다. – 옳다.
③ 몬드리안은 수평선에서 평온함을 수직선에서 생기를 나타낸다고 생각하였다. – 옳다.
④ '적황청의 구성'에는 곡선은 찾아 볼 수 없다. – 주어진 지문으로는 알 수 없다.
⑤ 몬드리안의 수직선과 수평선의 적절한 교차를 통해 음양의 조화를 표현하고자 하였다. – 옳지 않다.

19 **아래의 일화에서 왕이 범한 오류와 같은 종류의 오류를 범하고 있는 것은?**

> 크로이소스 왕은 페르시아와의 전쟁에 앞서 델포이 신전에 찾아가 신탁을 얻었는데, 내용인즉슨 "리디아의 크로이소스 왕이 전쟁을 일으킨다면 큰 나라를 멸망시킬 것이다"였다. 그러나 그는 전쟁에서 대패하였고 델포이 신전에 가서 강력히 항의하였다. 그러자 신탁은 "그 큰 나라가 리디아였다"고 말하였다.

① 민주주의는 좋은 제도이다. 사회주의는 민주주의를 포괄하는 개념이므로, 사회주의도 좋은 제도이다.
② 미국은 가장 부유한 나라이므로 빈곤문제에 시달린다는 것은 어불성설이다.
③ 어제 만난 그 사람의 말을 믿어서는 안 된다. 그 사람은 전과자이기 때문이다.
④ 엄마는 내가 어제 연극 보러 가는 것도, 오늘 노래방 가는 것도 막으셨다. 엄마는 내가 노는 것을 못 참으신다.
⑤ 철수가 친구에게 자기 애인은 나보다 영화를 더 좋아하는 것 같다고 하자, 친구는 철수의 애인은 철수보다는 영화와 연애하는 것이 낫겠다고 말했다.

20 **가는 나의 딸이다. 나는 다의 딸이다. 다는 라의 아버지이다. 마는 다의 손녀이다. 다음 중 항상 옳은 것은?**

① 마와 가는 자매간이다.
② 나와 라는 형제간이다.
③ 라는 가의 고모이다.
④ 다는 가의 친할아버지이다.
⑤ 나는 마의 아버지이다.

21 다음 글의 내용으로 추론할 수 없는 것은?

기업의 규모가 점차 커지고 경영 활동이 복잡해지면서 전문적인 경영 능력을 갖춘 경영자가 필요하게 되었다. 이에 따라 소유와 경영이 분리되어 경영의 효율성이 높아졌지만, 동시에 기업이 단기 이익과 장기 이익 사이에서 갈등을 겪게 되는 일도 발생하였다. 주주의 대리인으로 경영을 위임받은 전문 경영인은 기업의 장기적 전망보다 단기 이익에 치중하여 경영 능력을 과시하려는 경향이 있기 때문이다. 주주는 경영자의 이러한 비효율적 경영 활동을 감시함으로써 자신의 이익은 물론 기업의 장기 이익을 극대화하고자 하였다.

오늘날의 기업은 경제적 이익뿐 아니라 사회적 이익도 포함된 다원적인 목적을 추구하는 것이 일반적이다. 현대 사회가 어떠한 집단도 독점적 권력을 행사할 수 없는 다원(多元) 사회로 변화하였기 때문이다. 이는 많은 이해 집단이 기업에게 상당한 압력을 행사하기 시작했다는 것을 의미한다. 기업이 이러한 다원 사회의 구성원이 되어 장기적으로 생존하기 위해서는, 주주의 이익을 극대화하는 것은 물론 다양한 이해 집단들의 요구도 모두 만족시켜야 한다. 그래야만 기업의 장기 이익이 보장되기 때문이다.

① 전문경영인과 주주의 이익은 항상 일치하는 것이 아니다.
② 현대 사회에서 많은 이익 집단은 기업에 영향력을 미친다.
③ 기업의 거대화와 복잡화가 진행되면서 소유와 경영이 분리되는 경우가 등장하였다.
④ 기업의 장기적인 이익을 위해 전문 경영인은 독점적 권력을 가져야 한다.
⑤ 다양한 이해집단의 요구를 수용하는 것은 현대 기업의 특성이다.

22 다음 글의 제목으로 가장 적절한 것은?

'언어는 사고를 규정한다'고 주장하는 연구자들은 인간이 언어를 통해 사물을 인지한다고 말한다. 예를 들어, 우리나라 사람은 '벼'와 '쌀'과 '밥'을 서로 다른 것으로 범주화하여 인식하는 반면, 에스키모인은 하늘에서 내리는 눈, 땅에 쌓인 눈, 얼음처럼 굳어서 이글루를 지을 수 있는 눈을 서로 다른 것으로 범주화하여 파악한다. 이처럼 언어는 사물을 자의적으로 범주화한다. 그래서 인간이 언어를 통해 사물을 파악하는 방식도 다양할 수밖에 없다.

① 언어의 기능
② 언어와 인지
③ 언어의 다양성
④ 에스키모인의 언어
⑤ 언어의 범주화

23 주어진 글에 나타난 글쓴이의 공통적인 생각으로 가장 적절한 것은?

우리나라에도 몇몇 도입종들이 활개를 치고 있다. 예전엔 청개구리가 울던 연못에 요즘은 미국에서 건너온 황소개구리가 들어앉아 이것저것 닥치는 대로 삼키고 있다. 어찌나 먹성이 좋은지 심지어는 우리 토종 개구리들을 먹고 살던 뱀까지 잡아먹는다. 토종 물고기들 역시 미국에서 들여온 블루길에게 물길을 빼앗기고 있다. 이들이 어떻게 자기 나라보다 남의 나라에서 더 잘 살게 된 것인가?
도입종들이 모두 잘 적응하는 것은 결코 아니다. 사실, 절대 다수는 낯선 땅에서 발도 제대로 붙여 보지 못하고 사라진다. 정말 아주 가끔 남의 땅에서 들풀에 붙은 불길처럼 무섭게 번져 나가는 것들이 있어 우리의 주목을 받을 뿐이다. 그렇게 남의 땅에서 의외의 성공을 거두는 종들은 대개 그 땅의 특정 서식지에 마땅히 버티고 있어야 할 종들이 쇠약해진 틈새를 비집고 들어온 것이다. 토종이 제자리를 당당히 지키고 있는 곳에 쉽사리 뿌리내릴 수 있는 외래종은 거의 없다.
제 아무리 대원군이 살아 돌아온다 하더라도 더 이상 타 문명의 유입을 막을 길은 없다. 어떤 문명들은 서로 만났을 때 충돌을 면치 못할 것이고 어떤 것들은 비교적 평화롭게 공존하게 될 것이다. 결코 일반화할 수 있는 문제는 아니겠지만 스스로 아끼지 못한 문명은 외래 문명에 텃밭을 빼앗기고 말 것이라는 예측을 해도 큰 무리는 없을 듯 싶다. 내가 당당해야 남을 수용할 수 있다.
영어만 잘 하면 성공한다는 믿음에 온 나라가 야단법석이다. 영어는 배워서 나쁠 것 없고, 국제 경쟁력을 키우는 차원에서 반드시 배워야 한다. 하지만 영어보다 더 중요한 것은 우리말이다. 우리말을 제대로 세우지 않고 영어를 들여오는 일은 우리 개구리들을 돌보지 않은 채 황소개구리를 들여온 우를 또 다시 범하는 것이다.
영어를 자유롭게 구사하는 일은 새 시대를 살아가는 필수 조건이다. 하지만 우리말을 바로 세우는 일에도 소홀해서는 절대 안 된다. 황소개구리의 황소울음 같은 소리에 익숙해져 청개구리의 소리를 잊어서는 안 되는 것처럼.

① 언어는 개인이 임의로 바꿀 수 없다.
② 언어는 연속된 세계를 끊어서 표현한다.
③ 언어는 문화와 불가분의 운명 공동체이다.
④ 언어는 신생 · 성장 · 소멸하는 역사성을 갖는다.
⑤ 언어는 인간의 사고에 절대적인 영향을 미친다.

Q 다음 글을 읽고 물음에 답하시오. 【24~25】

욕망은 무엇에 부족함을 느껴 이를 탐하는 마음이다. 춘추전국 시대를 살았던 제자백가들에게 인간의 욕망은 커다란 화두였다. 그들은 권력과 부귀영화를 위해 전쟁을 일삼던 현실 속에서 인간의 욕망을 어떻게 바라볼 것인지, 그것에 어떻게 대처해야 할지를 탐구하였다.

먼저, 맹자는 인간의 욕망이 혼란한 현실 문제의 근본 원인이라고 보았다. 욕망이 과도해지면 사람들 사이에서 대립과 투쟁이 생기기 때문이다. 맹자는 인간이 본래 선한 본성을 갖고 태어나지만, 살면서 욕망이 생겨나게 되고, 그 욕망에서 벗어날 수 없다고 하였다. 그래서 그는 욕망은 경계해야 하지만 그 자체를 없앨 수는 없기에, 욕망을 제어하여 선한 본성을 확충하는 것이 필요하다고 보았다. 그가 욕망을 제어하기 위해 강조한 것이 '과욕(寡慾)'과 '호연지기(浩然之氣)'이다. 과욕은 욕망을 절제하라는 의미로, 마음의 수양을 통해 욕망을 줄여야 한다는 것이다. 호연지기란 지극히 크고 굳센 도덕적 기상으로, 의로운 일을 꾸준히 실천해야만 기를 수 있다는 것이다.

맹자보다 후대의 인물인 순자는 욕망의 불가피성을 인정하면서, 그것이 인간의 본성에서 우러나오는 것이라고 하였다. 인간은 태생적으로 이기적이고 질투와 시기가 심하며 눈과 귀의 욕망에 사로잡혀 있을 뿐만 아니라 만족할 줄도 모른다는 것이다. 또한 개인에게 내재된 도덕적 판단 능력만으로는 욕망을 완전히 제어하기 어렵다고 보았다. 더군다나 이기적 욕망을 그대로 두면 한정된 재화를 두고 인간들끼리 서로 다투어 세상을 어지럽히게 되므로, 왕이 '예(禮)'를 정하여 백성들의 욕망을 조절해야 한다고 생각하였다. 예는 악한 인간성을 교화하고 개조하는 방법이며, 사회를 바로잡기 위한 규범이라 할 수 있다. 그래서 순자는 사람들이 개인적으로 노력하는 동시에 나라에서 교육과 학문을 통해 예를 세워 인위적으로 선(善)이 발현되도록 노력해야 한다고 주장하였다. ⓐ 이는 맹자의 주장보다 한 단계 더 나아간 금욕주의라 할 수 있다.

이들과는 달리 한비자는 권력과 재물, 부귀영화를 바라는 인간의 욕망을 부정적으로 바라보지 않았다. 인간의 본성이 이기적이라고 본 점에서는 순자와 같은 입장이지만, 그와는 달리 본성을 교화할 수 없다고 하였다. 오히려 욕망을 추구하는 이기적인 본성이 이익 추구를 위한 동기 부여의 원천이 되고, 부국강병과 부귀영화를 이루는 수단이 된다는 것이다. 그는 세상을 사람들이 이익을 위해 경쟁하는 약육강식의 장으로 여겼기에, 군신 관계를 포함한 모든 인간 관계가 충효와 같은 도덕적 관념이 아니라 단순히 이익에 의해 맺어져 있다고 보았다. 따라서 그는 사람들이 자발적으로 선을 행할 것을 기대하기보다는 법을 엄격히 적용하는 것이 필요하다고 강조하였다. 그는 백성들에게 노력하면 부자가 되고, 업적을 쌓으면 벼슬에 올라가 출세를 하며, 잘못을 저지르면 벌을 받고, 공로를 세우면 상을 받도록 해서 특혜와 불로소득을 감히 생각하지 못하도록 하는 것이 올바른 정치라고 주장하였다.

24 윗글에 대한 설명으로 가장 적절한 것은?

① 욕망에 대한 다양한 입장을 소개하고 그 입장들을 비교하고 있다.
② 욕망의 유형을 제시하고 그것을 일정한 기준에 따라 분류하고 있다.
③ 욕망을 보는 상반된 견해를 나열하고 그것의 현대적 의의를 밝히고 있다.
④ 욕망이 나타나는 사례들을 제시하여 욕망 이론의 타당성을 따지고 있다.
⑤ 욕망을 조절하는 여러 가지 방법을 보여주고 각각의 장단점을 분석하고 있다.

25 ⓐ의 이유로 가장 적절한 것은?

① '과욕'과 '호연지기'를 통해 인간의 선한 본성이 확충되기에는 한계가 있기 때문이다.
② '예'가 '과욕'과 '호연지기'보다는 인간이 삶 속에서 실천하기 더 힘든 일이기 때문이다.
③ 개인적인 욕망과 사회적인 욕망을 모두 추구하는 인간의 본질을 파악하였기 때문이다.
④ 욕망 조절을 개인의 수양에만 맡기지 않고, 욕망을 외적 규범으로 제어해야 한다고 보았기 때문이다.
⑤ 무엇을 탐하는 마음이 생기는 것이 불가피함을 직시하고, 이것의 조절이 필요함을 강조하였기 때문이다.

자료해석력 | 20문항/25분

01 다음은 우리나라 세출 예산의 부문별 추이를 나타낸 예시표이다. 이에 대한 분석으로 옳지 않은 것은?

(단위 : %)

구분 \ 연도	2019	2020	2021	2022
방위비	19.3	17.3	17.0	16.2
교육비	16.6	14.2	14.3	17.9
사회 개발비	9.8	11.4	11.9	13.6
경제 개발비	30.3	29.2	26.1	24.9
일반 행정비	10.0	9.7	9.1	9.2
지방 재정 교부금	9.6	8.3	9.3	12.4
채무상환 및 기타	4.4	9.9	12.3	5.8
계	100.0	100.0	100.0	100.0

① 방위비의 비중이 줄어들고 있다.

② 일반 행정비보다 교육비의 비중이 크다.

③ 세출 예산 중 경제 개발비의 비중이 가장 크다.

④ 채무상환 및 기타예산이 꾸준히 증가하고 있다.

02 다음 표는 고구려대, 백제대, 신라대의 북부, 중부, 남부지역 학생 수이다. 표의 (나)대와 3지역을 올바르게 짝지은 것은?

	1지역	2지역	3지역	합계
(가)대	10	12	8	30
(나)대	20	5	12	37
(다)대	11	8	10	29

㉠ 백제대는 어느 한 지역의 학생 수도 나머지 지역 학생 수 합보다 크지 않다.
㉡ 중부지역 학생은 세 대학 중 백제대에 가장 많다.
㉢ 고구려대의 학생 중 남부지역 학생이 가장 많다.
㉣ 신라대 학생 중 북부지역 학생 비율은 백제대 학생 중 남부지역 학생 비율보다 높다.

① 고구려대 – 북부지역
② 고구려대 – 남부지역
③ 신라대 – 북부지역
④ 신라대 – 남부지역

Q 다음 표는 정보통신 기술 분야 예산 신청금액 및 확정금액에 대한 조사 자료에 대한 예시 표이다. 물음에 답하시오. 【03~04】

(단위 : 억 원)

기술분야 \ 연도/구분	2020		2021		2022	
	신청	확정	신청	확정	신청	확정
네트워크	1,179	1,112	1,098	1,082	1,524	950
이동통신	1,769	1,679	1,627	1,227	1,493	805
메모리반도체	652	478	723	409	746	371
방송장비	892	720	1,052	740	967	983
디스플레이	443	294	548	324	691	282
LED	602	217	602	356	584	256
차세대컴퓨팅	207	199	206	195	295	188
시스템반도체	233	146	319	185	463	183
RFID	226	125	276	145	348	133
3D 장비	115	54	113	62	136	149
전체	6,318	5,024	6,564	4,725	7,247	4,300

03 2022년 신청금액이 전년대비 30% 이상 증가한 기술 분야는 총 몇 개인가?

① 2개
② 3개
③ 4개
④ 5개

04 2020년 확정금액 상위 3개 기술 분야의 확정금액 합은 2020년 전체 확정금액의 몇 %를 차지하는가? (단, 소수점 첫째 자리에서 반올림하시오.)

① 63%
② 65%
③ 68%
④ 70%

05 다음 예시표에 대한 분석으로 옳은 것을 모두 고르면?

(단위 : %)

구분 \ 연도	1992	2002	2012	2022
월 평균 소득(천 원)	316.6	580.9	1,274.7	1,872.7
월 평균 소비지출액(천 원)	292.0	444.8	926.6	1,244.9
식료품비	46.5	43.0	32.7	27.5
교통 · 통신비	5.4	5.8	8.6	16.4
교육 · 교양 · 오락비	8.8	7.5	12.1	16.2
기타 소비지출	10.7	10.5	18.4	18.0

㉠ 월 평균 소비지출액의 비중은 감소하고 있다.
㉡ 교통 · 통신비 비중은 증가하고 있다.
㉢ 기타 소비지출의 비중은 교육 · 교양 · 오락비의 비중보다 항상 높다.
㉣ 식료품비의 비중은 월 평균 소득의 비중과 동일한 증감 추이를 보인다.

① ㉠㉡
② ㉠㉢
③ ㉡㉢
④ ㉡㉣

Q 다음은 소정이네 가정의 10월 생활비 300만 원의 항목별 비율을 나타낸 것이다. 물음에 답하시오. 【06~07】

구분	교육비	식료품비	교통비	기타
비율(%)	40	40	10	10

06 교통비 및 식료품비의 지출 비율이 아래 표와 같을 때 다음 설명 중 가장 적절한 것은 무엇인가?

〈표 1〉 교통비 지출 비율

교통수단	자가용	버스	지하철	기타	계
비율(%)	30	10	50	10	100

〈표 2〉 식료품비 지출 비율

항목	육류	채소	간식	기타	계
비율(%)	60	20	5	15	100

① 식료품비에서 채소 구입에 사용한 금액은 교통비에서 지하철 이용에 사용한 금액보다 적다.
② 식료품비에서 기타 사용 금액은 교통비의 기타 사용 금액의 6배이다.
③ 10월 동안 교육비에는 총 140만 원을 지출했다.
④ 교통비에서 자가용과 지하철을 이용한 금액을 합한 것은 식료품비에서 채소 구입에 지출한 금액보다 크다.

07 소정이네 가정의 9월 한 달 생활비가 350만 원이고 생활비 중 식료품비가 차지하는 비율이 10월과 같았다면 지출한 식료품비는 9월에 비해 얼마나 감소하였는가?

① 5만 원
② 10만 원
③ 15만 원
④ 20만 원

08 다음은 A시민들이 가장 좋아하는 산 및 등산 횟수에 관한 설문조사 결과이다. 자료에 대한 설명 중 적절하지 않은 것은?

〈표 1〉 A시민이 가장 좋아하는 산

산 이름	설악산	지리산	북한산	관악산	기타
비율(%)	38.9	17.9	7.0	5.8	30.4

〈표 2〉 A시민의 등산 횟수

횟수	주1회 이상	월1회 이상	분기1회 이상	연1~2회	기타
비율(%)	16.4	23.3	13.1	29.8	17.4

① A시민들이 가장 좋아하는 산 중 선호도가 높은 2개의 산에 대한 비율은 50% 이상이다.
② 설문조사에서 설악산을 좋아한다고 답한 사람은 지리산, 북한산, 관악산을 좋아한다고 답한 사람보다 더 많다.
③ A시민의 80% 이상은 일 년에 최소한 1번 이상 등산을 한다.
④ A시민들 중 가장 많은 사람들이 월1회 정도 등산을 한다.

09 다음 예시표의 내용을 해석한 것 중 적절하지 않은 것은?

구분	1980년	2005년	2026년
0~14세	12,951	9,240	5,796
15~64세	23,717	34,671	33,618
65세 이상	1,456	4,383	10,357
총인구	38,124	48,294	49,771

① 1980년과 비교해서 2005년 65세 이상 인구도 늘어났지만 15~64세 인구도 늘어 났다.
② 1980년과 비교해서 2005년 총인구 증가의 주요 원인은 65세 이상의 인구 증가이다.
③ 1980년에서 2005년까지 총인구 변화보다 2005년에서 2026년까지 총인구 변화가 작을 전망이다.
④ 2005년과 비교해서 2026년에는 0~14세의 인구 감소율보다 65세 이상의 인구 증가율이 더 클 전망이다.

10 다음은 어떤 학교 학생의 학교에서 집까지의 거리를 조사한 결과이다. ㉠과 ㉡에 들어갈 수로 옳은 것은? (조사결과는 학교에서 집까지의 거리가 1km 미만인 사람과 1km 이상인 사람으로 나눠서 표시한다.)

성별	1km 미만	1km 이상	합계
남성	72명	168명	240명
	X%	㉠%	100%
여성	㉡명	Y명	200명
	36%	64%	100%

㉠	㉡
① 60	70
② 60	72
③ 70	70
④ 70	72

Ⓠ 다음은 4개 대학교 학생들의 하루 평균 독서시간을 조사한 결과이다. 다음 물음에 답하시오. 【11~12】

구분	1학년	2학년	3학년	4학년
㉠	3.4	2.5	2.4	2.3
㉡	3.5	3.6	4.1	4.7
㉢	2.8	2.4	3.1	2.5
㉣	4.1	3.9	4.6	4.9
대학생평균	2.9	3.7	3.5	3.9

11 **주어진 단서를 참고하였을 때, 표의 처음부터 차례대로 들어갈 대학으로 알맞은 것은?**

- A대학은 고학년이 될수록 독서시간이 증가하는 대학이다
- B대학은 각 학년별 독서시간이 항상 평균 이상이다.
- C대학은 3학년의 독서시간이 가장 낮다.
- 2학년의 하루 독서시간은 C대학과 D대학이 비슷하다.

	㉠	㉡	㉢	㉣
①	C	A	D	B
②	A	B	C	D
③	D	B	A	C
④	D	C	A	B

12 **다음 중 옳지 않은 것은?**

① C대학은 학년이 높아질수록 독서시간이 줄어들었다.
② A대학은 2학년만 대학생 평균 독서시간보다 독서시간이 적다.
③ B대학은 학년이 높아질수록 꾸준히 독서시간이 증가하였다.
④ D대학은 대학생 평균 독서시간보다 매 학년 독서시간이 적다.

13 다음은 청소년들의 고민 상담 대상을 표로 나타낸 것이다. 이를 분석한 내용으로 적절한 것은?

(단위 : %)

구분	친구	부모	교사	상담소	형제 · 자매	스스로 해결	고민 없음	합계
전국	53.0	14.3	2.0	0.3	5.8	22.8	1.8	100
도시	53.0	14.0	3.5	0.4	5.8	21.5	1.8	100
농촌	53.1	15.6	2.4	0.2	5.4	22.0	1.3	100
남자	50.7	14.2	2.6	0.4	4.9	24.8	2.4	100
여자	55.3	14.4	1.5	0.3	6.6	20.8	1.1	100

① 부모에게 고민을 상담하는 비율이 스스로 해결하려는 비율보다 높다.
② 교사에게 고민을 상담하는 비율이 가장 낮다.
③ 상담소에서 고민을 상담하는 비율이 가장 높다.
④ 친구보다 친구 이외의 대상에게 고민을 상담하는 비율이 낮다.

14 다음은 노령 인구 구성비 추이와 노인들의 여가 보내기를 조사한 예시그래프이다. 이를 분석한 것으로 옳지 않은 것은?

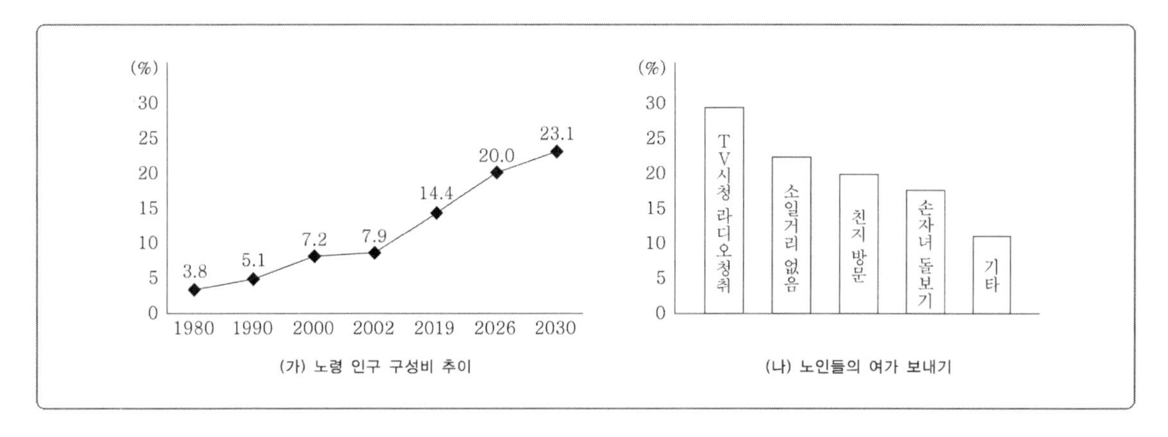

① 노령 인구 구성비는 일정한 비율로 증가하고 있다.
② 1980~1990년 노령 인구 증가율보다 2026~2030년 노령인구 증가율이 더 높다.
③ 노인 여가 시간 중 TV시청 및 라디오 청취가 가장 높다.
④ 노인 여가 시간 중 기타를 차지하는 비율이 10% 이상이다.

15 다음은 어느 산의 5년 동안 산불 피해 현황을 나타낸 예시표이다. 다음 예시표에 대한 설명으로 옳은 것은?

(단위 : 건)

	2022년	2021년	2020년	2019년	2018년
입산자실화	185	232	250	93	217
논밭두렁 소각	63	95	83	55	110
쓰레기 소각	40	41	47	24	58
어린이 불장난	14	13	13	4	20
담배불실화	26	60	51	43	60
성묘객실화	12	24	22	31	63
기타	65	51	78	21	71
합계	405	516	544	271	599

① 2019년 산불피해건수는 전년대비 50% 이상 감소하였다.
② 산불발생건수는 해마다 꾸준히 증가하고 있다.
③ 산불발생에 가장 큰 단일 원인은 논밭두렁 소각이다.
④ 입산자실화에 의한 산불피해는 2019년에 가장 높았다.

16 다음 표는 학생 20명의 혈액형을 조사하여 나타낸 것이다. 이 중에서 한 학생을 임의로 택했을 때, 그 학생의 혈액형이 A형이 아닐 확률은?

혈액형	A	B	AB	O	합계
학생 수(명)	7	6	3	4	20

① $\frac{7}{20}$
② $\frac{1}{2}$
③ $\frac{13}{20}$
④ $\frac{17}{20}$

17 어떤 모임에서 참가자에게 귤을 나누어 주는데 1명에게 5개씩 나누어 주면 3개가 남고, 6개씩 나누어주면 1명만 4개보다 적게 받게 된다. 참가자는 적어도 몇 명인가?

① 2인
② 6인
③ 9인
④ 10인

18 A 쇼핑몰은 회원의 등급별로 포인트와 적립금을 다르게 제공하고 있다. 일반회원의 포인트는 P라 하며 200P당 1,000원의 적립금을 제공한다. 우수회원의 포인트는 S라 하며 40S당 1,500원의 적립금을 제공한다. 이때 360P는 몇 S인가?

① 45S
② 48S
③ 52S
④ 53S

19 1개에 120원하는 고무줄과 1개에 160원하는 머리핀을 합쳐서 18개 사고 2,400원을 지불했다면 고무줄과 머리핀은 각각 몇 개 샀는가?

① 고무줄 : 5개, 머리핀 : 13개
② 고무줄 : 6개, 머리핀 : 12개
③ 고무줄 : 12개, 머리핀 : 6개
④ 고무줄 : 13개, 머리핀 : 5개

20 보트로 96km 길이의 강을 내려가는 데 2시간, 거슬러 올라가는 데 3시간이 걸렸다. 강물의 속력은?

① 6km/시
② 7km/시
③ 8km/시
④ 9km/시

PART

02

정답 및 해설

1회 정답 및 해설

공간지각능력

01	02	03	04	05	06	07	08	09	10	11	12	13	14	15	16	17	18
①	③	③	②	③	③	②	②	②	③	④	②	②	④	②	④	③	②

01 ①

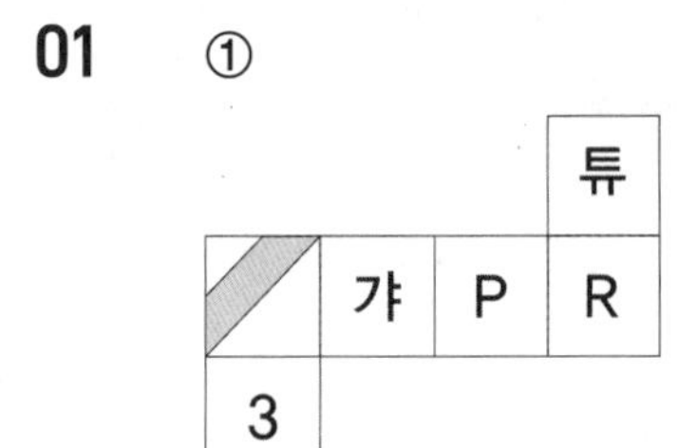

02 ③

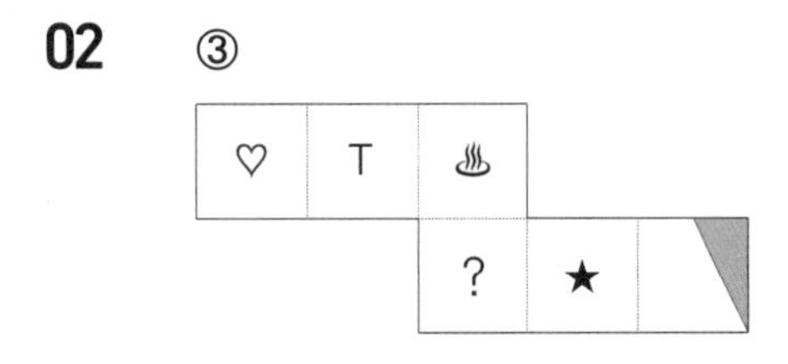

03 ③

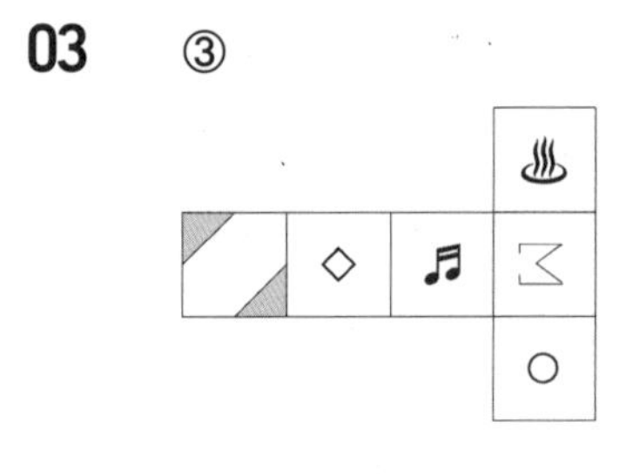

04 ②

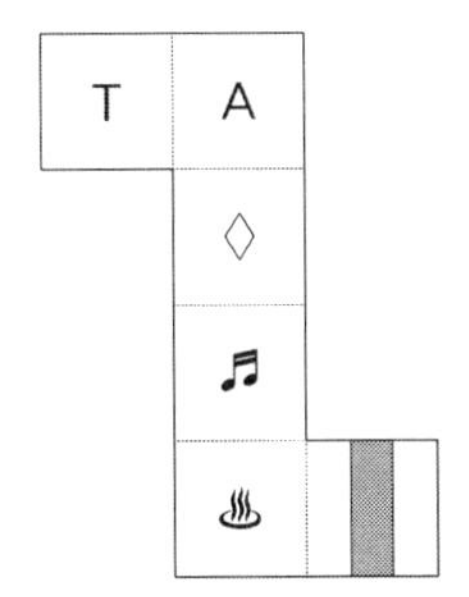

05 ③

① 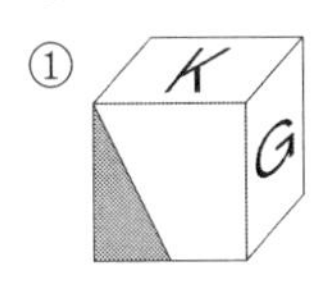

② 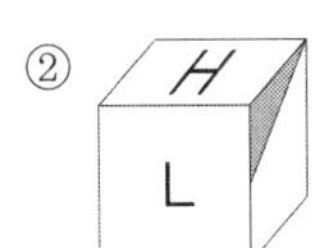

④ 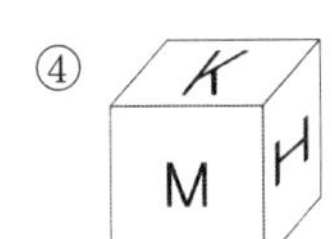

06 ③

① 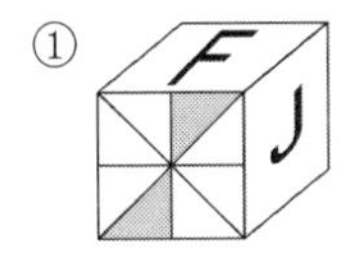

② 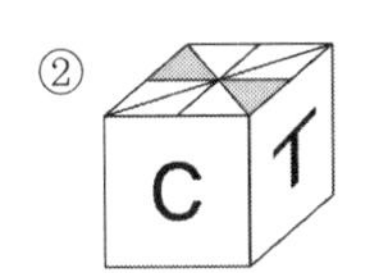

④ 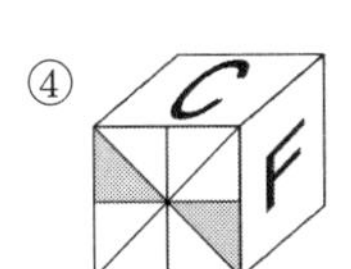

07 ②

① 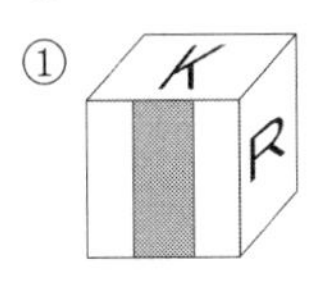

③ 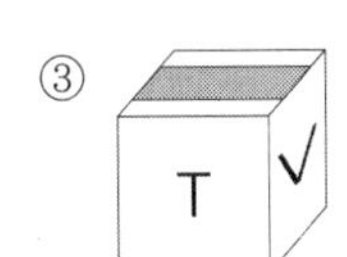

④ 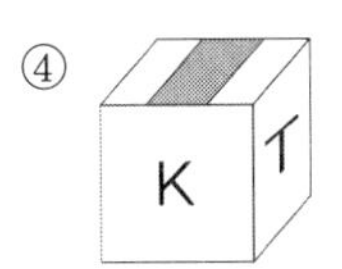

08 ②

① 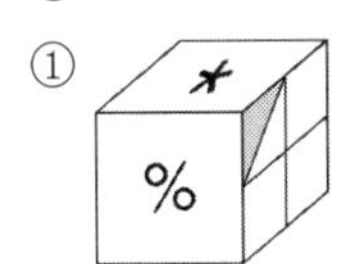

③ 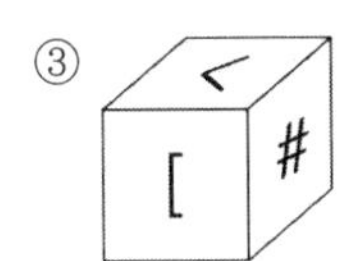

④ 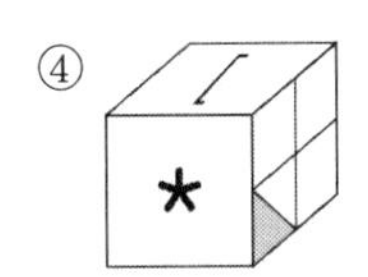

09 ②

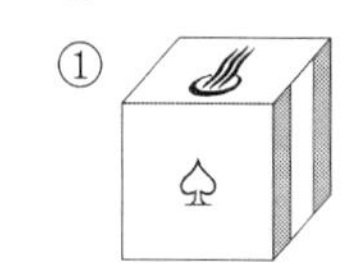

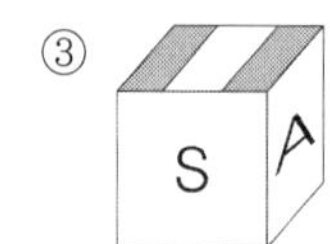

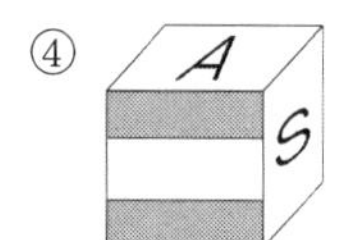

10 ③

1단 : 14개, 2단 : 10개, 3단 : 5개, 4단 : 3개
총 32개

11 ④

1단 : 14개, 2단 : 7개, 3단 : 4개, 4단 : 2개
총 27개

12 ②

1단 : 12개, 2단 : 5개, 3단 : 1개, 4단 : 1개
총 19개

13 ②

1단 : 18개, 2단 : 10개, 3단 : 3개, 4단 : 1개, 5단 : 1개
총 33개

14 ④

1단 : 10개, 2단 : 8개, 3단 : 2개, 4단 : 1개, 5단 : 1개
총 22개

15 ②

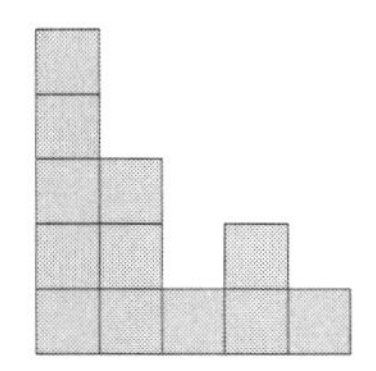

5	2	4	1
3	1	2	1
1			
	1		2
	1		

왼쪽에서 본 모습　정면 위에서 본 모습

16 ④

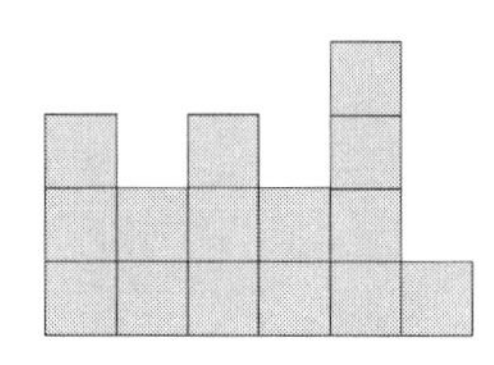

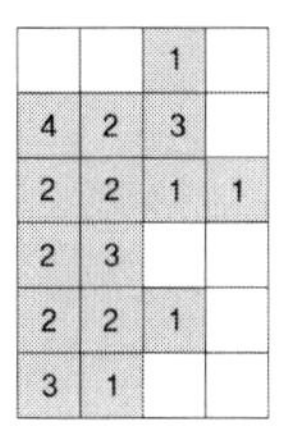

		1	
4	2	3	
2	2	1	1
2	3		
2	2	1	
3	1		

오른쪽에서 본 모습　정면 위에서 본 모습

17 ③

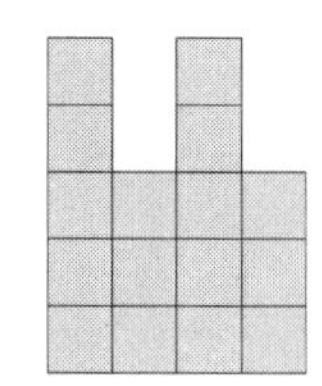

4	3	2	1	5
3	3	2		
5	2	1		
2	3			

왼쪽에서 본 모습　정면 위에서 본 모습

18 ②

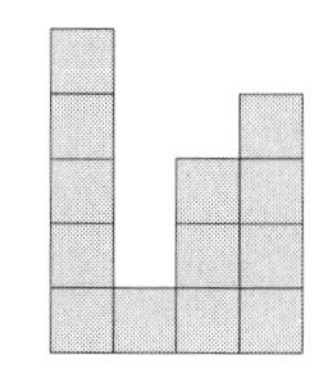

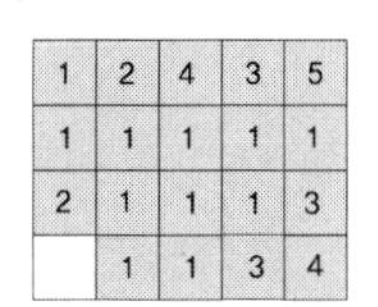

1	2	4	3	5
1	1	1	1	1
2	1	1	1	3
	1	1	3	4

왼쪽에서 본 모습　정면 위에서 본 모습

지각속도

01	02	03	04	05	06	07	08	09	10	11	12	13	14	15	16	17	18	19	20
①	②	①	①	②	②	①	②	①	①	①	②	①	②	②	④	③	④	③	④
21	22	23	24	25	26	27	28	29	30										
④	①	②	③	④	②	③	①	①	②										

01 ①

Ж = ㉢, Г = ㉦, Я = ㉩, Щ = ㉥, П = ㉧

02 ②

Б = ㉤, Ё = ㉠, Й = ㉣, **Д = ㉡**, Ч = ㉪

03 ①

П = ㉧, Я = ㉩, Ч = ㉪, Д = ㉡, Ё = ㉠

04 ①

1 = 남, 6 = 녀, 2 = 부, 8 = 사, 4 = 관

05 ②

8 = 사, 4 = 관, 0 = 후, **3 = 보**, **7 = 생**

06 ②

8 = 사, 4 = 관, 5 = 학, **9 = 교**, **7 = 생**

07 ①

ㄹㅿ = 1, ㄴㄴ = 6, ㆄ = 8, ㄴㅿ = 9, ㄹㄷ = 0

08 ②

풍 = 8, **ㄸ = 6**, ㅄ = 7, **ㅙ = 4**, 뻥 = 3

09 ①

ㅙ = 4, ㄶ = 9, 뭉 = 2, ㅄ = 7, ㄸ = 6

10 ①

㉠ = t, ㉡ = e, ㉧ = l, ㉡ = e, ㉣ = p, ㉨ = h, ㉥ = o, ㉦ = n, ㉡ = e

11 ①

㉢ = s, ㉣ = p, ㉤ = r, ㉧ = u, ㉨ = l, ㉡ = e, ㉤ = r

12 ②

㉦ = n, ㉡ = e, ㉥ = o, ㉩ = h, **㉢ = s**, **㉠ = t**, ㉤ = r

13 ①

b = 동, g = 서, a = 남, h = 북, d = 우, f = 산

14 ②

d = 우, c = 리, e = 강, f = 산, **b = 동**, **h = 북**

15 ②

b = 동, f = 산, a = 남, f = 산, d = 우, f = 산, **g = 서**, **f = 산**

16 ④

⌖⧗⦰⍝Φ◫◎▽⚲▽⚲⍝Φ⌖⦰◫▽⧗⚲⍝Φ⧗◫⌖⦰▽⚲⧗

---

17 ③

엄마야 누나야 강변 살자 뜰에는 반짝이는 금모래 빛

---

18 ④

Rivers of molten lava flowed down the mountain

---

19 ③

987895624089019670350489078091023058010 3048

---

20 ④

ⱴⒹⒹⒹ⌐|ꟼⱴ↩ᘏⒹⒹᗰᑌᗝⱴᗫꟼ↩ᗝ↩ᘏⱴᗰꟼ↩ᗝ↩ᘏⒹᗰꟼ↩ᗝⒹ

---

21 ④

I never dreamt that I'd actually get the job

---

22 ①

978896200042592320517860214597 31

---

23 ②

아무도 찾지 않는 바람 부는 언덕에 이름 모를 잡초

24 ③

⨹⊕△⧊┘⊗⋇ x ⊕⧊┘⋇ x ⊗⊗̂(× ×)⋇ x ⧊┘⊗Ŭ⧊┘⊕⊕⊕⊗ᕱ∩̄

25 ④

14110615071565923567814201112452

26 ②

That jacket was a really good buy

27 ③

오늘 하루 기운차게 달려갈 수 있도록 노력하자

28 ①

753951852469713259817532157981389130

29 ①

142356292254813955713513253121957553

30 ②

There was an air of confidence in the England camp

언어논리력

01	02	03	04	05	06	07	08	09	10	11	12	13	14	15	16	17	18	19	20
①	③	④	②	③	③	②	②	④	②	②	④	③	②	②	②	④	②	②	⑤

21	22	23	24	25
①	⑤	④	②	①

01 ①

①의 경우 무엇을 위하여 모든 것을 아낌없이 내놓거나 쓴다는 의미이며 ②③④⑤의 경우 신이나 웃어른에게 정중하게 드린다는 의미로 사용되었다.

02 ③

'이따가'는 '조금 지난 뒤에'의 뜻을 가진 부사이고, '있다가'는 '있-'에 연결 어미 '-다가'가 붙어 만들어진 말이다.

03 ④

④ 가스렌지는 '가스레인지(gas range)'의 비표준어이다.

04 ②

① 저희 교육원은 가장 정확한 수험 정보와 높은 적중률을 보인 예상 문제를 제공해 드립니다.
③ 태풍 '타파'로 인해 제주 일대의 태풍주의보가 호우주의보로 대체될 전망입니다.
④ 이번 회담 결과로 앞으로 우리나라의 대미 수출은 어려움을 겪을 것으로 예상되어집니다.
⑤ 이 진공청소기는 흡인력이 강하고 소음이 적어 기능이 매우 우수한 제품입니다.

05 ③

① 미루어 생각하여 판정함
② 목숨을 겨우 이어 살아감
③ 어려운 일이나 문제가 되는 상태를 해결하여 없애 버림
④ 교도소에서 형을 마치고 석방되어 나옴
⑤ 입을 다문다는 뜻으로, 말하지 아니함을 이르는 말

06 ③

나는 눈이 큰 진영이의 언니를 선생님께 소개해 드렸다.
눈이 크다는 수식어가 진영이를 수식하는지 진영이의 언니를 수식하는지 애매하다.
→진영이의 언니는 눈이 크고, 나는 눈이 큰 그 언니를 선생님께 소개해 드렸다.
→진영이는 눈이 큰데, 나는 그녀의 언니를 선생님께 소개해 드렸다.

07 ②

① 施行-시행 ② 斡旋-알선 ③ 猶豫-유예 ④ 主宰-주재 ⑤ 案件-안건

08 ②

제시된 글을 세 부분으로 나누면 다음과 같다.
(1) 인종의 개념
(2) 인종의 분류(㉠㉡㉢)
(3) 인종차별의 문제점(㉣㉤)

09 ④

접속어란 문장에서 성분과 성분 혹은 문장과 문장을 이어주는 말이므로 적당한 접속어를 찾기 위해서는 앞뒤의 문장을 읽고 서로 어떠한 관계인지를 파악하는 것이 중요하다. 접속어 ㉠으로 연결된 두 문장은 신화의 내용이 현실적으로 불가능한 사건들이 나오므로 상상 속의 이야기라고 생각되어 왔다는 인과관계로 쓰여 있다. 그리고 접속어 ㉡으로 연결된 다음 문장은 상상 속의 이야기라는 것에 반론을 제시하고 있으므로 역접관계이다. 마지막으로 접속어 ㉢이 쓰인 문장에서는 앞의 문장을 토대로 결론을 내리고 있다.

10 ②

① 가리키다 : 손가락 따위로 지시하거나 알리다.
가르치다 : 지식이나 기능 따위를 가지도록 알아듣게 설명하여 인도하다.
③ 한참 : 시간이 상당히 지나는 동안
한창 : 가장 성할 때
④ 너머 : 집이나 산 따위의 높은 것의 저쪽
넘어 : 높은 부분을 지나거나 경계를 지나
⑤ 갱신 : 법적인 문서의 효력이나 기간이 만료되었을 때 다시 새로 바꾸거나 기간을 연장하는 일
경신 : 기록 경기 따위에서 종전의 기록을 깨뜨림

11 ②

제시된 글은 크게 전통에 대해 언급하고 있는 ㉠㉡㉢과 그에 대해 반론을 제시하고 있는 ㉣㉤㉥으로 나눌 수 있다. 맨 첫 문장인 ㉠은 전통에 대한 일반적인 개념을 제시하고 있으며, ㉡은 ㉠에 대해 부연 설명을 하고 있다. 또한 ㉢은 ㉡의 결과이다. '그러나'로 이어지는 ㉣은 ㉠에 대한 반론에 해당하며, ㉤은 ㉣의 근거, ㉥은 ㉤의 결과에 해당한다.

12 ④

학설이 옳지 않다면 학설이 지닌 문제점을 근거로 제시해야 함에도 불구하고, 그 근거를 주장한 사람의 인지도에 근거를 두고 있다. 즉, 논점에서 벗어난 서술이다.

13 ③

제시된 글에서 ㈏는 학문에서 진리를 탐구하는 행위는 논리로 이루어진다고 말하면서 논리의 중요성을 강조하고 있다. 그러면서 ㈑를 통해 논리에 대한 의심이 생길 수 있으나 학문은 논리를 신뢰하는 이들이 하는 행위라고 이야기하고 있다. 이러한 논리에 대한 믿음은 ㈎에서 더욱 강조되고 있다. 마지막으로 ㈐에서는 학문하는 척 하면서 논리를 무시하는 일부의 교수들을 막아야 한다고 주장하고 있다.

14 ②

살다보면 누구나 한번쯤의 실수는 할 수 있으므로 크게 탓할 필요는 없다는 뜻이다.

15 ②

'사공이 많으면 배가 산으로 올라간다.'는 간섭하는 사람이 많으면 일이 잘 안 된다는 뜻이며 '우물에 가서 숭늉 찾는다.'는 일의 순서도 모르고 성급하게 덤비는 것을 이르는 말이다.

① 자기의 허물은 생각하지 않고 도리어 남의 허물만 나무라는 경우를 비유적으로 이르는 말
③ 들여야 하는 비용이나 노력이 같다면 더 좋은 것을 택한다는 뜻으로 이르는 말
④ 아무리 훌륭하고 좋은 것이라도 다듬고 정리하여 쓸모 있게 만들어 놓아야 값어치가 있음을 비유적으로 이르는 말
⑤ 쉬운 일이라도 협력하여 하면 훨씬 쉽다는 말

16 ②

수작

㉠ 수작(酬酌)
- 술잔을 서로 주고받음
- 서로 말을 주고받음, 또는 그 말
- 남의 말이나 행동, 계획을 낮잡아 이르는 말

㉡ 수작(秀作) : 우수한 작품

17 ④

역사가가 참여하고 있는 행렬의 지점이 과거에 대한 그의 시각을 결정한다고 하였으므로, 역사를 볼 때 현재가 중요시됨을 알 수 있다.

18 ②

본문 내용은 노장의 인위적인 것을 규탄하는 태도에 대해 설명하고 있으나 ㉡에서는 과학기술과 문화와 같은 욕망을 채울 수 있는 도구를 찾아야 한다 하였으므로 통일성을 해치는 내용이 된다.

19 ②

(나) '조사, 문서 작성'을 선택한 이유에 대한 설명
(라) 모든 것을 문서화하고 있음에 주목
(다) 분명하게 전달되기 위한 정보의 필요성
(가) 조사하고 글을 쓰기 위한 현장교육의 필요성

20 ⑤

① 빠른 속도로 변화하는 사회에 모두 대처한다는 것은 불가능하다.
② 지금 인류에게는 핵전쟁의 위협 이외에도 환경오염과 같은 보다 더 현실적인 문제가 많다.
③ 여성 훈육서(내훈)의 대상으로는 궁중의 옥엽과 내빈 그리고 민간의 부녀자들이 있다.
④ 타당한 문제제기를 하려면, 자기 전공 분야에 대해 광범위하게 독서하고 최근의 연구 동향을 파악해야 할 것이다.

21 ①

㉠ 대전제 : 동양인인 나는 동양을 알아야 한다.
㉡ 소전제
- '동양은 동양이다'라는 토톨러지(tautology)나 '동양은 동양이어야 한다'라는 당위 명제가 성립하기 위해서는 (동양인인 나는 동양을 알아야 한다).
- 우리는 동양을 너무도 몰랐다.

㉢ 결론 : 동양이 서양을 해석하는 행위는 실제적으로 부재해 왔다.

22 ⑤

'굿모닝 미스터 오웰'은 백남준이 조지 오웰을 비꼬는 의도로 창작한 작품으로 ㉠에는 '조롱' 등의 단어가 적절하다.

23 ④

㉠㉡㉢㉤은 새로운 자연과학 이론을 받아들이는 것이고, ㉣은 새로운 이론을 받아들이기를 바라는 마음이다.

24 ②

본문은 비행기의 날개를 베르누이의 원리를 바탕으로 설계하여 양력을 증가시키는, 비행의 기본 원리를 설명하고 있는 글이다.

25 ①

① 받음각이 최곳값이 되면 양력이 그 뒤로 급속히 떨어진다고 나와 있다. 따라서 속도는 감소하게 된다.

자료해석력

01	02	03	04	05	06	07	08	09	10	11	12	13	14	15	16	17	18	19	20
②	④	①	④	④	①	②	②	③	①	③	②	④	③	③	①	①	③	②	④

01 ②

㉡ 진수는 성능이 보통 이상인 제품 중 평가 점수 합계가 가장 높은 제품을 구입한다고 했으므로 성능이 보통 이상인 A제품과 D제품 중 합계 점수가 상대적으로 더 높은 D 제품을 구입할 것이다.

㉣ 가격이 높은 제품일수록 성능이 높은 제품이다.

02 ④

㉠ 신문을 선택한 30대 응답자의 비율은 6%, 50대 응답자의 비율은 17%로 같지 않다.

㉡ 30대 이하의 경우 신문을 선택한 비율이 가장 낮지만, 40대 이상의 경우에는 그렇지 않다.

03 ①

② 1990 ~ 2010년대까지는 서울 인구는 수도권 인구의 과반을 차지하고 있지만 2020년대 들어서는 절반에 못 미친다.

③ 수도권 지역의 1인당 대출 금액의 점유율은 65.2%로 34.8%의 점유율을 차지하는 비수도권 지역의 1인당 대출 금액보다 많다.

④ 2000년 비수도권 인구는 2,370만 명이고 2010년대의 비수도권 인구는 2,440만 명이므로 감소한 것이 아니다.

04 ④

그래프를 통해 신도시 주민 대부분이 서울에 직장이 있음을 알 수 있으며 이를 통해 신도시의 문제점으로 출퇴근 시 교통난을 예상할 수 있다.

05 ④

비닐봉투 50리터의 인상 후 가격 = 890+560 = 1,450원

마대 20리터의 인상 전 가격 = 1,300−500 = 800원

1,450+800 = 2,250원

06 ①

검정색 볼펜 : 800(원) × 1,800(개) − 144,000원(10% 할인) = 1,296,000(원)
빨강색 볼펜 : 800(원) × 600(개) = 480,000(원)
파랑색 볼펜 : 900(원) × 600(개) = 540,000(원)
각인 무료, 배송비 무료
∴ 1,296,000(원) + 480,000(원) + 540,000(원) = 2,316,000(원)

07 ②

2개의 생산라인을 풀가동하여 3일 간 525개의 레일을 생산하므로 하루에 2개 생산라인에서 생산되는 레일의 개수는 525 ÷ 3 = 175개가 된다. 이 때, A라인만을 풀가동하여 생산할 수 있는 레일의 개수가 90개이므로 B라인의 하루 생산 개수는 175 − 90 = 85개가 된다.
따라서 구해진 일률을 통해 A라인 5일, B라인 2일, A+B라인 2일의 생산 결과를 계산하면, 생산한 총 레일의 개수는 (90 × 5) + (85 × 2) + (175 × 2) = 450 + 170 + 350 = 970개가 된다.

08 ②

② 아버지, 어머니와 만나는 비율의 합이 장인, 장모와 만나는 비율의 합 보다 많기 때문에 처의 부모보다 친부모와의 만남이 더 많다.

09 ③

㉠ : 공공사업자 지출액의 전년대비 증가폭은 49, 53, 47로 2021년이 가장 크다. (○)
㉡ : 전년대비 증가율은 $\frac{567-372}{372} \times 100 = 52.4\%$로 민간사업자가 가장 높다. (×)
㉢ : $\frac{567}{2644} \times 100 = 21.4\%$로 20%를 넘는다. (×)
㉣ : 그래프에서 매년 '공공사업자'와 '민간사업자'의 지출액 합은 '개인'의 지출액보다 크다. (○)

10 ①

$\frac{\text{이수인원}}{\text{계획인원}} \times 100 = \frac{2,159}{5,897} \times 100 ≒ 37(\%)$

11 ③

① 국산맥주 소비량의 전년대비 감소폭은 201.6 − 196.2 = 5.4(만 kL)로 2016년이 가장 크다.

② 수입맥주 소비량은 2017년에 전년대비 감소하였다.

③ 2022년 A국의 맥주 소비량은 204.8 + 16.8 = 221.6(만 kL)이다.

④ $\frac{3.5}{198.3} \times 100 = 1.76\%$로 2%를 넘지 않는다.

12 ②

㉡ 환경 문제에 대한 불안은 2022년에 오히려 감소하였다.

㉣ 경제 문제에 대한 불안은 남성이 여성보다 높다.

13 ④

㉠ 2019년 이후 10대 품목의 수출액은 2020년에 감소했었다.

㉡ 2020년의 수출액은 2019년보다 감소했으므로 수출액의 증가율은 음의 값을 가진다.

㉢ 2021년 이후 10대 품목의 총 수출액 대비 비중이 50%를 넘는다.

㉣ 2022년에는 10대 품목 수출액은 전년에 비해 증가했는데 총 수출액 대비 비중은 오히려 감소했으므로 10대 품목 수출액의 증가율보다 총 수출액의 증가율이 더 크다.

14 ③

③ 상수도 요금이 비싼 나라일수록 1인당 1일 물 사용량이 줄어들어 상수도 요금과 물 사용량 사이에 밀접한 관계가 있다는 것을 알 수 있다.

15 ③

A사는 대규모기업에 속하므로 양성훈련의 경우 총 필요 예산인 1억 3,000만 원의 60%를 지원받을 수 있다. 따라서 1억 3,000만 원 × 0.6 = 7,800만 원이 된다.

16 ①

수계별로 연도별 증감 추이는 다음과 같다.

한강수계 : 감소-감소-감소-감소

낙동강수계 : 증가-감소-감소-감소

금강수계 : 증가-증가-감소-감소

영 · 섬강수계 : 증가-감소-감소-감소

따라서 낙동강수계와 영 · 섬강수계의 증감 추이가 동일함을 알 수 있다.

17 ①

㉢ C도시는 2020년도에 인구증가율이 증가하였다가 이후 지속적으로 감소하였다.

㉣ A와 B의 인구증가율을 보면 2019년도만 A도시가 높으며 이후 B도시가 항상 높다.

18 ③

관광 수입이 가장 많이 증가한 곳은 유럽이다.

19 ②

① 독일의 서비스 수출 경쟁력은 지속적으로 증가한다.

③ 일본이 중국보다 서비스 수출 경쟁력 상승폭이 크다.

④ 우리나라는 2018년 이후로 서비스 수출 경쟁력이 증감하고 있다.

20 ④

㉠ 서비스업은 항상 800조 원 이상 생산액을 달성하였다.

㉢ 서비스업과 제조업은 생산액에서 증감현상을 보여주고 있다.

2회 정답 및 해설

공간지각능력

1	2	3	4	5	6	7	8	9	10	11	12	13	14	15	16	17	18
②	①	②	③	④	④	③	④	④	④	③	③	③	①	④	③	②	②

1 ②

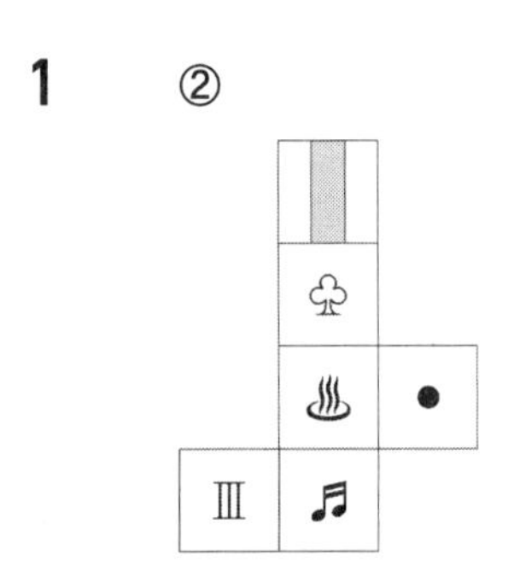

2 ①

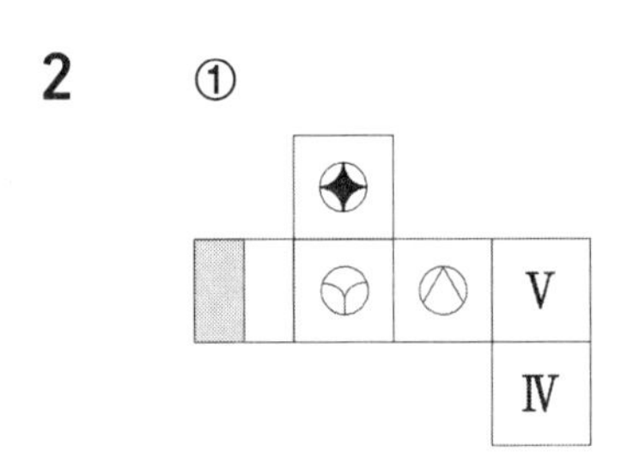

3 ②

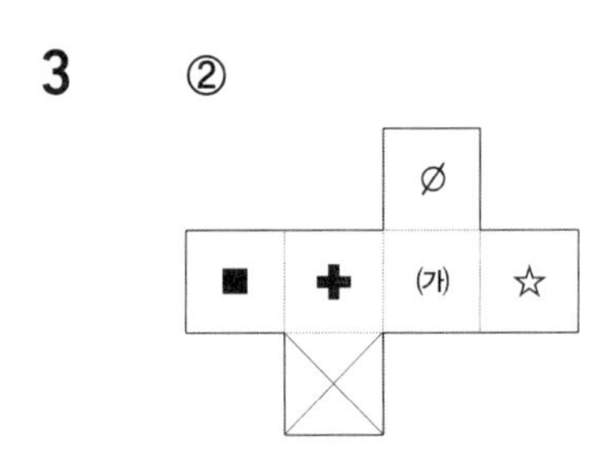

4 ③

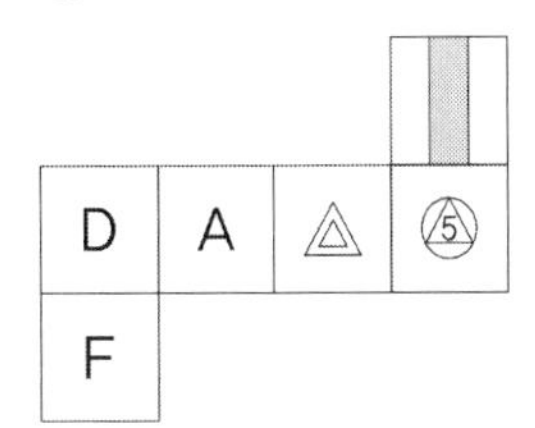

5 ④

① 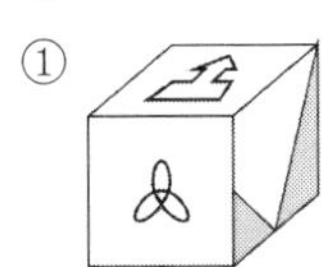 ② 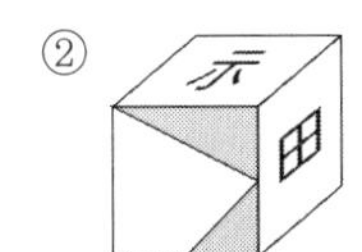 ③ 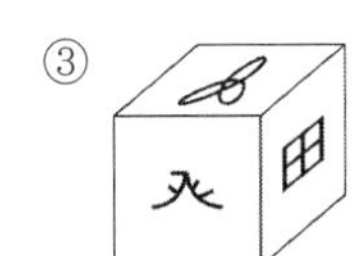

6 ④

① 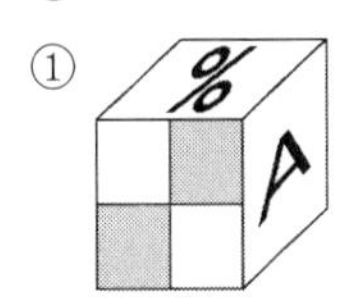 ② 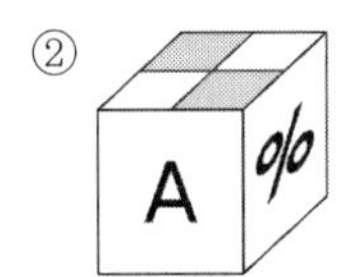 ③ 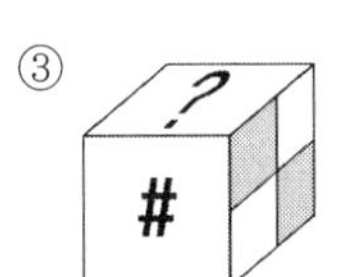

7 ③

① 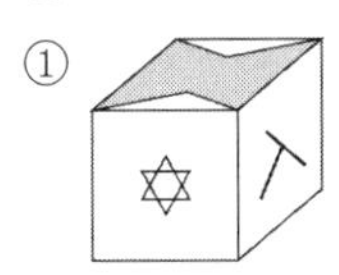 ② 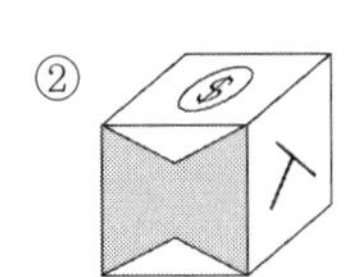 ④ 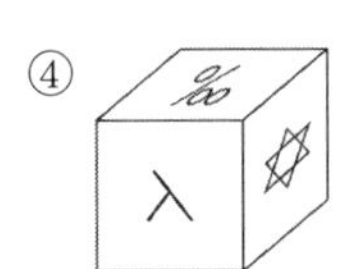

8 ④

① 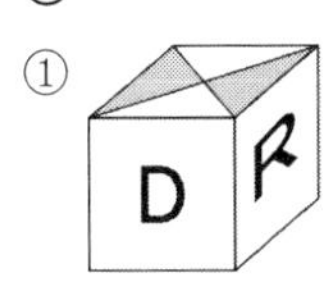

② 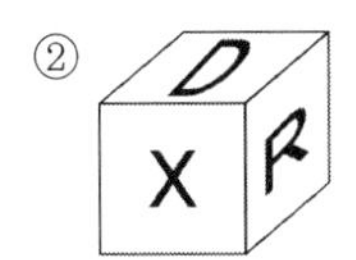

③ 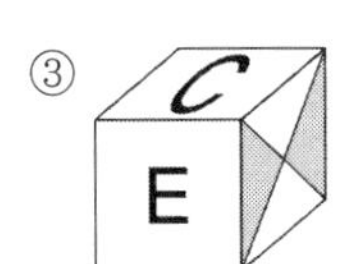

9 ④

① 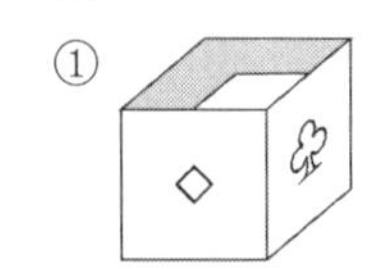
② 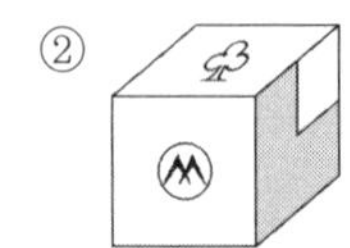
③ 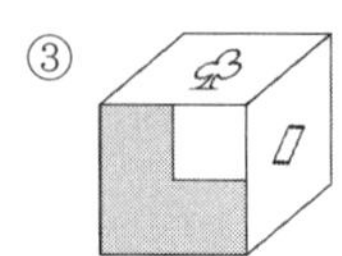

10 ④

1단 : 14개, 2단 : 9개, 3단 : 2개, 4단 : 1개
총 26개

11 ③

1단 : 19개, 2단 : 9개, 3단 : 2개, 4단 : 1개
총 31개

12 ③

1단 : 18개, 2단 : 9개, 3단 : 5개, 4단 : 1개
총 33개

13 ③

1단 : 16개, 2단 : 8개, 3단 : 3개, 4단 : 2개, 5단 1개
총 30개

14 ①

1단 : 8개, 2단 : 3개, 3단 : 2개
총 13개

15 ④

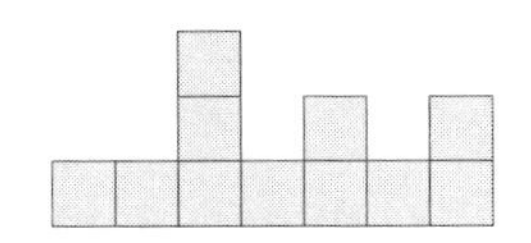

2	1					
2		1	1	3	1	
		2		1	1	1
				2		

뒤쪽에서 본 모습　　정면 위에서 본 모습

16 ③

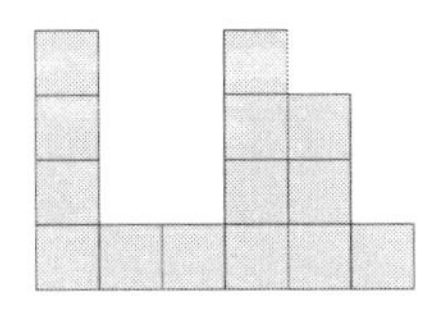

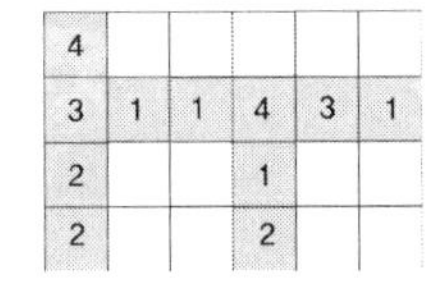

4					
3	1	1	4	3	1
2			1		
2			2		

앞쪽에서 본 모습　　정면 위에서 본 모습

17 ②

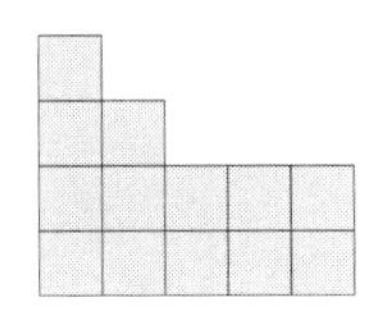

2	1	4	3
		1	3
	1	2	2
	1	1	2
1	2	1	

왼쪽에서 본 모습　　정면 위에서 본 모습

18 ②

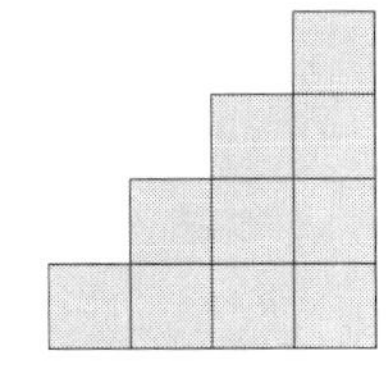

4	2	1		
3	2	1		
2	1		1	
1				

오른쪽에서 본 모습　　정면 위에서 본 모습

지각속도

1	2	3	4	5	6	7	8	9	10	11	12	13	14	15	16	17	18	19	20
①	①	②	④	①	③	①	③	④	②	①	④	④	①	①	②	②	①	④	②

21	22	23	24	25	26	27	28	29	30
④	④	③	④	②	②	④	③	③	③

1 ①

e = 선, b = 발, a = 일, h = 정

2 ①

d = 입, f = 영, a = 일, h = 정

3 ②

c = 임, g = 관, a = 일, h = 정

4 ④

AWGZXT**S**D**S**V**S**RD**S**QDTWQ

5 ①

◇☆◎**▽**◇◎○**▽**◇◎☆◎**▽**◇◎☆**▽**□◎**▽**◇△◎**▽**☆**▽**◎**▽**◇☆

6 ③

10010587**6**254**6**02**6**873217

7 ①

秋花春風南美北西冬木日**火**水金

8 ③

㊀㊁㊃㊁㊄㊀㊀㊅㊁㊀**㊂**㊆㊇㊁㊈㊁**ロ**㊁㊉㊀**㊂**

9 ④

🎳✉⚾⚐🧤⚾**🏏**✉⚾✉⚾✉🧤⚐🧤🎳⚐🧤🎳⚾✉⚐⚾**🏏🏏🏏**

10 ②

투철한 군인정신과 강인한 체력 및 **투**지력을 배양

11 ①

👌👍👎✋👈👌✋👉👎✋👈✋☝✋👎👌**✌**👌👈✋👇

12 ④

BSU BBS BBS BSB **BUS** BBC BBS BSB BSB BBS
BBS BBC **BUS** **BUS** BBC BSU SUB BUB BBU BSB
BUS BSS BUB BBU BBB **BUS** BUB BBB BSB BSB

13 ④

태 정 **태** 세 문 단 세 예 성 연 중 인 명 선
광 인 효 현 숙 경 영 정 순 헌 철 고 순 **태**
태 정 **태** 세 문 단 세 효 현 숙 경 영 정 순

14 ①

ⓐ = ㉦, ⓑ = ㉢, ⓒ = ㉠, ⓓ = ㉣

15 ①

ⓔ = ㉤, ⓕ = ㉥, ⓖ = ㉡, ⓗ = ㉧

16 ②

(가) = 𝄢, (나) = ♭, (다) = ♬, <u>**(라) = 𝄞**</u>, <u>**(마) = ♯**</u>

17 ②

(바) = 𝅘𝅥𝅮, (사) = 𝄐, <u>**(아) = ♩**</u>, <u>**(자) = 𝅘𝅥𝅯𝅘𝅥𝅯𝅘𝅥𝅯**</u>, (차) = ♮

18 ①

(차) = ♮, (아) = ♩, (가) = 𝄢, (다) = ♬, (마) = ♯

19 ④

◆ − 소희, ● − ~이/가, ○ − 민호, △ − ~을/를, ▲ − 좋아한다, ◈ − 그런데, ◇ − 재석, △ − ~을/를, ▽ − 싫어한다

20 ②

◇ − 재석, ● − ~이/가, ○ − 민호, △ − ~을/를, ▽ − 싫어한다, ▣ − 그리고, ◆ − 소희, △ − ~을/를, ▽ − 싫어한다

21 ④

마 = E, 차 = J, 가 = A

22 ④

C = 다, E = 마, I = 자, F = 바

23 ③

사 = G. 라 = D, 가 = A, 마 = E, 나 = B, 바 = F, 다 = C

24 ④

[illegible]

25 ②

[illegible]

26 ②

Give the letter to your mother when you've read it

27 ④

[illegible]

28 ③

[illegible]

29 ③

052510250218110710101206050504011030

30 ③

가까운 곳에 있는 것은 눈에 익어서 좋게 보이지 않고 멀리 있는 것은 훌륭해 보인다.

언어논리력

1	2	3	4	5	6	7	8	9	10	11	12	13	14	15	16	17	18	19	20
①	③	④	⑤	④	②	③	④	④	③	②	④	②	⑤	④	①	③	③	②	③

21	22	23	24	25
②	⑤	②	①	②

1 ①

㉠ 어떤 일이나 현상에 대하여 깊이 살핌. → 주시
㉡ 언행을 삼가고 조심히 함. → 근신
㉢ 주의 · 주장을 세상에 널리 알림. → 선전
경시 … 대수롭지 않게 보거나 업신여김.
신중 … 매우 조심스러움.
전달 … 지시나 명령 또는 물품 등을 다른 사람이나 기관에 전하여 이르게 함.
은둔 … 세상일을 피하여 숨음.

2 ③

'이제 더 이상 대중문화를 무시하고 엘리트 문화지향성을 가진 교육을 하기는 힘든 시기에 접어들었다.'가 이 글의 핵심문장이라고 볼 수 있다. 따라서 대중문화의 중요성에 대해 말하고 있는 ③이 정답이다.

3 ④

㉠ (받침 없는 체언이나 부사어 또는 어미 뒤에 붙어)강조의 뜻을 나타내는 보조사
㉡ 끝음절의 모음이 'ㅏ, ㅓ'인 용언의 어간 뒤에 붙어) '-아야', '-어야'의 '아', '어'가 탈락된 꼴의 어미

4 ⑤

노력하여 성공을 이룬 사람과 가난하더라도 꿈이 있는 사람의 차이는 바로 목표 성취의 여부이다. 목표를 성취한 사람은 노력해온 결과를 얻었으나 추구해야 할 목표가 사라져서 허탈감에 빠지게 되는 것이다. 그러므로 결과보다는 과정을 중시해야 한다는 반응이 적절하다.

5 ④

④ '자연적인 조건들과 문화적인 여건들에 의해서 형성된 공간 개념이 어떤 것인가를 알아보고자 하였다'를 통해 상관이 있음을 알 수 있다.

6 ②

① 남에게 진 빚을 갚음
② 용납하여 인정함
③ 일정한 값에서 얼마를 뺌
④ 주의나 흥미를 일으켜 꾀어냄
⑤ 질병이나 재해 따위가 일어나기 전에 미리 대처하여 막는 일

7 ③

㉠ 화제제시 → ㉡㉢㉣ 예시 → ㉤ 결론의 순서로 배열하는 것이 적절하다. 지식인에 대한 정의를 먼저 내리고 그와 관련한 일화를 들어 예시를 제시하면서 자신의 주장을 뒷받침하고 있다.

8 ④

④ 연금술이 중세기 때 번성했다는 사실은 나와 있지만 연금술이 언제 생겨났는지는 언급되어 있지 않다.

9 ④

제시된 글의 주제는 변영태가 청백리라는 사실이다. ㉠은 청백리와 직접적인 관계가 없는 내용이며, ㉣은 책임감, 상사에 대한 충성심에 어울리는 내용이므로 ㉠㉣을 생략하여야 글의 통일성을 이룰 수 있다. 따라서 반드시 있어야 하는 것은 ㉡㉢이다.

10 ③

③ 책과 가까이 지냄의 의미가 도서관 옆에 산다는 것인지 책을 많이 읽는다는 것인지 애매하게 사용하였다.

11 ②

일상생활에 존재하는 모든 것들이 각국에서 발명되거나 전파되어 온 것이라는 내용이 글 전반에 걸쳐 쓰여 있다.

12 ④

19세기말은 화가의 화풍의 변화가 일어나고, 경제학자들의 가치관에 변화가 일어났으며 법학자들의 법에 대한 접근법에도 변화가 일어났다. 따라서 괄호 안에는 '패러다임의 총체적 전환'이 들어가는 것이 가장 알맞다.

13 ②

① 준비가 있으면 근심이 없다라는 뜻으로, 미리 준비가 되어 있으면 뒷걱정이 없다는 뜻
③ 구름을 바라보며 그리워한다는 뜻으로, 멀리 떠나온 자식이 어버이를 사모하여 그리는 정
④ 사회적으로 인정받고 출세하여 이름을 세상에 드날림
⑤ 가난을 이겨내며 반딧불과 눈빛으로 글을 읽어가며 고생 속에서 공부하여 이룬 공을 일컫는 말

14 ⑤

우리의 전통윤리가 정(情)에 바탕으로 하고 있기 때문에 자기중심적인 면이 강하고 공과 사의 구별이 어렵다는 것을 이야기 하고 있다.

15 ④

외교관은 지문에서 언급한 '대부분의' 한국인에 속한다고 보기 어렵다.

16 ①

① 한데 섞어 쓰거나 어울러 씀. 잘못 혼동하여 씀
② 기관이나 조직체 따위를 만들어 일으킴
③ 일정한 한도를 정하거나 그 한도를 넘지 못하게 막음. 또는 그렇게 정한 한계
④ 어떤 일을 주의하여 봄. 또는 어떤 문제를 해결하기 위한 실마리를 잡음
⑤ 일정한 작용을 가함으로써 상대편이 지나치게 세력을 펴거나 자유롭게 행동하지 못하게 억누름

17 ③

영민이가 좋은 애인이라는 사실이 따로 입증되지 않고 순환되고 있는 것으로 '순환 논증의 오류'를 범하고 있음을 알 수 있다. 순환 논증의 오류는 전제를 바탕으로 결론을 논증하고 다시 결론을 바탕으로 전제를 논증하는 데에서 오는 오류를 말한다.

18 ③

㉠ **기운세면 소가 왕 노릇할까** : 아무리 힘이 세다 해도 지략 없이 높은 위치에 설 수 없음을 일컫는 말이다.
㉡ **사자 어금니 같다** : 사자에게 어금니가 가장 중요하듯 반드시 있어야만 하는 것을 일컫는 말이다.
㉢ **범 없는 골에는 토끼가 스승이라** : 잘난 사람이 없는 곳에서 못난 사람이 잘난 체 함을 이르는 말이다.
㉣ **산에 들어가 호랑이를 피하랴** : 이미 앞에 닥친 위험은 도저히 피할 수 없음을 일컫는 말이다.
㉤ **도둑놈 개 꾸짖듯 한다** : 남에게 들리지 않게 입속으로 중얼거림을 뜻한다.

19 ②

조건에 따라 4명을 원탁에 앉히면 시계방향으로 경수, 인영, 민수, 영희의 순으로 되므로 경수의 오른쪽과 왼쪽에 앉은 사람은 영희 – 인영이 된다.

20 ③

첫 문단의 '일정한 목적의식이나 문제의식을 안고 달려드는 독서일수록 사실은 능률적인 것이다.', '마찬가지로 일정한 주제 의식이나 문제의식을 가지고 독서를 할 때 보다 창조적이고 주체적인 독서 행위가 성립될 것이다.' 등의 문장을 통해 주제를 유추할 수 있다.

21 ②

② 주어진 글은 논리적으로 주제를 설명하고 있다.

22 ⑤

㉠㉡㉢㉣은 특정한 목적으로 제한된 공간을 의미한다.

23 ②

② 제한되어 있는 공간과 제한되어 있지 않는 '바깥 공간' 두 곳 모두 혜택을 볼 수 있고 연결해 줄 수 있는 통합 공간이 적절하다.

24 ①

이 글에서 주로 언급되는 것은 '언어', '사고'이다. 그러므로 이 글은 언어와 사고의 관계가 어떠하다는 것을 밝혀주는 글이다.

25 ②

글의 앞부분에서는 언어가 없으면 세계에 대한 인식도 불가능하고 사고도 불가능하다는 언어의 상대성 이론과 그 예를 설명하고 있다. 그러나 뒷부분에서는 언어의 상대성 이론을 어느 정도는 인정하지만 몇 가지 예를 들면서 언어가 철저하게 인간의 인식과 사고를 지배한다는 생각이 옳지 않을 수 있음을 밝히고 있다. 즉, '언어의 상대성 이론'의 한계를 지적하고 있는 것이다.

자료해석력

1	2	3	4	5	6	7	8	9	10	11	12	13	14	15	16	17	18	19	20
②	④	③	①	③	③	①	②	③	④	②	③	②	④	③	①	④	③	③	④

1 ②

가장 적은 비용인 C, D, E부터 연결하면 C, D, E가 각각 연결되면 C와 E가 연결된 것으로 간주되므로 이때 비용은 8억이 든다. 그리고 B에서 C를 연결하면 5억, A에서 D를 연결할 때 7억의 비용이 들기 때문에 총 20억의 비용이 든다.

2 ④

㉠ SNS 계정을 소유한 학생의 비율은 남학생 49.1%, 여학생 71.1%로 50%가 넘는 학생은 여학생만 해당된다.

㉡ SNS 계정을 소유한 비율은 초등학생 44.3%, 중학생 64.9%, 고등학생 70.7%이므로 상급 학교 학생일수록 높다.

㉢ SNS 계정을 소유한 비율 중 가장 높은 학급은 70.7%에 해당하는 고등학생이다.

㉣ 초등학생은 SNS 계정을 소유하지 않은 학생이 55.7%이고, 중·고등학생은 각각 64.9%, 70.7%가 SNS 계정을 소유하고 있다.

3 ③

과자의 맛에 상관없이 섭식억제자는 불안하지 않을 때 정상인보다 적게 섭취하므로 ㉠은 5보다 높아야 하고, ㉡은 4보다 낮아야 한다.

4 ①

㉠ A : 2,783,806−997,114−204−677,654−555,344−1=553,499㎡

㉡ B : (553,499 / 2,783,806)×100≒20%

㉢ C : (553,499−820,680) /820,680×100≒−33%

5 ③

① 614,651㎡ 감소하였다.

② 22,312㎡로 변동의 폭이 가장 작다.

③ 2018년의 경우 나지의 면적이 가장 넓었다.

④ 2019년~2020년은 97,925㎡ 감소하였다.

6 ③

A : $0.1\times0.2 = 0.02 = 2(\%)$

B : $0.3\times0.3 = 0.09 = 9(\%)$

C : $0.4\times0.5 = 0.2 = 20(\%)$

D : $0.2\times0.4 = 0.08 = 8(\%)$

$\therefore$ A+B+C+D = 39(%)

7 ①

2022년 A지점의 회원 수는 대학생 10명, 회사원 20명, 자영업자 40명, 주부 30명이다. 따라서 2017년의 회원 수는 대학생 10명, 회사원 40명, 자영업자 20명, 주부 60명이 된다. 이 중 대학생의 비율은 $\frac{10명}{130명}\times100(\%) \fallingdotseq 7.69\%$가 된다.

8 ②

B지점의 대학생이 차지하는 비율 : $0.3\times0.2 = 0.06 = 6(\%)$

C지점의 대학생이 차지하는 비율 : $0.4\times0.1 = 0.04 = 4(\%)$

B지점 대학생수가 300명이므로 $6 : 4 = 300 : x$

$\therefore x = 200$(명)

9 ③

300÷55 = 5.45≒5.5(억 원)이고 3km이므로 5.5×3 = 약 16.5(억 원)

10 ④

표에 의하면 노인 부양 문제를 개인적 문제가 아닌 정부 및 사회 차원의 문제로 인식하는 응답자가 점차 많아지고 있다.

11 ②

나이별로는 50대, 학력별로는 초등학교 · 중학교 졸업한 사람들, 성별로는 여자가 믿는 확률이 높다.

12 ③

전국의 주택보급률의 경우 감소–감소–증가의 증감현상을 띠고 있으나 도시의 주택보급률은 감소–증가–증가의 증감현상을 가지고 있다.

13 ②

㉡ 한국의 전자 상거래의 시장규모는 지속적으로 증가하고 있다.
㉣ 2022년 세계 전자 상거래 시장 규모의 절반은 33,949로 절반에 해당되지 않는다.

14 ④

2022년 A의 판매비율은 36.0%이므로 판매개수는 1,500 × 0.36 = 540(개)

15 ③

③ 2019년 E의 판매비율 6.5%p, 2019년 E의 판매비율 7.5%p이므로 1%p 증가하였다.

16 ①

이틀 연속으로 청구된 보상 건수의 합이 2건 미만인 경우는, 첫째 날과 둘째 날 모두 보상 건수가 0건인 경우, 첫째 날 보상 건수가 0건이고 둘째 날 1건인 경우, 첫째 날 보상 건수가 1건이고 둘째 날 0건인 경우가 존재한다.

$\therefore 0.4 \times 0.4 + 0.4 \times 0.3 + 0.3 \times 0.4 = 0.16 + 0.12 + 0.12 = 0.4$

17 ④

영수가 걷는 속도를 x, 성수가 걷는 속도는 y라 하면

㉠ 같은 방향으로 돌 경우 : 영수가 걷는 거리−성수가 걷는 거리=공원 둘레 → $x-y=6$

㉡ 반대 방향으로 돌 경우 : 영수가 간 거리+성수가 간 거리=공원 둘레 → $\frac{1}{2}x+\frac{1}{2}y=6$

→ $x+y=12$

$x=9,\ y=3$

18 ③

십의 자리의 숫자를 x, 일의 자리의 숫자를 y라 하면

$$\begin{cases} 10x+y=4(x+y) \\ 10y+x=10x+y+27 \end{cases}$$

$\therefore x=3,\ y=6$이므로 처음의 자연수는 36이다.

19 ③

소금의 양을 기준으로 하면 소금의 양=농도×소금물의 양이므로

$\frac{20}{100} \times (100-x) + x + \frac{11}{100} \times y = \frac{26}{100} \times 300$, $80x + 11y = 5{,}800$

100g의 소금물에 xg의 소금물을 빼고 소금을 xg 첨가하고 100g에 yg을 섞어서 300g을 만들었으므로 $y = 200$이다. y를 위 공식에 대입하면 $x = 45$이다.

$x + y = 45 + 200 = 245$

20 ④

(호수의 둘레)÷(나무 간격)=412÷4=103그루

3회 정답 및 해설

공간지각능력

1	2	3	4	5	6	7	8	9	10	11	12	13	14	15	16	17	18
①	②	①	③	③	③	②	④	④	①	③	①	③	④	①	②	④	③

1 ①

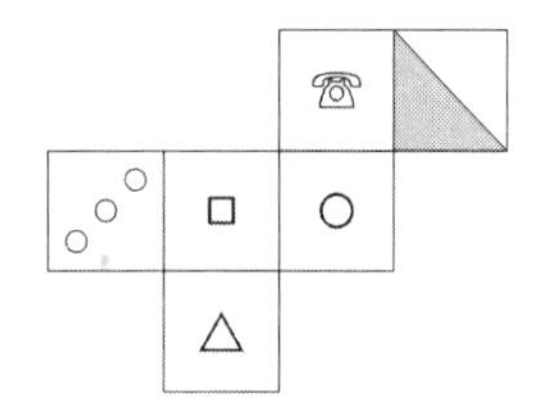

2 ②

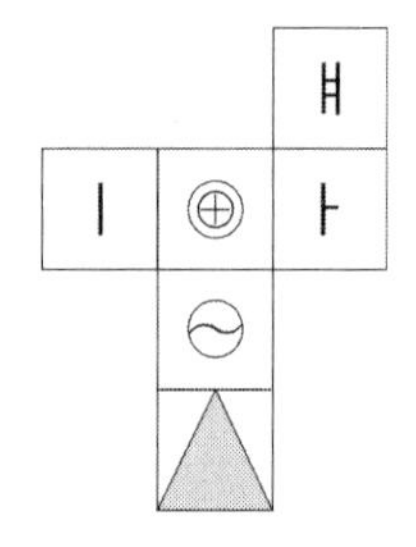

3 ①

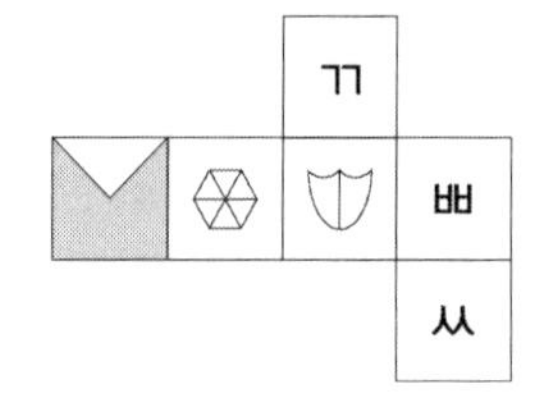

4 ③

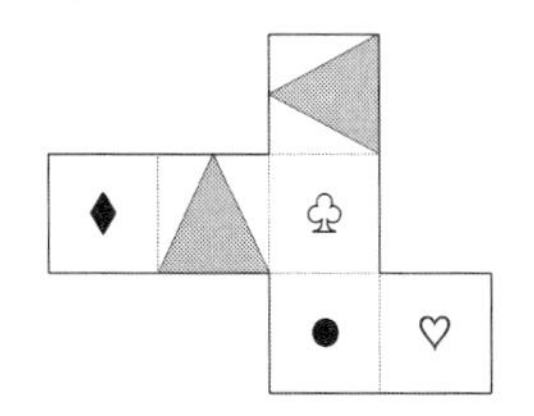

5 ③

① 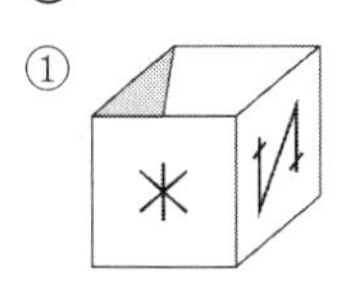 ② 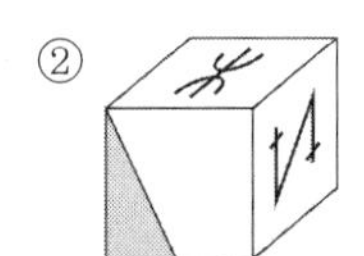 ④ 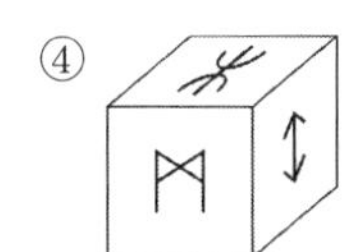

6 ③

① 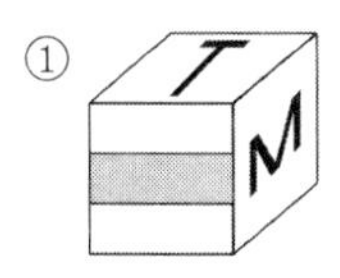 ② 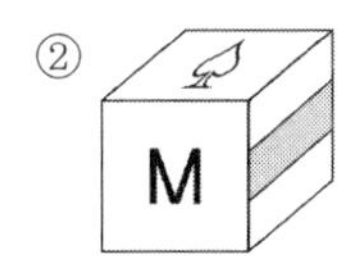 ④ 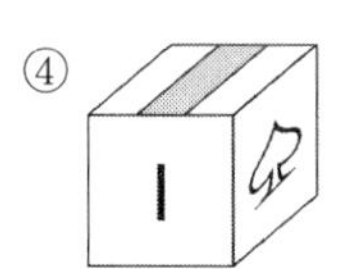

7 ②

① 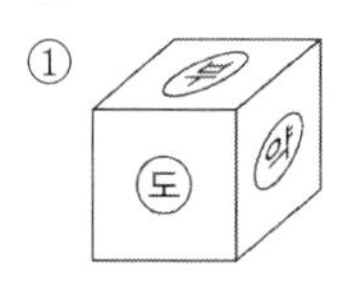

③ 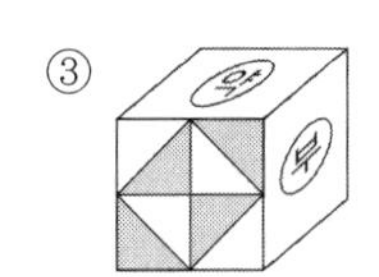

④ 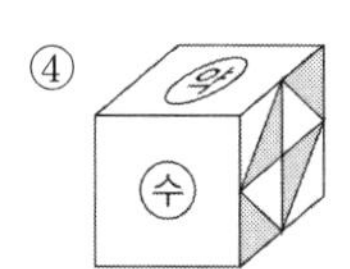

8 ④

① 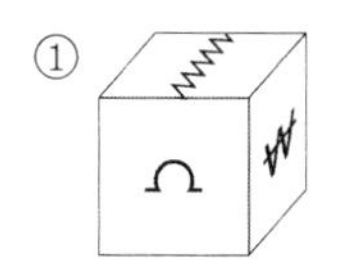 ② 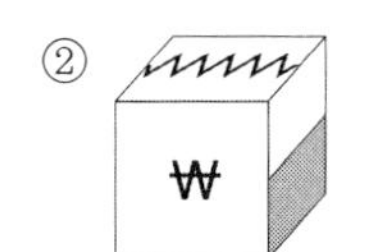 ③ 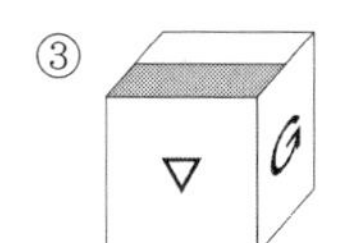

9 ④

① 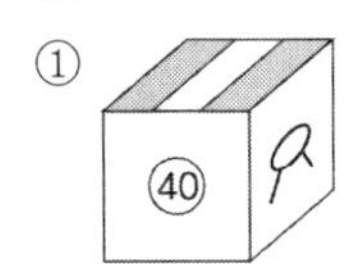

② 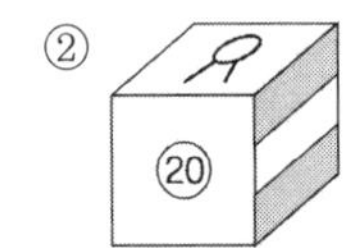

③ 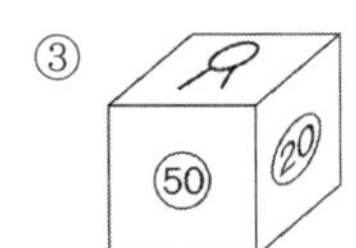

10 ①

1단 : 12개, 2단 : 7개, 3단 : 5개, 4단 : 3개

총 27개

11 ③

1단 : 14개, 2단 : 9개, 3단 : 2개, 4단 : 1개

총 26개

12 ①

1단 : 16개, 2단 : 8개, 3단 : 4개, 4단 : 3개, 5단 : 2개

총 33개

13 ③

1단 : 8개, 2단 : 3개, 3단 : 2개, 4단 : 1개

총 14개

14 ④

1단 : 14개, 2단 : 6개, 3단 : 3개, 4단 : 1개

총 24개

15 ①

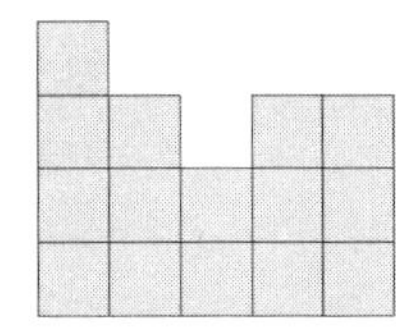

뒤쪽에서 본 모습

1	3	2	2	4
		1	3	
		1	1	
3	1	1	1	

정면 위에서 본 모습

16 ②

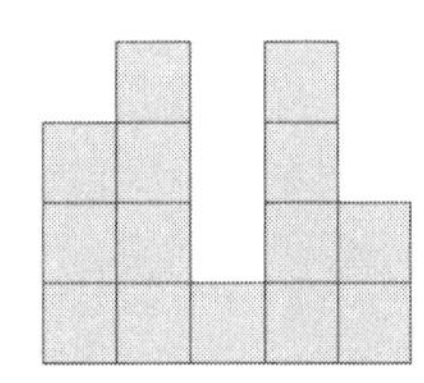

앞쪽에서 본 모습

	4	1	4	2
1	2	1	1	
1	1	1	1	
1	1		3	1
3				

정면 위에서 본 모습

17 ④

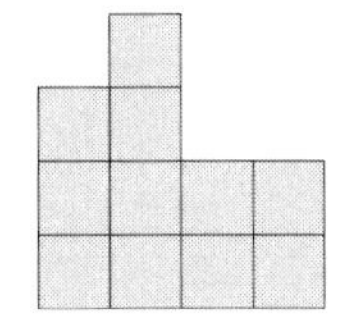

오른쪽에서 본 모습

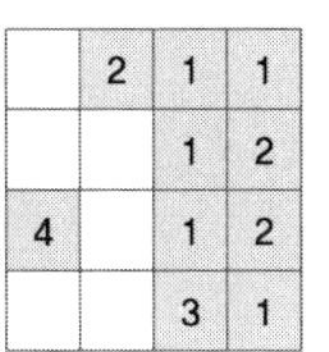

	2	1	1
		1	2
4		1	2
		3	1

정면 위에서 본 모습

18 ③

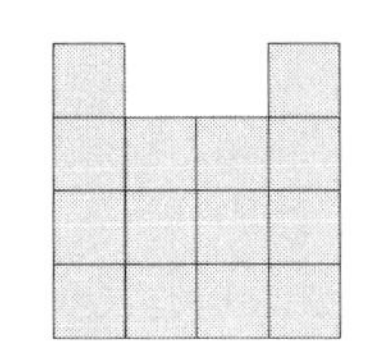

왼쪽에서 본 모습

4	1	1	3
3	1	1	3
2	1	1	3
1	1	1	4

정면 위에서 본 모습

지각속도

1	2	3	4	5	6	7	8	9	10	11	12	13	14	15	16	17	18	19	20
②	①	①	③	②	③	②	④	②	①	①	②	①	②	①	①	①	③	②	③

21	22	23	24	25	26	27	28	29	30
②	③	④	③	①	①	①	①	②	①

1 ②

ⓐ = 지, ⓘ = 적, ⓔ = 능, ⓖ = 력, **ⓑ = 평**, **ⓛ = 가**

2 ①

ⓒ = 직, ⓙ = 무, ⓗ = 성, ⓓ = 격, ⓑ = 평, ⓛ = 가

3 ①

ⓘ = 적, ⓗ = 성, ⓕ = 판, ⓚ = 단, ⓔ = 능, ⓖ = 력

4 ③

78**5**64321**5**487**5**49421344**5**6789101**5**643432145**7****5**33121

5 ②

▽☆★○●◎◇◆□■△▲▽▼◁◀▷▶♤♠♡♥♧♣⊙◈▣◐◑■▤

6 ③

32154**8**9513548**9**231548**7**231545798**9**9132134549**8**7

7 ②

Joe's statement admits of one interpretation only, that he was certainly aware of what he was doing.

8 ④

dbrrnsgornsrhdrnsqntkrhks

9 ②

$x^3 \underline{x^2} z^7 x^3 z^6 z^5 x^4 \underline{x^2} x^9 z^2 z^1$

10 ①

If there is one custom that might be assumed to be beyond criticism.

11 ①

7 = 규, 3 = 겨, 4 = 고

12 ②

3 = 겨, 6 = 그, 9 = 교

13 ①

1 = 갸, 2 = 거. 5 = 기, 7 = 규

14 ②

0 = 가, 2 = 거, 4 = 고, 6 = 그, 8 = 구

15 ①

마음	마을	마이너스	마이신	마약	마우스	마술
마부	마력	**마루**	마늘	말다	마당	마그마
마디	마감	마개	마가린	마스크	마임	마중
마취	망상	막차	마하	막걸리	막간	막내딸
마패	마카로니	마침내	마찰	마초	마천루	마지기
마직	마파람	무마	마피아	마련	마무리	마니아
마비	마치	망사	만취	마름	마다	만사

16 ①

마음	마을	마이너스	마이신	마약	마우스	마술
마부	마력	마루	마늘	말다	마당	마그마
마디	마감	마개	마가린	마스크	**마임**	마중
마취	망상	막차	마하	막걸리	막간	막내딸
마패	마카로니	마침내	마찰	마초	마천루	마지기
마직	마파람	무마	마피아	마련	마무리	마니아
마비	마치	망사	만취	마름	마다	만사

17 ①

마음	마을	마이너스	마이신	마약	마우스	**마술**
마부	마력	마루	마늘	말다	마당	마그마
마디	마감	마개	마가린	마스크	마임	마중
마취	망상	막차	마하	막걸리	막간	막내딸
마패	마카로니	마침내	마찰	마초	마천루	마지기
마직	마파람	무마	마피아	마련	마무리	마니아
마비	마치	망사	만취	마름	마다	만사

18 ③

보라 보라 보도 보물 보람 보라 보물 **모래** 보다 모다
소리 소라 소란 보리 보도 모다 **모래** 보도 **모래** 보람
모래 보리 보도 보도 보리 **모래** 보물 보다 모다 보리

19 ②

經題　京制　京第　耕作　京畿　競技　經題　經題
京畿　京制　經題　京制　經題　京畿　**<u>經濟</u>**　經題
京畿　京畿　**<u>經濟</u>**　耕作　**<u>經濟</u>**　耕作　耕作　京制

20 ③

계란 계륵 개미 거미 갯벌 **<u>계곡</u>** 계륵 갯벌 게임 계란
<u>계곡</u> 개미 거미 거미 계륵 갯벌 개미 개미 게임 거미
<u>계곡</u> 개미 계란 계륵 거미 게임 거미 **<u>계곡</u>** 개미 거미

21 ②

G H I J **<u>F</u>** K L K K I G E D C B C C A D G H

22 ③

2578**<u>9</u>**54123658**<u>9</u>**7784515 6**<u>9</u>**83215**<u>9</u>**54578**<u>9</u>**8751354

23 ④

<u>머</u>루나비**<u>먹</u>**이**<u>무</u>**리**<u>만</u>**두**<u>먼</u>**지**<u>미</u>**리**<u>메</u>**리나루**<u>무림</u>**

24 ③

I cut it w**<u>h</u>**ile **<u>h</u>**andling t**<u>h</u>**e tools.

25 ①

갽겮걺게겚겗겔겕것겍겡겞겥겍**<u>걽</u>**갞

26 ①

A = 예, P = 높, W = 특, G = 표, J = 활

27 ①

D = 약, S = 도, D = 약, O = 글, Q = 유

28 ①

F = 해, G = 표, J = 활, A = 예 , S = 도

29 ②

○ = ㅏ, ▣ = ㅑ, ▢ = ㅓ, ◎ = ㅕ, ⊽ = ⊟

30 ①

⊗ = ㅗ, ◬ = ㅛ, ▢ = ㅜ, ◈ = ㅠ, ◇ = ㅣ

언어논리력

1	2	3	4	5	6	7	8	9	10	11	12	13	14	15	16	17	18	19	20
④	⑤	③	③	④	⑤	③	①	④	④	④	②	③	④	④	③	③	③	⑤	④

21	22	23	24	25
④	②	③	①	④

1 ④

손을 씻다 … 관용구로서 부정적인 일이나 탐탁치 못한 일에 대하여 관계를 청산한다는 의미가 있다.

2 ⑤

- 그는 내키지 않는 일은 (결코 / 절대로) 하지 않는다. – 문장의 의미가 부정 표현이므로 '반드시'보다는 '결코' 혹은 '절대로'가 알맞다.
- 나는 그가 나를 좋아하는 줄로 (지레) 짐작하고 기분이 좋아졌다. – '이내'는 '바로 그때' 혹은 '곧'의 의미이므로 문장에 어울리지 않는다.
- 어디선가 (문득 / 갑자기) 소리가 들렸다. – '무심코'는 '아무런 뜻이나 생각 없이' 또는 '그저'의 의미이므로 '문득'이나 '갑자기'가 문장에 어울린다.

3 ③

① **틀리다** : 셈이나 사실 따위가 그르게 되거나 어긋나다.
다르다 : 비교가 되는 두 대상이 서로 같지 아니하다.

② **달이다** : 약제 따위에 물을 부어 우러나도록 끓이다, 액체 따위를 끓여 진하게 만들다.
다리다 : 옷이나 천 따위의 주름이나 구김을 펴고 줄을 세우기 위하여 다리미나 인두로 문지르다.

④ **조리다** : 고기나 생선, 야채 등을 양념하여 국물이 거의 없게 바짝 끓이다.
졸이다 : 속을 태우다시피 초조해하다.

⑤ **바래다** : 볕이나 습기를 받아 색이 변하다.
바라다 : 생각이나 바람대로 어떤 일이나 상태가 이루어지거나 그렇게 되었으면 하고 생각하다.

4 ③

19세기 실험심리학의 탄생부터 독일에서의 실험심리학의 발전 양상을 설명하고 있는 글이다.

5 ④

① 어떤 것에 몸이나 마음을 의지하여 맡김
② 설치하였거나 장비한 것 따위를 풀어 없앰
③ 유대나 연관 관계를 끊음
④ 연구하여 새로운 안을 생각해 냄. 또는 그 안
⑤ 유대나 연관 관계를 끊음

---

6 ⑤

㉢ 신문은 진실을 보도해야 한다→㉠ 정확한 보도를 위한 준칙→㉣ 준칙을 지켜야 하는 이유(이해관계에 따라 달라질 수 있는 보도내용)→㉤ 진실 보도가 수난을 겪는 이유→㉡ 양심적인 언론인이 힘들어지는 이유

---

7 ③

다음 글에서는 토의에 대해 정의하고 토의의 종류에는 무엇이 있는지 예시를 들어 설명하고 있으므로 토론에 대해 정의하고 있는 ㉢은 삭제해도 된다.

---

8 ①

단 사이의 관계에서 도덕적이며 윤리적인 조정이 불가능한 것은 아니다. (역접 : 그러나) 실제 집단사이에서는 윤리적인 조정이 불가능 하다. (순접 : 따라서) 집단 사이의 관계는 윤리적이기 보다 정치적이다. (부연 : 즉) 집단사이의 관계는 각 집단이 지닌 힘의 비율에 의해서 수립된다.

---

9 ④

끈끈이주걱의 번식 방법에 대해서는 지문에 언급되어 있지 않다.

---

10 ④

제시된 경고문은 독자에게 불쾌감을 준다는 문제점을 지니고 있다. 독자의 지적 수준과는 전혀 관계가 없다.

11 ④

문맥상 (나)(가)(라)(다) 순이 자연스럽다. (나) 인습과 전통을 구분해야할 필요성, (가) 현재의 문화 창조에 이바지할 수 있는 지의 여부를 기준으로 과거를 비판하여 인습과 전통을 구분해야 함, (라) 훌륭한 전통은 창조되는 것, (다) 훌륭한 문화 전통은 과거의 인습타파와 창조적 노력의 산물임을 설명하고 그 예로 훈민정음 창제를 듦.

12 ②

존 스노는 소호 지역에 대한 상세한 지도를 그린 후 사망자들이 발생한 지점에 점을 찍는 방식으로 문제의 원인을 발견했다. 지도와 그림을 활용하는 것은 대표적인 공간적 사고에 해당한다.

13 ③

㉢이 '이와 같이 회복적 사법~'으로 시작하고 있는데 회복적 사법에 대한 내용이 앞에 없으므로 ㉡의 뒤에 제시된 문장이 들어가야 한다.

14 ④

제시된 글은 '성급한 일반화의 오류'를 범하고 있다. '성급한 일반화의 오류'는 제한된 정보, 불충분한 자료, 대표성을 결여한 사례 등 특수한 경우를 근거로 하여 이를 성급하게 일반화하는 오류이다.

① 애매어 사용의 오류
② 원천 봉쇄의 오류
③ 의도 확대의 오류
⑤ 무지에의 호소

15 ④

네 번째 줄에 '그 원동력은 매몰된 광부들 스스로가 지녔던, 살 수 있다는 믿음과 희망이었다.'를 통해 글의 주제를 알 수 있다.

16 ③

주시경 선생이 우리말과 글을 가꾸기 위한 구체적인 방법을 제시했다는 것을 추리할 수 있는 말은 윗글에서 찾을 수 없다.

17 ③

이 글은 구체적인 사례를 들어가면서, 우리말을 풍부하게 가꾸는 방법으로, 언중의 호응을 받을 수 있는 고유어를 대중의 기호에 맞게 살려 쓰는 방안을 제안하고 있다.

18 ③

① 몬드리안은 젊은 시절 다양한 예술 형태와 양식을 시도했다.
② 몬드리안은 자연의 형상을 소거하고 새로운 추상으로 나아갔다.
③ 보기의 내용은 지문의 내용과 일치한다.
④ 수직선과 수평선을 가장 중요한 두 개의 축이라고 보고, 이 두 선들을 서로 적절한 각도에서 교차시키면 '역동적인 평온함'을 표현하고자 하였다.
⑤ 몬드리안은 수직선과 수평선이 일종의 음과 양과 같은 미술에서 가장 중요한 두 개의 축이라고 보고, 이 두 선을 적절한 각도로 교차하여 역동적인 평온함을 표현하고자 하였다.

19 ⑤

① 은밀한 재정의의 오류
② 분할의 오류
③ 인신공격의 오류
④ 흑백논리의 오류
⑤ 애매어의 오류

20 ④

① '마'가 '나'의 자식인지, '라'의 자식인지 알 수 없다.
② '라'의 성별을 알 수 없다.
③ '나'가 여자이므로 '라'가 여자라면 고모가 아닌 이모가 된다.
⑤ '마'가 '나'의 자식인지, '라'의 자식인지 알 수 없다.

21 ④

④ 기업의 장기적인 이익을 위해서는 다원 사회의 구성원으로 다른 집단과 공존해야 한다.

22 ②

제목은 전체 내용을 포괄해야 한다. 제시된 글은 언어가 사물을 자의적으로 범주화하여 사람이 이를 통해 사물을 인지하는 것에 대한 내용이므로 언어와 인지가 적절하다.

23 ③

③ 글쓴이는 외래종의 도입으로 인한 생태계의 사례에 빗대어 우리말의 파괴에 대해 우려하고 있다. 또한 우리말의 파괴가 우리 문화에 대해 영향을 미칠 것을 우려해 우리말의 중요성을 강조하고 있다.

24 ①

윗글에서는 인간의 욕망을 바라보는 관점과 그에 대한 대처 방안에 대해 맹자, 순자, 한비자의 입장을 소개하고 있으며 이들의 입장을 공통점과 차이점에 따라 비교하고 있다.

25 ④

순자는 맹자가 제시한 개인의 수양만으로는 욕망을 절제하는 것이 힘들기 때문에 외적 규범인 '예'가 필요하다고 하였다. 따라서 순자의 입장은 맹자보다 한 걸음 더 나아간 금욕주의라 할 수 있다.

자료해석력

1	2	3	4	5	6	7	8	9	10	11	12	13	14	15	16	17	18	19	20
④	①	②	④	③	②	④	④	②	④	①	③	④	①	①	③	②	②	③	③

1 ④

④ 채무상환 및 기타 예산은 2021년까지 증가하였다가 2022년에는 감소하였다.

2 ①

㉠ ㈏는 백제대가 아님을 알 수 있다.

㉡ 각 지역별 학생 수가 가장 높은 곳을 찾아보면 1지역과 3지역은 ㈏, 2지역은 ㈎인데 ㉠에서 ㈏는 백제대가 아니므로 ㈎가 백제대이고, 중부지역은 2지역임을 알 수 있다.

㉢ ㈏, ㈐ 모두 1지역의 학생 수가 가장 많으므로 1지역은 남부지역이고, 3지역은 북부지역이 된다.

㉣ 백제대의 남부지역 학생 비율이 $\frac{10}{30}=\frac{1}{3}$로, ㈏의 $\frac{12}{37}<\frac{1}{3}$, ㈐의 $\frac{10}{29}>\frac{1}{3}$과 비교해보면 신라대는 ㈐이고, 고구려대는 ㈏임을 알 수 있다.

∴ 1지역 : 남부, 2지역 : 중부, 3지역 : 북부, ㈎대 : 백제대, ㈏대 : 고구려대, ㈐대 : 신라대

3 ②

2022년 신청금액이 2021년 대비 30% 이상 증가한 시술 분야는 네트워크, 차세대컴퓨팅, 시스템반도체 3 분야이다.

4 ④

2020년 확정금액이 상위 3개인 기술 분야는 네트워크, 이동통신, 방송장비로 총 3,511억 원이다.
이는 2020년 전체 확정금액인 5,024억 원의 약 70%이다.

5 ③

㉠ 월 평균 소비지출액의 비중은 증가하고 있다.
㉡ 월 평균 소득의 비중은 꾸준히 증가하는 반면 식료품비는 꾸준히 감소하는 추이로 서로 반대의 성향을 띤다.

6 ②

각각의 금액을 구해보면 다음과 같다.

10월 생활비 300만 원의 항목별 비율

구분	교육비	식료품비	교통비	기타
비율(%)	40	40	10	10
금액(만 원)	120	120	30	30

〈표 1〉 교통비 지출 비율

교통수단	자가용	버스	지하철	기타	계
비율(%)	30	10	50	10	100
금액(만 원)	9	3	15	3	30

〈표 2〉 식료품비 지출 비율

항목	육류	채소	간식	기타	계
비율(%)	60	20	5	15	100
금액(만 원)	72	24	6	18	120

① 식료품비에서 채소 구입에 사용한 금액 : 24만 원
교통비에서 지하철 이용에 사용한 금액 : 15만 원
② 식료품비에서 기타 사용 금액 : 18만 원
교통비의 기타 사용 금액 : 3만 원
③ 10월 동안 교육비 : 120만 원
④ 교통비에서 자가용과 지하철을 이용한 금액을 합한 것 : 9+15=24(만 원)
식료품비에서 채소 구입에 지출한 금액 : 24만 원

7 ④

9월 생활비 350만 원의 항목별 금액은 다음과 같다.

구분	교육비	식료품비	교통비	기타
비율(%)	40	40	10	10
금액(만 원)	140	140	35	35

10월에 식료품비가 120만 원이므로 9월에 비해 20만 원 감소하였다.

8 ④

① 선호도가 높은 2개의 산은 설악산과 지리산으로 38.9+17.9=56.8(%)로 50% 이상이다.

② 설악산을 좋아한다고 답한 사람은 38.9%, 지리산, 북한산, 관악산을 좋아한다고 답한 사람의 합은 30.7%로 설악산을 좋아한다고 답한 사람이 더 많다.

③ 주1회, 월1회, 분기1회, 연 1~2회 등산을 하는 사람의 비율은 82.6%로 80% 이상이다.

④ A시민들 중 가장 많은 사람들이 연 1~2회 정도 등산을 한다.

9 ②

② 1980년과 비교하여 2005년의 인구 변화를 살펴보면 0~14세는 감소하였고, 15~64세는 10,954명 증가하였으며, 65세 이상은 2,927명 증가하였다. 총인구 증가의 주요 원인은 15~64세임을 알 수 있다.

10 ④

㉠ $\frac{168}{240}\times 100=70(\%)$

㉡ $200\times 0.36=72$(명)

11 ①

① A대학은 고학년이 될수록 독서시간이 증가한다 하였으므로 ㉡이 A대학이란걸 알 수 있다. 또한 매학년 대학생 평균 독서시간 보다 높은 대학이 ㉣이므로 B대학이 ㉣이란걸 알 수 있으며 3학년의 독서시간이 가장 낮은 대학은 ㉠이므로 C대학은 ㉠이란걸 알 수 있다. 따라서 ㉠은 C, ㉡은 A, ㉢은 D, ㉣은 B가 된다.

12 ③

③ B대학은 2학년의 독서시간이 1학년보다 줄었다.

13 ④

① 스스로 해결하려는 비율이 부모에게 고민을 상담하는 비율보다 높다.
②③ 상담소에서 고민을 상담하는 비율이 가장 낮다.

14 ①

노령 인구 구성비가 증가하고는 있지만 일정하지는 않다.

15 ①

② 2018년부터 산불은 증가와 감소를 반복하고 있다.
③ 가장 큰 단일 원인은 입산자실화이다.
④ 입산자실화에 의한 산불피해는 2020년에 가장 높았다.

16 ③

A형이 아닐 확률은 $\frac{\text{A형이 아닌 학생 수}}{\text{전체 학생 수}}=\frac{6+3+4}{20}=\frac{13}{20}$이다.

17 ②

참가자의 수를 x라 하면 전체 귤의 수는 $5x+3$, 6개씩 나누어 주면 1명만 4개보다 적게 되므로

$(5x+3)-\{6\times(x-1)\}<4$

$-x<-5$

$x>5$

∴ 참가자는 적어도 6인이 있다.

18 ②

360P의 적립금을 x라 하면

200P : 1000원 = 360P : x원

$x=1800$원

1800원일 때 포인트 S를 y라 하면

40S : 1500원 = y : 1800원

$y=48$

∴ 360P = 48S

19 ③

고무줄의 수를 x, 머리핀의 수를 y라 하면,

$x+y=18$, $x=18-y$ ⋯ ㉠

$120x+160y=2{,}400$ ⋯ ㉡

㉠을 ㉡에 대입하면

$120(18-y)+160y=2{,}400$

$160y-120y+2{,}160=2{,}400$

$40y=240$, $y=6$, $x=12$

∴ 고무줄 12개, 머리핀 6개

20 ③

보트의 속력을 x, 강물의 속력을 y라 하면

내려올 때는 강물의 속력과 보트의 속력이 더해지므로 $\frac{96}{x+y}=2$

올라갈 때는 보트의 속력 방향과 강물의 속력 방향이 반대이므로 $\frac{96}{x-y}=3$

두 식을 연립하면 $y=8$(km/시)이다.

직무성격검사 및 상황판단검사

CHAPTER 01

직무성격검사

※ 직무성격검사는 정답이 없습니다.

Q 다음 상황을 읽고 제시된 질문에 답하시오. 【001~180】

① 전혀 그렇지 않다	② 그렇지 않다	③ 보통이다	④ 그렇다	⑤ 매우 그렇다

001. 신경질적이라고 생각한다. ① ② ③ ④ ⑤

002. 주변 환경을 받아들이고 쉽게 적응하는 편이다. ① ② ③ ④ ⑤

003. 여러 사람들과 있는 것보다 혼자 있는 것이 좋다. ① ② ③ ④ ⑤

004. 주변이 어리석게 생각되는 때가 자주 있다. ① ② ③ ④ ⑤

005. 나는 지루하거나 따분해지면 소리치고 싶어지는 편이다. ① ② ③ ④ ⑤

006. 남을 원망하거나 증오하거나 했던 적이 한 번도 없다. ① ② ③ ④ ⑤

007. 보통사람들보다 쉽게 상처받는 편이다. ① ② ③ ④ ⑤

008. 사물에 대해 곰곰이 생각하는 편이다. ① ② ③ ④ ⑤

009. 감정적이 되기 쉽다. ① ② ③ ④ ⑤

010. 고지식하다는 말을 자주 듣는다. ① ② ③ ④ ⑤

011. 주변사람에게 정떨어지게 행동하기도 한다. ① ② ③ ④ ⑤

012. 수다 떠는 것이 좋다. ① ② ③ ④ ⑤

013. 푸념을 늘어놓은 적이 없다. ① ② ③ ④ ⑤

014. 항상 뭔가 불안한 일이 있다. ① ② ③ ④ ⑤

015. 나는 도움이 안 되는 인간이라고 생각한 적이 가끔 있다. ① ② ③ ④ ⑤

016. 주변으로부터 주목받는 것이 좋다. ① ② ③ ④ ⑤

017. '사람과 사귀는 것은 성가시다'라고 생각한다. ① ② ③ ④ ⑤

018. 나는 충분한 자신감을 가지고 있다. ① ② ③ ④ ⑤

019. 밝고 명랑한 편이어서 화기애애한 모임에 나가는 것이 좋다. ① ② ③ ④ ⑤

020. 남을 상처 입힐 만한 것에 대해 말한 적이 없다. ① ② ③ ④ ⑤

021. 부끄러워서 얼굴 붉히지 않을까 걱정된 적이 없다. ① ② ③ ④ ⑤

022. 낙심해서 아무것도 손에 잡히지 않은 적이 있다. ① ② ③ ④ ⑤

023. 나는 후회하는 일이 많다고 생각한다. ① ② ③ ④ ⑤

024. 남이 무엇을 하려고 하든 자신에게는 관계없다고 생각한다. ① ② ③ ④ ⑤

025. 나는 다른 사람보다 기가 세다. ① ② ③ ④ ⑤

026. 특별한 이유 없이 기분이 자주 들뜬다. ① ② ③ ④ ⑤

027. 화낸 적이 없다. ① ② ③ ④ ⑤

028. 작은 일에도 신경 쓰는 성격이다. ① ② ③ ④ ⑤

029. 배려심이 있다는 말을 주위에서 자주 듣는다. ① ② ③ ④ ⑤

030. 나는 의지가 약하다고 생각한다. ① ② ③ ④ ⑤

031. 어렸을 적에 혼자 노는 일이 많았다. ① ② ③ ④ ⑤

032. 여러 사람 앞에서도 편안하게 의견을 발표할 수 있다. ① ② ③ ④ ⑤

033. 아무 것도 아닌 일에 흥분하기 쉽다. ① ② ③ ④ ⑤

034. 지금까지 거짓말한 적이 없다. ① ② ③ ④ ⑤

035. 소리에 굉장히 민감하다. ① ② ③ ④ ⑤

036. 친절하고 착한 사람이라는 말을 자주 듣는 편이다. ① ② ③ ④ ⑤

037. 남에게 들은 이야기로 인하여 의견이나 결심이 자주 바뀐다. ① ② ③ ④ ⑤

038. 개성 있는 사람이라는 소릴 많이 듣는다. ① ② ③ ④ ⑤

039. 모르는 사람들 사이에서도 나의 의견을 확실히 말할 수 있다. ① ② ③ ④ ⑤

040. 붙임성이 좋다는 말을 자주 듣는다. ① ② ③ ④ ⑤

041. 지금까지 변명을 한 적이 한 번도 없다. ① ② ③ ④ ⑤

042. 남들에 비해 걱정이 많은 편이다. ① ② ③ ④ ⑤

043. 자신이 혼자 남겨졌다는 생각이 자주 드는 편이다. ① ② ③ ④ ⑤

044. 기분이 아주 쉽게 변한다는 말을 자주 듣는다. ① ② ③ ④ ⑤

045. 남의 일에 관련되는 것이 싫다. ① ② ③ ④ ⑤

046. 주위의 반대에도 불구하고 나의 의견을 밀어붙이는 편이다. ① ② ③ ④ ⑤

047. 기분이 산만해지는 일이 많다. ① ② ③ ④ ⑤

048. 남을 의심해 본적이 없다. ① ② ③ ④ ⑤

049. 꼼꼼하고 빈틈이 없다는 말을 자주 듣는다. ① ② ③ ④ ⑤

050. 문제가 발생했을 경우 자신이 나쁘다고 생각한 적이 많다. ① ② ③ ④ ⑤

051. 자신이 원하는 대로 지내고 싶다고 생각한 적이 많다. ① ② ③ ④ ⑤

052. 아는 사람과 마주쳤을 때 반갑지 않은 느낌이 들 때가 많다. ① ② ③ ④ ⑤

053. 어떤 일이라도 끝까지 잘 해낼 자신이 있다. ① ② ③ ④ ⑤

054. 기분이 너무 고취되어 안정되지 않은 경우가 있다. ① ② ③ ④ ⑤

055. 지금까지 감기에 걸린 적이 한 번도 없다. ① ② ③ ④ ⑤

056. 보통 사람보다 공포심이 강한 편이다. ① ② ③ ④ ⑤

057. 인생은 살 가치가 없다고 생각된 적이 있다. ① ② ③ ④ ⑤

058. 이유 없이 물건을 부수거나 망가뜨리고 싶은 적이 있다. ① ② ③ ④ ⑤

059. 나의 고민, 진심 등을 털어놓을 수 있는 사람이 없다. ① ② ③ ④ ⑤

060. 자존심이 강하다는 소릴 자주 듣는다. ① ② ③ ④ ⑤

061. 아무것도 안하고 멍하게 있는 것을 싫어한다. ① ② ③ ④ ⑤

062. 지금까지 감정적으로 행동했던 적은 없다. ① ② ③ ④ ⑤

063. 항상 뭔가에 불안한 일을 안고 있다. ① ② ③ ④ ⑤

064. 세세한 일에 신경을 쓰는 편이다. ① ② ③ ④ ⑤

065. 그때그때의 기분에 따라 행동하는 편이다. ① ② ③ ④ ⑤

066. 혼자가 되고 싶다고 생각한 적이 많다. ① ② ③ ④ ⑤

067. 남에게 재촉당하면 화가 나는 편이다. ① ② ③ ④ ⑤

068. 주위에서 낙천적이라는 소릴 자주 듣는다. ① ② ③ ④ ⑤

069. 남을 싫어해 본 적이 단 한 번도 없다. ① ② ③ ④ ⑤

070. 조금이라도 나쁜 소식은 절망의 시작이라고 생각한다. ① ② ③ ④ ⑤

071. 언제나 실패가 걱정되어 어쩔 줄 모른다. ① ② ③ ④ ⑤

072. 다수결의 의견에 따르는 편이다. ① ② ③ ④ ⑤

073. 혼자서 영화관에 들어가는 것은 전혀 두려운 일이 아니다. ① ② ③ ④ ⑤

074. 승부근성이 강하다. ① ② ③ ④ ⑤

075. 자주 흥분하여 침착하지 못한다. ① ② ③ ④ ⑤

076. 지금까지 살면서 남에게 폐를 끼친 적이 없다. ① ② ③ ④ ⑤

077. 내일 해도 되는 일을 오늘 안에 끝내는 것을 좋아한다. ① ② ③ ④ ⑤

078. 무엇이든지 자기가 나쁘다고 생각하는 편이다. ① ② ③ ④ ⑤

079. 자신을 변덕스러운 사람이라고 생각한다. ① ② ③ ④ ⑤

080. 고독을 즐기는 편이다. ① ② ③ ④ ⑤

081. 감정적인 사람이라고 생각한다. ① ② ③ ④ ⑤

082. 자신만의 신념을 가지고 있다. ① ② ③ ④ ⑤

083. 다른 사람을 바보 같다고 생각한 적이 있다. ① ② ③ ④ ⑤

084. 남의 비밀을 금방 말해버리는 편이다. ① ② ③ ④ ⑤

085. 대재앙이 오지 않을까 항상 걱정을 한다. ① ② ③ ④ ⑤

086. 문제점을 해결하기 위해 항상 많은 사람들과 이야기하는 편이다. ① ② ③ ④ ⑤

087. 내 방식대로 일을 처리하는 편이다. ① ② ③ ④ ⑤

088. 영화를 보고 운 적이 있다. ① ② ③ ④ ⑤

089. 사소한 충고에도 걱정을 한다. ① ② ③ ④ ⑤

090. 학교를 쉬고 싶다고 생각한 적이 한 번도 없다. ① ② ③ ④ ⑤

091. 불안감이 강한 편이다. ① ② ③ ④ ⑤

092. 사람을 설득시키는 것이 어렵지 않다. ① ② ③ ④ ⑤

093. 다른 사람에게 어떻게 보일지 신경을 쓴다. ① ② ③ ④ ⑤

094. 다른 사람에게 의존하는 경향이 있다. ① ② ③ ④ ⑤

095. 그다지 융통성이 있는 편이 아니다. ① ② ③ ④ ⑤

096. 숙제를 잊어버린 적이 한 번도 없다. ① ② ③ ④ ⑤

097. 밤길에는 발소리가 들리기만 해도 불안하다. ① ② ③ ④ ⑤

098. 자신은 유치한 사람이다. ① ② ③ ④ ⑤

099. 잡담을 하는 것보다 책을 읽는 편이 낫다. ① ② ③ ④ ⑤

100. 나는 영업에 적합한 타입이라고 생각한다. ① ② ③ ④ ⑤

101. 술자리에서 술을 마시지 않아도 흥을 돋울 수 있다. ① ② ③ ④ ⑤

102. 한 번도 병원에 간 적이 없다. ① ② ③ ④ ⑤

103. 나쁜 일은 걱정이 되어 어쩔 줄을 모른다. ① ② ③ ④ ⑤

104. 쉽게 무기력해지는 편이다. ① ② ③ ④ ⑤

105. 비교적 고분고분한 편이라고 생각한다. ① ② ③ ④ ⑤

106. 독자적으로 행동하는 편이다. ① ② ③ ④ ⑤

107. 적극적으로 행동하는 편이다. ① ② ③ ④ ⑤

108. 금방 감격하는 편이다. ① ② ③ ④ ⑤

109. 밤에 잠을 못 잘 때가 많다. ① ② ③ ④ ⑤

110. 후회를 자주 하는 편이다. ① ② ③ ④ ⑤

111. 쉽게 뜨거워지고 쉽게 식는 편이다. ① ② ③ ④ ⑤

112. 자신만의 세계를 가지고 있다. ① ② ③ ④ ⑤

113. 말하는 것을 아주 좋아한다. ① ② ③ ④ ⑤

114. 이유 없이 불안할 때가 있다. ① ② ③ ④ ⑤

115. 주위 사람의 의견을 생각하여 발언을 자제할 때가 있다. ① ② ③ ④ ⑤

116. 생각 없이 함부로 말하는 경우가 많다. ① ② ③ ④ ⑤

117. 정리가 되지 않은 방에 있으면 불안하다. ① ② ③ ④ ⑤

118. 슬픈 영화나 TV를 보면 자주 운다. ① ② ③ ④ ⑤

119. 자신을 충분히 신뢰할 수 있는 사람이라고 생각한다. ① ② ③ ④ ⑤

120. 노래방을 아주 좋아한다. ① ② ③ ④ ⑤

121. 자신만이 할 수 있는 일을 하고 싶다. ① ② ③ ④ ⑤

122. 자신을 과소평가 하는 경향이 있다. ① ② ③ ④ ⑤

123. 책상 위나 서랍 안은 항상 깔끔히 정리한다. ① ② ③ ④ ⑤

124. 건성으로 일을 하는 때가 자주 있다. ① ② ③ ④ ⑤

125. 남의 험담을 한 적이 없다. ① ② ③ ④ ⑤

126. 초조하면 손을 떨고, 심장박동이 빨라진다. ① ② ③ ④ ⑤

127. 말싸움을 하여 진 적이 한 번도 없다. ① ② ③ ④ ⑤

128. 다른 사람들과 덩달아 떠든다고 생각할 때가 자주 있다. ① ② ③ ④ ⑤

129. 아첨에 넘어가기 쉬운 편이다. ① ② ③ ④ ⑤

130. 이론만 내세우는 사람과 대화하면 짜증이 난다. ① ② ③ ④ ⑤

131. 상처를 주는 것도 받는 것도 싫다. ① ② ③ ④ ⑤

132. 매일매일 그 날을 반성한다. ① ② ③ ④ ⑤

133. 주변 사람이 피곤해하더라도 자신은 항상 원기왕성하다. ① ② ③ ④ ⑤

134. 친구를 재미있게 해주는 것을 좋아한다. ① ② ③ ④ ⑤

134. 아침부터 아무것도 하고 싶지 않을 때가 있다. ① ② ③ ④ ⑤

135. 지각을 하면 학교를 결석하고 싶어진다. ① ② ③ ④ ⑤

136. 이 세상에 없는 세계가 존재한다고 생각한다. ① ② ③ ④ ⑤

137. 하기 싫은 것을 하고 있으면 무심코 불만을 말한다. ① ② ③ ④ ⑤

138. 투지를 드러내는 경향이 있다. ① ② ③ ④ ⑤

139. 어떤 일이라도 헤쳐 나갈 자신이 있다. ① ② ③ ④ ⑤

137. 착한 사람이라는 말을 자주 듣는다. ① ② ③ ④ ⑤

138. 조심성이 있는 편이다. ① ② ③ ④ ⑤

139. 이상주의자이다. ① ② ③ ④ ⑤

140. 인간관계를 중요하게 생각한다. ① ② ③ ④ ⑤

141. 협조성이 뛰어난 편이다. ① ② ③ ④ ⑤

142. 정해진 대로 따르는 것을 좋아한다. ① ② ③ ④ ⑤

143. 정이 많은 사람을 좋아한다. ① ② ③ ④ ⑤

144. 조직이나 전통에 구애를 받지 않는다. ① ② ③ ④ ⑤

145. 잘 아는 사람과만 만나는 것이 좋다. ① ② ③ ④ ⑤

146. 파티에서 사람을 소개받는 편이다. ① ② ③ ④ ⑤

147. 모임이나 집단에서 분위기를 이끄는 편이다. ① ② ③ ④ ⑤

148. 취미 등이 오랫동안 지속되지 않는 편이다. ① ② ③ ④ ⑤

149. 다른 사람을 부럽다고 생각해 본 적이 없다. ① ② ③ ④ ⑤

150. 꾸지람을 들은 적이 한 번도 없다. ① ② ③ ④ ⑤

151. 시간이 오래 걸려도 항상 침착하게 생각하는 경우가 많다. ① ② ③ ④ ⑤

152. 실패의 원인을 찾고 반성하는 편이다. ① ② ③ ④ ⑤

153. 여러 가지 일을 재빨리 능숙하게 처리하는 데 익숙하다. ① ② ③ ④ ⑤

154. 행동을 한 후 생각을 하는 편이다. ① ② ③ ④ ⑤

155. 민첩하게 활동을 하는 편이다. ① ② ③ ④ ⑤

156. 일을 더디게 처리하는 경우가 많다. ① ② ③ ④ ⑤

157. 몸을 움직이는 것을 좋아한다. ① ② ③ ④ ⑤

158. 스포츠를 보는 것이 좋다. ① ② ③ ④ ⑤

159. 일을 하다 어려움에 부딪히면 단념한다. ① ② ③ ④ ⑤

160. 너무 신중하여 타이밍을 놓치는 때가 많다. ① ② ③ ④ ⑤

161. 시험을 볼 때 한 번에 모든 것을 마치는 편이다. ① ② ③ ④ ⑤

162. 일에 대한 계획표를 만들어 실행을 하는 편이다. ① ② ③ ④ ⑤

163. 한 분야에서 1인자가 되고 싶다고 생각한다. ① ② ③ ④ ⑤

164. 규모가 큰 일을 하고 싶다. ① ② ③ ④ ⑤

165. 높은 목표를 설정하여 수행하는 것이 의욕적이라고 생각한다. ① ② ③ ④ ⑤

166. 다른 사람들과 있으면 침작하지 못하다. ① ② ③ ④ ⑤

167. 수수하고 조심스러운 편이다. ① ② ③ ④ ⑤

168. 여행을 가기 전에 항상 계획을 세운다. ① ② ③ ④ ⑤

169. 구입한 후 끝까지 읽지 않은 책이 많다. ① ② ③ ④ ⑤

170. 쉬는 날은 집에 있는 경우가 많다. ① ② ③ ④ ⑤

171. 돈을 허비한 적이 없다. ① ② ③ ④ ⑤

172. 흐린 날은 항상 우산을 가지고 나간다. ① ② ③ ④ ⑤

173. 조연상을 받은 배우보다 주연상을 받은 배우를 좋아한다. ① ② ③ ④ ⑤

174. 유행에 민감하다고 생각한다. ① ② ③ ④ ⑤

175. 친구의 휴대폰 번호를 모두 외운다. ① ② ③ ④ ⑤

176. 환경이 변화되는 것에 구애받지 않는다. ① ② ③ ④ ⑤

177. 조직의 일원으로 별로 안 어울린다고 생각한다. ① ② ③ ④ ⑤

178. 외출시 문을 잠갔는지 몇 번을 확인하다. ① ② ③ ④ ⑤

179. 성공을 위해서는 어느 정도의 위험성을 감수해야 한다고 생각한다. ① ② ③ ④ ⑤

180. 남들이 이야기하는 것을 보면 자기에 대해 험담을 하고 있는 것 같다. ① ② ③ ④ ⑤

상황판단검사

※ 상황판단검사는 정답이 없습니다.

Q 다음 상황을 읽고 제시된 질문에 답하시오. 【1~30】

1

> 당신은 차량정비관이다. 오전 차량 조회시 중형버스 엔진소리가 평소와 다른 느낌을 받았다. 추가로 점검을 하게 되면 반나절 이상의 시간이 소요된다. 해당 차량은 오늘 연대 통합으로 신병 수송이 계획되어 있다. 인사과장은 타 대대 차량 협조가 불가능하다고 통보해왔다. 군수과장도 신병 인솔 후 차량점검을 하자고 이야기 한다.
>
> 이 상황에서 당신이 ⓐ 가장 할 것 같은 행동은 무엇입니까?
> ⓑ 가장 하지 않을 것 같은 행동은 무엇입니까?

ⓐ 가장 할 것 같은 행동 (　　　)
ⓑ 가장 하지 않을 것 같은 행동 (　　　)

선 택 지	
①	차량은 장병 안전과 직결된 문제인 만큼 추가 정밀점검 후 운행을 고집한다.
②	문제점이 명확히 식별된 것이 아닌 만큼 군수과장의 의견을 따른다.
③	인사과장에게 신병 인솔 시간 조정을 요청한다.
④	중형버스 운행을 강행할 경우 발생할 수 있는 사고에 대해서는 책임질 수 없음을 명확히 한다.
⑤	다른 정비병들에게 엔진소리를 들려주고 의견을 묻는다.
⑥	대대 차량 운행 계획과 무관하게 즉각적인 정밀점검을 실시한다.
⑦	사비를 털어 외부 인근 마을에서 버스를 렌트해온다.

2

당신은 당직사관이다. 부대 면회 · 외출 · 외박은 주중에 신청하며, 중대장이 부대 규정에 의거하여 선정하고 있다. 토요일 오전, 중대 행정반으로 A일병의 부모님이 전화하여 부대 근처라며 A일병과 외박을 하고 싶다고 전해왔다. 당신은 외출 · 외박 규정을 제시하며 불가함을 설명하였으나 A일병의 부모는 언성을 높이며 민원을 제기할 것이라며 강하게 반발하고 있다.

이 상황에서 당신이 ⓐ 가장 할 것 같은 행동은 무엇입니까?
ⓑ 가장 하지 않을 것 같은 행동은 무엇입니까?

ⓐ 가장 할 것 같은 행동 ( )
ⓑ 가장 하지 않을 것 같은 행동 ( )

선 택 지	
①	A일병에게 부모님을 설득(설명)하도록 지시한다.
②	규정과 방침을 말씀드리고 전화를 끊는다.
③	당직사령에게 보고하고 지침을 기다린다.
④	중대장에게 보고하고 지침을 기다린다.
⑤	A일병 부모님이 동의할 때까지 규정과 방침을 반복적으로 설명한다.
⑥	A일병이 건강이 좋지 않아 외박이 불가하다고 전한다.
⑦	A일병의 부모님에게 민원을 제기하라고 말하고 전화를 끊는다.

3

당신은 의무 부사관이다. 매주 감기몸살이라며 일과시간 의무대를 찾는 C상병이 있다. 막상 일과가 끝나고 보면 PX를 이용하거나, 운동을 하는 등 감기환자라 보기 어렵다. 오늘도 일과시간 중인 오전 10시 C상병이 감기몸살을 호소하며 의무대에서 휴식을 취하겠다고 한다. 군의관은 구설수에 오르기 싫다며 그냥 의무대에서 쉬게 하라고 한다.

이 상황에서 당신이 ⓐ 가장 할 것 같은 행동은 무엇입니까?
ⓑ 가장 하지 않을 것 같은 행동은 무엇입니까?

ⓐ 가장 할 것 같은 행동 ( )
ⓑ 가장 하지 않을 것 같은 행동 ( )

선 택 지	
①	C상병 소속 중대에 연락하여 감기몸살 여부를 확인한다.
②	매주 감기몸살을 호소하는 만큼, 더 큰 병원에서 진료 받을 수 있도록 외진 조치한다.
③	C상병에게 꾀병이 아닌 지 따끔하게 다그치고 일과를 지시한다.
④	의무대에서 C상병이 어떠한 행동을 하는지 의무병들에게 면밀히 관찰토록 지시한다.
⑤	군의관에게 C상병 소속 중대장과 이야기 해 볼 것을 권유한다.
⑥	C상병이 감기몸살에 걸릴 때까지 얼차려를 실시한다.
⑦	군의관에게 C상병 소속 행정보급관과 이야기 해 볼 것을 권유한다.

4

당신은 인사장교이다. 동원훈련 간 예비군 C병장이 핸드폰을 반납하지 않고 몰래 사용하며, 번번이 집합시간에 늦게 나오는 등 통제가 되지 않는다는 중대의 보고를 받았다. 예비군 C병장을 불러 좋게 이야기 하였지만, 오히려 C병장은 예비군 퇴소 후 민원을 제기할 것이라며 강하게 반발하고 있다. 중대에서는 해당 예비군 때문에 동원훈련 진행이 어렵다고 한다.

이 상황에서 당신이 ⓐ 가장 할 것 같은 행동은 무엇입니까?
ⓑ 가장 하지 않을 것 같은 행동은 무엇입니까?

ⓐ 가장 할 것 같은 행동 ( )
ⓑ 가장 하지 않을 것 같은 행동 ( )

선 택 지	
①	규정과 방침에 의거 예비군 C병장을 동원훈련 퇴소 조치 후 상급부대에 보고한다.
②	작전과장에게 보고 후 지침을 기다린다.
③	예비군 C병장에게 동원훈련 간 퇴소 조치 할 수 있음을 알리고 행동의 변화를 촉구한다.
④	중대에서 문제가 커지지 않도록 잘 수습토록 지시한다.
⑤	C병장의 핸드폰만 회수하고 다시금 동원훈련에 투입한다.
⑥	C병장의 핸드폰을 뺏어 부셔버리고 동원훈련에 적극 참여할 것을 권고한다.
⑦	중대에 C병장을 열외시키고 동원훈련을 계속 진행하라고 지시한다.

5

> 당신은 소대장이다. 어느날 당신의 부하 중 한 명에게 공적인 업무를 명령했다. 그런데 그 부하는 명령을 수행하기 전, 중대장의 개인적인 심부름도 받게 되었다. 시간적인 문제로 인하여, 결국 부하는 중대장의 심부름만 하고, 당신의 명령은 하지 못했다.
>
> 이 상황에서 당신이 ⓐ 가장 할 것 같은 행동은 무엇입니까?
> ⓑ 가장 하지 않을 것 같은 행동은 무엇입니까?

ⓐ 가장 할 것 같은 행동 (　　　)
ⓑ 가장 하지 않을 것 같은 행동 (　　　)

선 택 지	
①	명령을 수행하지 않은 것에 대해 처벌한다.
②	그냥 그러려니 하고 넘긴다.
③	중대장에게 가서 개인적인 업무에 대한 심부름을 시킨 것에 대하여 항의한다.
④	부하를 불러 왜 자신이 명령한 업무를 하지 않았는지에 관해 물어본다.
⑤	군대 내에서 상관의 개인적인 심부름은 부당한 것이라고 군관련 홈페이지에 익명의 글을 남긴다.
⑥	부하에게 공적인 업무와 사적인 일이 충돌할 때는 공적인 업무가 중요하다고 설교한다.
⑦	군대는 계급이 우선이므로 부하의 행동에 대하여 칭찬한다.

6

휴가를 나와 기차역 근처 식당에 들어가 밥을 먹은 뒤 계산을 하려는데, 지갑이 없는 것을 알았다.

이 상황에서 당신이 ⓐ 가장 할 것 같은 행동은 무엇입니까?
ⓑ 가장 하지 않을 것 같은 행동은 무엇입니까?

ⓐ 가장 할 것 같은 행동 (　　　)
ⓑ 가장 하지 않을 것 같은 행동 (　　　)

선 택 지

① 친구에게 휴대폰으로 연락하여 돈을 들고 식당으로 오라고 한다.

② 연락처를 주고 다음에 주겠다고 약속한다.

③ 솔직하게 돈이 없다고 말하고 처분만을 기다린다.

④ 각종 장기(성대모사, 차력, 표정연기) 등으로 식당 주인을 즐겁게 해 준 후 식대를 대신한다.

⑤ 호주머니에 있는 잔돈과 전화카드 등을 합쳐 낸 후 도리어 거스름돈을 요구한다.

⑥ 빠른 주력을 이용하여 도주한다.

⑦ 식당 주인의 은행계좌번호를 적어온다.

7

> 당신은 소대장이다. 갑(甲)이라는 부하가 업무 중 본의 아닌 실수로 인해 군에 문제가 생겼다. 이로 인해 상관에게 불려가 자신의 실수에 비하여 상당히 심한 꾸지람을 들었다. 게다가 인격적 모욕까지 느낀 상황이다.
>
> 이 상황에서 당신이 ⓐ 가장 할 것 같은 행동은 무엇입니까?
> ⓑ 가장 하지 않을 것 같은 행동은 무엇입니까?

ⓐ 가장 할 것 같은 행동 ( )
ⓑ 가장 하지 않을 것 같은 행동 ( )

선 택 지
① 상관의 인격적 모독에 항의한다.
② 자신의 실수를 반성하고 다시는 그런 일이 없도록 노력한다.
③ 동료들에게 섭섭함을 토로한다.
④ 그냥 아무말 없이 자리로 돌아와 본인의 업무를 계속한다.
⑤ 갑(甲)이라는 부사관에게 실수에 대한 질책을 하면서 상관에게 느꼈던 인격적 모멸감을 갑(甲)이 느끼게끔 한다.
⑥ 갑(甲)이라는 부사관에게 실수에 대한 질책을 하면서 실수에 관련한 체벌을 한다.
⑦ 갑(甲)이라는 부사관의 실수에 대한 질책으로 갑(甲)이 소속한 부대원 전부를 불러 얼차려를 실시한다.

8

당신은 소대장이다. 그런데 당신의 부하가 변심한 여자친구 때문에 괴로워하고 있다.

이 상황에서 당신이 ⓐ 가장 할 것 같은 행동은 무엇입니까?
ⓑ 가장 하지 않을 것 같은 행동은 무엇입니까?

ⓐ 가장 할 것 같은 행동 ( )
ⓑ 가장 하지 않을 것 같은 행동 ( )

선 택 지	
①	모르는 척 한다.
②	군기가 빠졌다고 하면서 얼차려 등을 실시한다.
③	PX에 가서 술을 사주면서 이야기를 들어준다.
④	힘든 훈련에서 열외시켜 준다.
⑤	중대장에게 가서 조언을 구한다.
⑥	휴가나 외박 등 특혜를 준다.
⑦	부하의 여자 친구에게 연락하여 현재 부하의 힘든 상황을 이야기 해 준다.

9

> 당신은 소대장이다. 대대장이 당신에게 군 관련 홍보물을 제작할 것을 지시했다. 그러나 홍보물과 관련한 제작비에 관한 언급이 없다.
>
> 이 상황에서 당신이 ⓐ 가장 할 것 같은 행동은 무엇입니까?
> ⓑ 가장 하지 않을 것 같은 행동은 무엇입니까?

ⓐ 가장 할 것 같은 행동 ( )
ⓑ 가장 하지 않을 것 같은 행동 ( )

선 택 지
① 그냥 사비로 홍보물을 제작한다.
② 제작비를 줄 때까지 홍보물을 만들지 않는다.
③ 홍보물을 만든 후 제작비를 청구한다.
④ 제작비를 지원할 곳을 수소문하여 제작비를 지원받을 수 있도록 한다.
⑤ 상관에게 정중하게 제작비에 관해 물어본다.
⑥ 홍보물을 제작하고 제작비는 군으로 청구할 수 있게끔 한다.
⑦ 다른 동료에게 상의해 본다.

10

당신은 소대장이다. 그런데 우연히 당신의 부하들이 당신에 대한 험담을 하는 것을 듣게 되었다.

이 상황에서 당신이 ⓐ 가장 할 것 같은 행동은 무엇입니까?
ⓑ 가장 하지 않을 것 같은 행동은 무엇입니까?

ⓐ 가장 할 것 같은 행동 ( )
ⓑ 가장 하지 않을 것 같은 행동 ( )

선택지	
①	모르는 척 한다.
②	험담하는 부하들에게 얼차려를 시킨다.
③	험담하는 부하들에게 힘든 훈련을 지속적으로 시킨다.
④	부하들이 험담하는 내용을 경청하여 반성한다.
⑤	험담하는 부하들에게 주의를 기울여 내 편으로 만든다.
⑥	다른 소대 소대장들에게 조언을 구한다.
⑦	험담하는 부하들의 동료들에게 자신이 들은 내용을 우회적으로 알리면서 본인이 알고 있음을 알린다.

11

당신은 소대장이다. 당신의 어머니가 편찮으시다고 병원에서 급히 호출이 왔다. 그런데 막상 병원으로 출발하려고 하는데, 군에서도 갑자기 중요한 일이 발생하게 되었다.

이 상황에서 당신이 ⓐ 가장 할 것 같은 행동은 무엇입니까?
ⓑ 가장 하지 않을 것 같은 행동은 무엇입니까?

ⓐ 가장 할 것 같은 행동 ( )
ⓑ 가장 하지 않을 것 같은 행동 ( )

선 택 지	
①	군에 양해를 구하고 병원으로 간다.
②	어머니는 지인들에게 부탁하고 군의 업무를 본다.
③	병원에 연락하여 어머니의 상태와 군의 업무를 비교 형량하여 경하다고 생각하는 일에 양해를 구한다.
④	무조건 군대로 간다.
⑤	영창 갈 것을 각오하고 병원으로 간다.
⑥	대대장에게 가서 자신의 상황을 말하고 휴가를 몇 번 반납할테니 지금 병원에 보내줄 것을 부탁한다.
⑦	자신의 현재 상황을 어머니에게 알리고 군으로 간다.

12

어느 날부터 군대 내의 비품이 하나씩 사라지고 있다. 처음에는 그 정도가 미비하여 눈치챌 수 없었으나 점점 심해졌다. 부대원들이 모두 비품을 횡령하는 사람에 대해서 궁금해 하고 있을 때 당신의 부하가 비품을 횡령하는 것을 목격하게 되었다. 그런데 그 부하의 행동이 딸의 병원비 마련을 위한 것임을 알게 되었다.

이 상황에서 당신이 ⓐ 가장 할 것 같은 행동은 무엇입니까?
ⓑ 가장 하지 않을 것 같은 행동은 무엇입니까?

ⓐ 가장 할 것 같은 행동 ( )
ⓑ 가장 하지 않을 것 같은 행동 ( )

선택지	
①	모르는 척 한다.
②	상관에게 부하의 횡령 사실을 알린다.
③	부하를 돕기 위해 횡령을 쉽게 할 수 있도록 도와준다.
④	부하를 불러 횡령사실을 알고 있음을 말하고 횡령 행위를 멈출 것을 말한다.
⑤	비품관리자에게 물품이 사적으로 이용된다고 이야기하고 철저한 관리를 부탁한다.
⑥	동료들에게 부하의 딱한 사실을 알리고 작게나마 병원비를 마련해 준다.
⑦	부하의 횡령사실을 부하와 친한 동료에게 우회적으로 말한다.

13

당신은 소대장이다. 새로운 소대에 배치되게 되었다. 그런데 당신의 소대원의 많은 수가 당신보다 나이가 많다.

이 상황에서 당신이 ⓐ 가장 할 것 같은 행동은 무엇입니까?
ⓑ 가장 하지 않을 것 같은 행동은 무엇입니까?

ⓐ 가장 할 것 같은 행동 ( )
ⓑ 가장 하지 않을 것 같은 행동 ( )

선 택 지	
①	현재 소대의 분위기를 최대한 존중한다.
②	병장이나 분대장 혹은 내무실에서 가장 영향력이 센 사병을 휘어잡기 위해 노력한다.
③	명령에 불성실한 부하에겐 혹독한 훈련을 시킨다.
④	영향력이 가장 큰 사병들과 친해져서 부대 분위기를 빨리 파악하고 분위기를 화기애애하도록 만든다.
⑤	군대는 계급이므로 자신보다 나이가 많은 사병이라도 엄하게 대한다.
⑥	군대는 계급 사회이지만 자신보다 나이가 많은 사병에겐 인간적으로 존중한다.
⑦	선임 소대장에게 조언을 구한다.

14

당신은 소대장이다. 내무반에서 병들(병장, 상병, 일병)간에 싸움이 일어났다.

이 상황에서 당신이 ⓐ 가장 할 것 같은 행동은 무엇입니까?
ⓑ 가장 하지 않을 것 같은 행동은 무엇입니까?

ⓐ 가장 할 것 같은 행동 ( )
ⓑ 가장 하지 않을 것 같은 행동 ( )

선 택 지	
①	모르는 척 한다.
②	내무실 전체 사병들을 운동장에 집합시켜 얼차려를 시킨다.
③	병들을 불러 어떻게 된 일인지 상황을 파악한다.
④	이유 불문하고 군대는 계급이 우선이므로 일병에게 가장 엄한 처벌을 한다.
⑤	소대 내가 소란스러워진 것이므로 이유 불문하고 병장에게 가장 엄한 처벌을 한다.
⑥	싸움에 가담한 병들을 영창에 보낸다.
⑦	싸움에 가담한 병들을 불러 기합을 준 후 화해시킨다.

15

당신은 소대장이다. 최근 들어 소대원들 및 부사관들이 현재 생활에 대하여 고충이 상당히 많은 것 같이 보인다. 그런데 다른 소대장들은 자기 부하들의 고충을 아주 잘 해결해 주고 있다고 들었다. 소대 부사관 중 한 명이 고충이 너무 심하여 소원수리를 몇 번이나 했다고 한다.

이 상황에서 당신이 ⓐ 가장 할 것 같은 행동은 무엇입니까?
ⓑ 가장 하지 않을 것 같은 행동은 무엇입니까?

ⓐ 가장 할 것 같은 행동 ( )
ⓑ 가장 하지 않을 것 같은 행동 ( )

선 택 지	
①	부사관들의 고충에 대해 그다지 고려하지 않는다.
②	부사관들의 고충에 주의를 기울이고 완화시키기 위한 필수적인 조정을 실시하도록 한다.
③	지속적인 얼차려의 실시로 대부분의 고충을 없앨 수 있는지를 판단하여, 얼차려를 실시한다.
④	가장 빈번한 고충이 무엇인지를 판단하여 그 고충의 발생원인을 예방하는 대책을 강구하도록 한다.
⑤	중대장에게 보고하여 조언을 구한다.
⑥	대대장에게 보고하여 조언을 구한다.
⑦	다른 소대의 소대장들에게 조언을 구하고 그들과 똑같이 행동한다.

16

당신은 소대장이다. 복무를 계속하고 싶어 연장근무 심사를 받게 되었는데 심사가 끝난 며칠 후 자가차량을 몰지 못하는 규정을 위반한 채 차량을 몰고 부대를 나서다가 대대장에게 적발되고 말았다.

이 상황에서 당신이 ⓐ 가장 할 것 같은 행동은 무엇입니까?
ⓑ 가장 하지 않을 것 같은 행동은 무엇입니까?

ⓐ 가장 할 것 같은 행동 ( )
ⓑ 가장 하지 않을 것 같은 행동 ( )

선 택 지	
①	내 차가 아니라고 주장한다.
②	중대장이 급한 일을 시켜 어쩔 수 없다고 핑계를 댄다.
③	다른 소대 지휘관이 자가차량을 운전해도 묵인된다는 말을 했다고 전한다.
④	인사사고 등이 피해를 유발하지도 않았는데 뭐가 어떠냐고 따진다.
⑤	재빨리 그 자리를 떠나버린다.
⑥	자가차량을 운전하는 다른 부사관들의 이름을 다 불러준다.
⑦	잘못을 시인하고 인사사고 및 입원 등 부대결원의 발생 등이 나타나지 않도록 하겠다고 말을 하고 적법한 기간까지 차량을 운전하지 않겠다고 한다.

17

> 당신은 소대장이다. 당신이 소대원들의 소지품을 검사하는 도중 전역이 한 달 정도 남은 병장에게서 PSP 게임기를 압수하였다. 그런데 동료 소대장이 그 병장을 불러 병장에게 직접 자기가 보는 앞에서 PSP 게임기를 발로 밟아 부수라고 명령하였다. 알고 보니 그 병장은 얼마 전 초소 근무 중 공포탄을 발사하는 실수를 저지른 장본인이었다. 주위의 다른 부사관과 소대장들은 모두 병장을 봐주지 말라는 분위기였다.
>
> 이 상황에서 당신이 ⓐ 가장 할 것 같은 행동은 무엇입니까?
> ⓑ 가장 하지 않을 것 같은 행동은 무엇입니까?

ⓐ 가장 할 것 같은 행동 (　　　　)

ⓑ 가장 하지 않을 것 같은 행동 (　　　　)

선 택 지	
①	전역이 얼마 남지 않았으므로 봐주자고 한다.
②	PSP 게임기는 고가이므로 압수만 하도록 한다.
③	망치를 가져와 직접 게임기를 박살낸다.
④	반입불가물품을 외워보라고 한 후 게임기가 해당되는지를 확인한 후 압수하고 1주일 동안 일과 후 하루 2시간씩 군장을 돌라고 명령한다.
⑤	게임기를 압수한 후 영창을 보내버린다.
⑥	다른 소대원의 사기를 저하시키면 안되므로 그 자리에서 바로 얼차려를 실시한다.
⑦	그 자리에서 압수한 뒤 나중에 몰래 병장을 불러 잘 타이른 후 돌려주도록 한다.

18

당신은 소대장이다. 모처럼 포상휴가를 얻어 지리산에 등반을 가게 되었다. 찌는 듯한 여름이었기 때문에 많이 지치고 힘든 등반이었다. 그런데 산 중턱쯤 다다랐을 때 더위에 지친 한 노인이 쓰러져 있는 것을 발견하게 되었다. 주변에는 당신 외엔 아무도 없으며, 휴대폰은 통화불능지역이다.

이 상황에서 당신이 ⓐ 가장 할 것 같은 행동은 무엇입니까?
ⓑ 가장 하지 않을 것 같은 행동은 무엇입니까?

ⓐ 가장 할 것 같은 행동 ( )
ⓑ 가장 하지 않을 것 같은 행동 ( )

선 택 지	
①	모르는 척 하고 지나간다.
②	다른 사람들이 올 때까지 기다리면서 관찰한다.
③	노인을 신속히 시원한 그늘로 옮기고 찬물을 마시게 한 후 마사지를 하면서 응급조치를 실시한다.
④	산을 내려와 다른 사람들에게 도움을 요청한다.
⑤	노인의 의식상태를 확인한 후 인공호흡을 실시한다.
⑥	휴대폰이 터지는 지역을 찾아 119에 신고한다.
⑦	노인의 가방을 조사하여 노인의 신원을 확인한다.

19

당신은 소대장이다. 부사관과 소대원이 함께 야간보초를 서고 있는 곳을 지나가는데 초소 근처에 수상한 그림자가 나타났다. 아직 교대시간은 멀었으며, 대대장이나 중대장도 아닌 것 같았다. 수상한 그림자가 점점 다가왔고 당신의 소대원이 그를 불러세워 수하 및 관등성명을 요구하였으나 이에 불응하고 갑자기 도주를 하기 시작하였다.

이 상황에서 당신이 ⓐ 가장 할 것 같은 행동은 무엇입니까?
ⓑ 가장 하지 않을 것 같은 행동은 무엇입니까?

ⓐ 가장 할 것 같은 행동 ( )
ⓑ 가장 하지 않을 것 같은 행동 ( )

선 택 지	
①	소대원한테 쫓아가서 잡아오라고 한다.
②	꼭 잡으리라 생각하며 재빨리 쫓아간다.
③	아직 근무시간이므로 초소를 떠나지 말라고 명령한다.
④	즉각적으로 중대장에게 보고를 한다.
⑤	부사관의 총을 뺏어 발사한다.
⑥	소대원의 일계급 특진을 위해 대신 초소에 남고 수상한 사람을 잡아오라고 지시한다.
⑦	초소장에게 보고를 한 후 기다린다.

20

당신은 소대장이다. 오후 5시쯤 갑작스럽게 전화로 당직을 서라는 명령을 받게 되었다. 상황실에서 당직을 서면서 책을 읽었다. 그러다가 라면을 먹기로 하였다. 그런데 당직사령과 당신 그리고 당직병 이렇게 세 명이 있는데 라면은 일반라면, 비빔라면, 짜장라면이 있는 것이다. 먼저 당직사령이 일반라면을 집어 들었다. 그런데 당직병이 짜장라면을 빤히 쳐다 보고 있다. 당신도 짜장라면이 너무 먹고 싶다.

이 상황에서 당신이 ⓐ 가장 할 것 같은 행동은 무엇입니까?
ⓑ 가장 하지 않을 것 같은 행동은 무엇입니까?

ⓐ 가장 할 것 같은 행동 ( )
ⓑ 가장 하지 않을 것 같은 행동 ( )

선 택 지
① 다른 사람은 중요하지 않으므로 짜장라면을 선택한다.
② 사병의 고통을 잘 알기에 짜장라면을 사병에게 준다.
③ 사병에게 PX에 가서 짜장라면을 하나 더 구해오라고 한다.
④ 사병과 정당한 게임을 한 후 승자가 짜장라면을 먹도록 한다.
⑤ 당직사령에게 조언을 구한다.
⑥ 갑작스런 당직으로 나의 고통을 호소하여 사병을 설득시킨 후 짜장라면을 먹는다.
⑦ 사병과 나의 지위의 차이를 설명한 후 당연한 듯 짜장라면을 먹는다.

21

> 당신은 소대장이다. 모든 훈련을 마치고 원사와 부사관들의 회식이 있었다. 1시간 가량 즐겁게 술을 마시고 있었는데 갑자기 원사 옆에 앉아 있던 한 여군부사관이 소리를 질렀다. 그 이유를 물었더니 옆에 있던 원사가 자신의 허벅지와 등을 더듬었다고 한다. 다른 부사관들은 아닐 거라고 하면서 그냥 없던 일처럼 덮으려 한다.
>
> 이 상황에서 당신이 ⓐ 가장 할 것 같은 행동은 무엇입니까?
> ⓑ 가장 하지 않을 것 같은 행동은 무엇입니까?

ⓐ 가장 할 것 같은 행동 ( )
ⓑ 가장 하지 않을 것 같은 행동 ( )

선 택 지	
①	다른 부사관들과 같이 아무 일 없듯이 행동한다.
②	사건이 커지면 여군부사관이 망신당하고 쫓겨날 우려가 있으므로 그냥 참는다.
③	원사에게 사과할 것을 강력히 주장한다.
④	원사는 부사관보다 높으므로 여군부사관에게 그냥 모른 척하라고 귀뜸한다.
⑤	여군부사관을 데리고 그 자리를 피한다.
⑥	나중에 고위 장교가 되면 그 때 복수하라고 여군부사관에게 말한다.
⑦	지위 여하를 막론하고 사건에 대한 자세한 해설을 들은 뒤, 앞으로는 이런 동일한 일이 발생하지 않도록 해결책을 모색한다.

22

당신은 소대장이다. 소대의 PX 간판을 만들라는 중대장의 지시가 있었다. 그러나 간판을 만들려면 예산이 필요하였다. 그런데 다른 소대장이 와서 중대장에게 예산 이야길 꺼내면 무능력하다고 평가받을 것 같고, 업무를 수행하지 못한다면 고문관이 될 수도 있다는 말을 들었다. 그러나 예산이 확보되지 않으면 간판을 제작한다는 것은 힘든 상황이다.

이 상황에서 당신이 ⓐ 가장 할 것 같은 행동은 무엇입니까?
ⓑ 가장 하지 않을 것 같은 행동은 무엇입니까?

ⓐ 가장 할 것 같은 행동 ( )
ⓑ 가장 하지 않을 것 같은 행동 ( )

선 택 지	
①	무능력자가 되지 않기 위해 소대원들로부터 돈을 걷는다.
②	부대 근처 공사장을 돌며 간판 만들 재료를 훔쳐온다.
③	중대장에게 예산에 관한 상세한 보고를 한다.
④	사비로 재료를 구입한 후 간판을 만든다.
⑤	부사관은 월급의 50%를 부대에 헌납해야 한다는 의견을 내어, 부사관들로부터 돈을 걷는다.
⑥	중대장에게 칭찬을 듣기 위해 간판 만드는 곳에 가서 사비를 들여 사온다.
⑦	다른 소대장들의 도움을 받아 간판을 만든다.

23

> 당신은 소대장이다. 사단간부식당에서 식사를 하고 있는데 감찰관이 간부식당관리관에게 화를 내며 변상을 요구하고 있다. 자세한 이야길 들어보니 간부식당관리관이 운전병과 함께 시장을 보는데, 시장의 한 할머니께서 수고한다고 더우니까 음료수라도 사먹으라고 1,000원을 깎아 주어 음료수를 먹고 왔는데 감찰관이 이를 오해하고 시장에서 뇌물을 받았다는 이유로 변상을 요구한다고 했다. 이에 감찰관은 계속하여 예산을 함부로 사용했다고 변상을 요구하고 있다.
>
> 이 상황에서 당신이 ⓐ 가장 할 것 같은 행동은 무엇입니까?
> ⓑ 가장 하지 않을 것 같은 행동은 무엇입니까?

ⓐ 가장 할 것 같은 행동 ( )

ⓑ 가장 하지 않을 것 같은 행동 ( )

선 택 지
① 변상을 하라고 설득한다.
② 음료수를 사먹은 돈은 예산을 사용한 것이 아니므로 변상할 필요가 없다고 감찰관을 설득한다.
③ 간부식당관리관과 운전병이 음료수에 사용한 돈만 변상하라고 한다.
④ 감찰관이 오해를 풀 수 있도록 예산에 대한 세세한 사항을 같이 확인한다.
⑤ 사비를 들여 대신 변상한다.
⑥ 대대장에게 보고하여 조언을 구한다.
⑦ 감찰관에게 다시는 여기서 식사를 하지 말라고 경고한다.

24

당신은 소대장이다. 야간보초근무시간에 갑자기 당신의 소대에서 총기난사사건이 발생하였다는 소식을 들었다. 병장의 괴롭힘에 못 견디어 초소에서 보초를 서던 일등병이 갑자기 내무실로 뛰어 들어가 병장을 총으로 살해하고 자신도 자살을 하려고 하고 있다고 한다. 이에 중대장은 내무실로 달려가 그 일등병을 설득하고 있다고 한다.

이 상황에서 당신이 ⓐ 가장 할 것 같은 행동은 무엇입니까?
ⓑ 가장 하지 않을 것 같은 행동은 무엇입니까?

ⓐ 가장 할 것 같은 행동 ( )
ⓑ 가장 하지 않을 것 같은 행동 ( )

선 택 지

① 당장 내무실로 달려가 일등병을 사살한다.

② 내무반장에게 모든 책임을 전가한다.

③ 대대장이 특정 지시를 내릴 때까지 기다린다.

④ 내무실로 달려가 상황을 살펴본 후 중대장과 함께 대책을 논의한다.

⑤ 내무실로 달려가 일등병을 설득시킨다.

⑥ 대대장에게 보고하여 조언을 구한다.

⑦ 못들은 척 하고 내무실로 가지 않는다.

25

당신은 분대장이다. 어느 날 상병들이 이등병들의 군기를 잡기 위하여 머리박기를 시켰다. 이 사실을 알게 된 중대장은 당신을 불렀다. 당신은 병들의 대장인 분대장이라는 이유 하나로 중대장 앞에서 고개를 숙이고 있었다. 그런데 중대장이 왜 사실을 알고도 보고를 하지 않았냐고 문책을 하기 시작하였다.

이 상황에서 당신이 ⓐ 가장 할 것 같은 행동은 무엇입니까?
ⓑ 가장 하지 않을 것 같은 행동은 무엇입니까?

ⓐ 가장 할 것 같은 행동 ( )

ⓑ 가장 하지 않을 것 같은 행동 ( )

선택지	
①	내무상황에 대해서 일일이 보고할 필요가 없었다고 말한다.
②	암묵적인 내무생활에서 발생한 어쩔 수 없는 부조리 현상임을 이해시킨다.
③	사병들의 마음을 이해해 달라고 말을 한다.
④	이등병에게 장난 좀 친 것이 심하게 와전된 것이라고 한다.
⑤	떳떳하지 못한 행동임을 시인하고 모든 책임을 지겠다고 한다.
⑥	상병들을 제대로 교육시키겠다고 한다.
⑦	내무생활에 대한 전반적인 이야기를 한 후 교육의 한 과정이었다고 말을 한다.

26

당신은 소대장이다. 이제 막 소위를 달고 배치를 받았다. 사병들과의 관계가 서먹하여 관계개선을 위하여 노력을 하고자 한다. 부사관들과의 관계는 잘 정리가 되고 있으나 사병과는 아직 많이 힘든 상황이다.

이 상황에서 당신이 ⓐ 가장 할 것 같은 행동은 무엇입니까?
ⓑ 가장 하지 않을 것 같은 행동은 무엇입니까?

ⓐ 가장 할 것 같은 행동 ( )
ⓑ 가장 하지 않을 것 같은 행동 ( )

선 택 지	
①	서로 존중해주고 술자리도 많이 갖는다.
②	무조건 잘 해주려고 노력한다.
③	사병들의 마음을 잘 헤아리면서 풀어 줄 땐 풀어주고 잡을 땐 확실히 잡는다.
④	사병들의 모든 시간을 일일이 관리해 준다.
⑤	자유시간을 특별히 신경쓴다.
⑥	전역이 얼마 남지 않은 병장들은 모든 훈련을 열외시켜 준다.
⑦	사병들의 내무생활에 대해 전반적으로 파악한 후 적정선을 그어 상대한다.

27

당신은 소대장이다. 봄을 맞이하여 춘계진지공사를 하고 있다. 배식차량이 늦어진다는 말에 시골에서 살다온 분대장이 칡뿌리를 캐서 부대원들에게 주었다. 그런데 갓 들어온 한 이등병이 배고픔을 달래기 위해 무언가를 캐먹고 복통을 호소하며 연대로 후송되었다. 연대군의관의 말이 아카시아뿌리를 캐먹고 탈이 난 것이라 말을 했다. 앞으로는 이런 일이 일어나지 않았으면 좋겠다고 연대장이 말을 하였다.

이 상황에서 당신이 ⓐ 가장 할 것 같은 행동은 무엇입니까?
ⓑ 가장 하지 않을 것 같은 행동은 무엇입니까?

ⓐ 가장 할 것 같은 행동 ( )
ⓑ 가장 하지 않을 것 같은 행동 ( )

선 택 지
① 늦게 온 배식차량에게 모든 책임을 넘긴다.
② 산채취식금지령을 내린다.
③ 사병들의 배고픔을 달래기 위해 간식을 제공한다.
④ 공사시에는 항상 군의관을 동행한다.
⑤ 사병들을 위해 직접 칡뿌리를 캐준다.
⑥ 넉넉한 배식이 이루어지도록 한다.
⑦ 모든 책임을 분대장에게 넘긴다.

28

당신은 소대장이다. 어느 날 중대장이 개인적인 심부름을 시켰다. 심부름을 하러 가는데 그 심부름을 시킨 사람보다 계급이 높은 대대장이 또 다른 심부름을 시켰다. 그러나 시간 관계상 두 가지 일을 모두 하기에는 힘든 상황이다.

이 상황에서 당신이 ⓐ 가장 할 것 같은 행동은 무엇입니까?
ⓑ 가장 하지 않을 것 같은 행동은 무엇입니까?

ⓐ 가장 할 것 같은 행동 ( )
ⓑ 가장 하지 않을 것 같은 행동 ( )

선 택 지	
①	중대장이 먼저 심부름을 시켰으므로, 중대장의 심부름을 먼저 한다.
②	대대장이 직급이 높은 사람이므로, 대대장의 심부름을 먼저 한다.
③	중대장의 심부름을 먼저 하고, 이후 늦게라도 대대장의 심부름을 한 후 사정을 말씀드린다.
④	대대장의 심부름은 본인이 하고, 중대장의 심부름은 부사관에게 부탁한다.
⑤	중대장의 심부름은 본인이 하고, 대대장의 심부름은 부사관에게 부탁한다.
⑥	성격이 좋고 너그러운 상관의 심부름을 뒤에 한다.
⑦	일의 중요도를 따져 심부름의 우선순위를 결정하고, 당장 하지 못하는 심부름은 미리 양해를 구한다.

29

> 당신은 소대장이다. 당신은 이번에 진급할 것이라고 생각했었는데, 진급에서 탈락하게 되었다. 그 자리에는 중대장과 친한 당신의 동료가 발령을 받았다. 그 동료는 당신보다 진급시험에서 낮은 점수를 받았다.
>
> 이 상황에서 당신이 ⓐ 가장 할 것 같은 행동은 무엇입니까?
> ⓑ 가장 하지 않을 것 같은 행동은 무엇입니까?

ⓐ 가장 할 것 같은 행동 (　　　　)
ⓑ 가장 하지 않을 것 같은 행동 (　　　　)

선 택 지	
①	그냥 그러려니 하고 넘긴다.
②	군에 대한 회의를 느껴 그만둔다.
③	부당한 진급 탈락에 대하여 인사권자에게 따진다.
④	진급에 대해 부정이 있었음을 군 관련 홈페이지에 올린다.
⑤	진급에 대해 부정이 있었음을 방송국에 알려 여론을 조성한다.
⑥	진급에 대해 부정이 있었음을 감찰관에게 알린다.
⑦	자신이 진급에서 탈락한 이유에 대하여 설명해 줄 것을 인사권자에게 요청한다.

30

당신은 소대장이다. 당신이 급하게 돈이 필요하여 부사관 갑(甲)에게 돈을 빌려 사용한 후 모두 갚았다. 그러나 얼마 지나지 않아 군대 내에서는 당신이 돈을 빌리면 절대 갚지 않는다는 소문이 나기 시작했다. 이 소문은 중대장에게도 보고되어 당신이 군대생활을 하는데 불리하게 영향을 주기 시작했다. 소문의 근거지를 알아보니 바로 부사관 갑(甲)이었다.

이 상황에서 당신이 ⓐ 가장 할 것 같은 행동은 무엇입니까?
ⓑ 가장 하지 않을 것 같은 행동은 무엇입니까?

ⓐ 가장 할 것 같은 행동 (　　　)
ⓑ 가장 하지 않을 것 같은 행동 (　　　)

선 택 지	
①	부사관 갑(甲)에게 공개적인 사과를 요구한다.
②	대자보나 군 관련 홈페이지 등을 이용하여 자신의 결백을 주장한다.
③	성실한 모습을 보여 사람들의 신뢰감을 회복한다.
④	상사를 찾아가 적극적으로 해명한다.
⑤	부사관 갑(甲)에 대한 나쁜 소문을 퍼트린다.
⑥	부사관 갑(甲)과 만나 진상 규명을 유도한다.
⑦	허위 사실을 유포하였으므로 명예훼손 등의 법적 대응을 한다.

인성검사

CHAPTER 01

인성검사의 개요

1 인성(성격)검사의 개념과 목적

인성(성격)이란 개인을 특징짓는 평범하고 일상적인 사회적 이미지, 즉 지속적이고 일관된 공적 성격(Public-personality)이며, 환경에 대응함으로써 선천적 · 후천적 요소의 상호작용으로 결정화된 심리적 · 사회적 특성 및 경향을 의미한다. 인성검사는 직무적성검사를 실시하는 대부분의 기관에서 병행하여 실시하고 있으며, 인성검사만 독자적으로 실시하는 기관도 있다.

군에서는 인성검사를 통하여 각 개인이 어떠한 성격 특성이 발달되어 있고, 어떤 특성이 얼마나 부족한지, 그것이 해당 직무의 특성 및 조직문화와 얼마나 맞는지를 알아보고 이에 적합한 인재를 선발하고자 한다. 또한 개인에게 적합한 직무 배분과 부족한 부분을 교육을 통해 보완하도록 할 수 있다.

2 성격의 특성

(1) 정서적 측면

정서적 측면은 평소 마음의 당연시하는 자세나 정신상태가 얼마나 안정하고 있는지 또는 불안정한지를 측정한다. 정서의 상태는 직무수행이나 대인관계와 관련하여 태도나 행동으로 드러난다. 그러므로, 정서적 측면을 측정하는 것에 의해, 장래 조직 내의 인간관계에 어느 정도 잘 적응할 수 있을까(또는 적응하지 못할까)를 예측하는 것이 가능하다. 그렇기 때문에, 정서적 측면의 결과는 채용 시에 상당히 중시된다. 아무리 능력이 좋아도 장기적으로 조직 내의 인간관계에 잘 적응할 수 없다고 판단되는 인재는 기본적으로는 채용되지 않는다. 일반적으로 인성(성격)검사는 채용과는 관계없다고 생각하나 정서적으로 조직에 적응하지 못하는 인재는 채용단계에서 가려내지는 것을 유의하여야 한다.

① **민감성**(신경도) … 꼼꼼함, 섬세함, 성실함 등의 요소를 통해 일반적으로 신경질적인지 또는 자신의 존재를 위협받는다라는 불안을 갖기 쉬운지를 측정한다.

질문	그렇다	약간 그렇다	그저 그렇다	별로 그렇지 않다	그렇지 않다
• 배려적이라고 생각한다. • 어지러진 방에 있으면 불안하다. • 실패 후에는 불안하다. • 세세한 것까지 신경쓴다. • 이유 없이 불안할 때가 있다.					

▶ 측정결과

㉠ '그렇다'가 많은 경우(상처받기 쉬운 유형) : 사소한 일에 신경쓰고 다른 사람의 사소한 한마디 말에 상처를 받기 쉽다.

- 면접관의 심리 : '동료들과 잘 지낼 수 있을까?', '실패할 때마다 위축되지 않을까?'
- 면접대책 : 다소 신경질적이라도 능력을 발휘할 수 있다는 평가를 얻도록 한다. 주변과 충분한 의사소통이 가능하고, 결정한 것을 실행할 수 있다는 것을 보여주어야 한다.

㉡ '그렇지 않다'가 많은 경우(정신적으로 안정적인 유형) : 사소한 일에 신경쓰지 않고 금방 해결하며, 주위 사람의 말에 과민하게 반응하지 않는다.

- 면접관의 심리 : '계약할 때 필요한 유형이고, 사고 발생에도 유연하게 대처할 수 있다.'
- 면접대책 : 일반적으로 '민감성'의 측정치가 낮으면 플러스 평가를 받으므로 더욱 자신감 있는 모습을 보여준다.

② **자책성**(과민도) … 자신을 비난하거나 책망하는 정도를 측정한다.

질문	그렇다	약간 그렇다	그저 그렇다	별로 그렇지 않다	그렇지 않다
• 후회하는 일이 많다. • 자신을 하찮은 존재로 생각하는 경우가 있다. • 문제가 발생하면 자기의 탓이라고 생각한다. • 무슨 일이든지 끙끙대며 진행하는 경향이 있다. • 온순한 편이다.					

▶ 측정결과

㉠ '그렇다'가 많은 경우(자책하는 유형) : 비관적이고 후회하는 유형이다.

- 면접관의 심리 : '끙끙대며 괴로워하고, 일을 진행하지 못할 것 같다.'
- 면접대책 : 기분이 저조해도 항상 의욕을 가지고 생활하는 것과 책임감이 강하다는 것을 보여준다.

㉡ '그렇지 않다'가 많은 경우(낙천적인 유형) : 기분이 항상 밝은 편이다.

- 면접관의 심리 : '안정된 대인관계를 맺을 수 있고, 외부의 압력에도 흔들리지 않는다.'
- 면접대책 : 일반적으로 '자책성'의 측정치가 낮으면 플러스 평가를 받으므로 자신감을 가지고 임한다.

③ **기분성**(불안도) … 기분의 굴곡이나 감정적인 면의 미숙함이 어느 정도인지를 측정하는 것이다.

질문	그렇다	약간 그렇다	그저 그렇다	별로 그렇지 않다	그렇지 않다
• 다른 사람의 의견에 자신의 결정이 흔들리는 경우가 많다. • 기분이 쉽게 변한다. • 종종 후회한다. • 다른 사람보다 의지가 약한 편이라고 생각한다. • 금방 싫증을 내는 성격이라는 말을 자주 듣는다.					

▶ 측정결과

㉠ '그렇다'가 많은 경우(감정의 기복이 많은 유형) : 의지력보다 기분에 따라 행동하기 쉽다.

- 면접관의 심리 : '감정적인 것에 약하며, 상황에 따라 생산성이 떨어지지 않을까?'
- 면접대책 : 주변 사람들과 항상 협조한다는 것을 강조하고 한결같은 상태로 일할 수 있다는 평가를 받도록 한다.

㉡ '그렇지 않다'가 많은 경우(감정의 기복이 적은 유형) : 감정의 기복이 없고, 안정적이다.

- 면접관의 심리 : '안정적으로 업무에 임할 수 있다.'
- 면접대책 : 기분성의 측정치가 낮으면 플러스 평가를 받으므로 자신감을 가지고 면접에 임한다.

④ **독자성**(개인도) … 주변에 대한 견해나 관심, 자신의 견해나 생각에 어느 정도의 속박감을 가지고 있는지를 측정한다.

질문	그렇다	약간 그렇다	그저 그렇다	별로 그렇지 않다	그렇지 않다
• 창의적 사고방식을 가지고 있다. • 융통성이 있는 편이다. • 혼자 있는 편이 많은 사람과 있는 것보다 편하다. • 개성적이라는 말을 듣는다. • 교제는 번거로운 것이라고 생각하는 경우가 많다.					

▶ 측정결과

㉠ '그렇다'가 많은 경우 : 자기의 관점을 중요하게 생각하는 유형으로, 주위의 상황보다 자신의 느낌과 생각을 중시한다.

- 면접관의 심리 : '제멋대로 행동하지 않을까?'
- 면접대책 : 주위 사람과 협조하여 일을 진행할 수 있다는 것과 상식에 얽매이지 않는다는 인상을 심어준다.

㉡ '그렇지 않다'가 많은 경우 : 상식적으로 행동하고 주변 사람의 시선에 신경을 쓴다.

- 면접관의 심리 : '다른 직원들과 협조하여 업무를 진행할 수 있겠다.'
- 면접대책 : 협조성이 요구되는 기업체에서는 플러스 평가를 받을 수 있다.

⑤ **자신감**(자존심도) … 자기 자신에 대해 얼마나 긍정적으로 평가하는지를 측정한다.

질문	그렇다	약간 그렇다	그저 그렇다	별로 그렇지 않다	그렇지 않다
• 다른 사람보다 능력이 뛰어나다고 생각한다. • 다소 반대의견이 있어도 나만의 생각으로 행동할 수 있다. • 나는 다른 사람보다 기가 센 편이다. • 동료가 나를 모욕해도 무시할 수 있다. • 대개의 일을 목적한 대로 헤쳐나갈 수 있다고 생각한다.					

▶ 측정결과

㉠ '그렇다'가 많은 경우 : 자기 능력이나 외모 등에 자신감이 있고, 비판당하는 것을 좋아하지 않는다.

- 면접관의 심리 : '자만하여 지시에 잘 따를 수 있을까?'
- 면접대책 : 다른 사람의 조언을 잘 받아들이고, 겸허하게 반성하는 면이 있다는 것을 보여주고, 동료들과 잘 지내며 리더의 자질이 있다는 것을 강조한다.

㉡ '그렇지 않다'가 많은 경우 : 자신감이 없고 다른 사람의 비판에 약하다.

- 면접관의 심리 : '패기가 부족하지 않을까?', '쉽게 좌절하지 않을까?'
- 면접대책 : 극도의 자신감 부족으로 평가되지는 않는다. 그러나 마음이 약한 면은 있지만 의욕적으로 일을 하겠다는 마음가짐을 보여준다.

⑥ 고양성(분위기에 들뜨는 정도) … 자유분방함, 명랑함과 같이 감정(기분)의 높고 낮음의 정도를 측정한다.

질문	그렇다	약간 그렇다	그저 그렇다	별로 그렇지 않다	그렇지 않다
• 침착하지 못한 편이다. • 다른 사람보다 쉽게 우쭐해진다. • 모든 사람이 아는 유명인사가 되고 싶다. • 모임이나 집단에서 분위기를 이끄는 편이다. • 취미 등이 오랫동안 지속되지 않는 편이다.					

▶ 측정결과

㉠ '그렇다'가 많은 경우 : 자극이나 변화가 있는 일상을 원하고 기분을 들뜨게 하는 사람과 친밀하게 지내는 경향이 강하다.

- 면접관의 심리 : '일을 진행하는 데 변덕스럽지 않을까?'
- 면접대책 : 밝은 태도는 플러스 평가를 받을 수 있지만, 착실한 업무능력이 요구되는 직종에서는 마이너스 평가가 될 수 있다. 따라서 자기조절이 가능하다는 것을 보여준다.

㉡ '그렇지 않다'가 많은 경우 : 감정이 항상 일정하고, 속을 드러내 보이지 않는다.

- 면접관의 심리 : '안정적인 업무 태도를 기대할 수 있겠다.'
- 면접대책 : '고양성'의 낮음은 대체로 플러스 평가를 받을 수 있다. 그러나 '무엇을 생각하고 있는지 모르겠다' 등의 평을 듣지 않도록 주의한다.

⑦ 허위성(진위성) … 필요 이상으로 자기를 좋게 보이려 하거나 기업체가 원하는 '이상형'에 맞춘 대답을 하고 있는지, 없는지를 측정한다.

질문	그렇다	약간 그렇다	그저 그렇다	별로 그렇지 않다	그렇지 않다
• 약속을 깨뜨린 적이 한 번도 없다. • 다른 사람을 부럽다고 생각해 본 적이 없다. • 꾸지람을 들은 적이 없다. • 사람을 미워한 적이 없다. • 화를 낸 적이 한 번도 없다.					

▶ 측정결과

㉠ '그렇다'가 많은 경우 : 실제의 자기와는 다른, 말하자면 원칙으로 해답할 가능성이 있다.

- 면접관의 심리 : '거짓을 말하고 있다.'

• 면접대책 : 조금이라도 좋게 보이려고 하는 '거짓말쟁이'로 평가될 수 있다. '거짓을 말하고 있다.'는 마음 따위가 전혀 없다해도 결과적으로는 정직하게 답하지 않는다는 것이 되어 버린다. '허위성'의 측정 질문은 구분되지 않고 다른 질문 중에 섞여 있다. 그러므로 모든 질문에 솔직하게 답하여야 한다. 또한 자기 자신과 너무 동떨어진 이미지로 답하면 좋은 결과를 얻지 못한다. 그리고 면접에서 '허위성'을 기본으로 한 질문을 받게 되므로 당황하거나 또 다른 모순된 답변을 하게 된다. 겉치레를 하거나 무리한 욕심을 부리지 말고 '이런 사회인이 되고 싶다.'는 현재의 자신보다, 조금 성장한 자신을 표현하는 정도가 적당하다.

㉡ '그렇지 않다'가 많은 경우 : 냉정하고 정직하며, 외부의 압력과 스트레스에 강한 유형이다. '대쪽같음'의 이미지가 굳어지지 않도록 주의한다.

(2) 행동적인 측면

행동적 측면은 인격 중에 특히 행동으로 드러나기 쉬운 측면을 측정한다. 사람의 행동 특징 자체에는 선도 악도 없으나, 일반적으로는 일의 내용에 의해 원하는 행동이 있다. 때문에 행동적 측면은 주로 직종과 깊은 관계가 있는데 자신의 행동 특성을 살려 적합한 직종을 선택한다면 플러스가 될 수 있다.

행동 특성에서 보여지는 특징은 면접장면에서도 드러나기 쉬운데 본서의 모의 TEST의 결과를 참고하여 자신의 태도, 행동이 면접관의 시선에 어떻게 비치는지를 점검하도록 한다.

① **사회적 내향성** … 대인관계에서 나타나는 행동경향으로 '낯가림'을 측정한다.

질문	선택
A : 파티에서는 사람을 소개받은 편이다. B : 파티에서는 사람을 소개하는 편이다.	
A : 처음 보는 사람과는 즐거운 시간을 보내는 편이다. B : 처음 보는 사람과는 어색하게 시간을 보내는 편이다.	
A : 친구가 적은 편이다. B : 친구가 많은 편이다.	
A : 자신의 의견을 말하는 경우가 적다. B : 자신의 의견을 말하는 경우가 많다.	
A : 사교적인 모임에 참석하는 것을 좋아하지 않는다. B : 사교적인 모임에 항상 참석한다.	

▶ 측정결과

㉠ 'A'가 많은 경우 : 내성적이고 사람들과 접하는 것에 소극적이다. 자신의 의견을 말하지 않고 조심스러운 편이다.
• 면접관의 심리 : '소극적인데 동료와 잘 지낼 수 있을까?'
• 면접대책 : 대인관계를 맺는 것을 싫어하지 않고 의욕적으로 일을 할 수 있다는 것을 보여준다.

㉡ 'B'가 많은 경우 : 사교적이고 자기의 생각을 명확하게 전달할 수 있다.
• 면접관의 심리 : '사교적이고 활동적인 것은 좋지만, 자기 주장이 너무 강하지 않을까?'
• 면접대책 : 협조성을 보여주고, 자기 주장이 너무 강하다는 인상을 주지 않도록 주의한다.

② **내성성**(침착도) … 자신의 행동과 일에 대해 침착하게 생각하는 정도를 측정한다.

질문	선택
A : 시간이 걸려도 침착하게 생각하는 경우가 많다. B : 짧은 시간에 결정을 하는 경우가 많다.	
A : 실패의 원인을 찾고 반성하는 편이다. B : 실패를 해도 그다지(별로) 개의치 않는다.	
A : 결론이 도출되어도 몇 번 정도 생각을 바꾼다. B : 결론이 도출되면 신속하게 행동으로 옮긴다.	
A : 여러 가지 생각하는 것이 능숙하다. B : 여러 가지 일을 재빨리 능숙하게 처리하는 데 익숙하다.	
A : 여러 가지 측면에서 사물을 검토한다. B : 행동한 후 생각을 한다.	

▶ 측정결과

㉠ 'A'가 많은 경우 : 행동하기 보다는 생각하는 것을 좋아하고 신중하게 계획을 세워 실행한다.

- 면접관의 심리 : '행동으로 실천하지 못하고, 대응이 늦은 경향이 있지 않을까?'
- 면접대책 : 발로 뛰는 것을 좋아하고, 일을 더디게 한다는 인상을 주지 않도록 한다.

㉡ 'B'가 많은 경우 : 차분하게 생각하는 것보다 우선 행동하는 유형이다.

- 면접관의 심리 : '생각하는 것을 싫어하고 경솔한 행동을 하지 않을까?'
- 면접대책 : 계획을 세우고 행동할 수 있는 것을 보여주고 '사려깊다'라는 인상을 남기도록 한다.

③ **신체활동성** … 몸을 움직이는 것을 좋아하는가를 측정한다.

질문	선택
A : 민첩하게 활동하는 편이다. B : 준비행동이 없는 편이다.	
A : 일을 척척 해치우는 편이다. B : 일을 더디게 처리하는 편이다.	
A : 활발하다는 말을 듣는다. B : 얌전하다는 말을 듣는다.	
A : 몸을 움직이는 것을 좋아한다. B : 가만히 있는 것을 좋아한다.	
A : 스포츠를 하는 것을 즐긴다. B : 스포츠를 보는 것을 좋아한다.	

▶ 측정결과

㉠ 'A'가 많은 경우 : 활동적이고, 몸을 움직이게 하는 것이 컨디션이 좋다.

• 면접관의 심리 : '활동적으로 활동력이 좋아 보인다.'

• 면접대책 : 활동하고 얻은 성과 등과 주어진 상황의 대응능력을 보여준다.

㉡ 'B'가 많은 경우 : 침착한 인상으로, 차분하게 있는 타입이다.

• 면접관의 심리 : '좀처럼 행동하려 하지 않아 보이고, 일을 빠르게 처리할 수 있을까?'

④ 지속성(노력성) … 무슨 일이든 포기하지 않고 끈기 있게 하려는 정도를 측정한다.

질문	선택
A : 일단 시작한 일은 시간이 걸려도 끝까지 마무리한다. B : 일을 하다 어려움에 부딪히면 단념한다.	
A : 끈질긴 편이다. B : 바로 단념하는 편이다.	
A : 인내가 강하다는 말을 듣는다. B : 금방 싫증을 낸다는 말을 듣는다.	
A : 집념이 깊은 편이다. B : 담백한 편이다.	
A : 한 가지 일에 구애되는 것이 좋다고 생각한다. B : 간단하게 체념하는 것이 좋다고 생각한다.	

▶ 측정결과

㉠ 'A'가 많은 경우 : 시작한 것은 어려움이 있어도 포기하지 않고 인내심이 높다.

• 면접관의 심리 : '한 가지의 일에 너무 구애되고, 업무의 진행이 원활할까?'

• 면접대책 : 인내력이 있는 것은 플러스 평가를 받을 수 있지만 집착이 강해 보이기도 한다.

㉡ 'B'가 많은 경우 : 뒤끝이 없고 조그만 실패로 일을 포기하기 쉽다.

• 면접관의 심리 : '질리는 경향이 있고, 일을 정확히 끝낼 수 있을까?'

• 면접대책 : 지속적인 노력으로 성공했던 사례를 준비하도록 한다.

⑤ **신중성**(주의성) … 자신이 처한 주변상황을 즉시 파악하고 자신의 행동이 어떤 영향을 미치는지를 측정한다.

질문	선택
A : 여러 가지로 생각하면서 완벽하게 준비하는 편이다. B : 행동할 때부터 임기응변적인 대응을 하는 편이다.	
A : 신중해서 타이밍을 놓치는 편이다. B : 준비 부족으로 실패하는 편이다.	
A : 자신은 어떤 일에도 신중히 대응하는 편이다. B : 순간적인 충동으로 활동하는 편이다.	
A : 시험을 볼 때 끝날 때까지 재검토하는 편이다. B : 시험을 볼 때 한 번에 모든 것을 마치는 편이다.	
A : 일에 대해 계획표를 만들어 실행한다. B : 일에 대한 계획표 없이 진행한다.	

▶ 측정결과

㉠ 'A'가 많은 경우 : 주변 상황에 민감하고, 예측하여 계획있게 일을 진행한다.
- 면접관의 심리 : '너무 신중해서 적절한 판단을 할 수 있을까?', '앞으로의 상황에 불안을 느끼지 않을까?'
- 면접대책 : 예측을 하고 실행을 하는 것은 플러스 평가가 되지만, 너무 신중하면 일의 진행이 정체될 가능성을 보이므로 추진력이 있다는 강한 의욕을 보여준다.

㉡ 'B'가 많은 경우 : 주변 상황을 살펴 보지 않고 착실한 계획없이 일을 진행시킨다.
- 면접관의 심리 : '사려깊지 않고 않고, 실패하는 일이 많지 않을까?', '판단이 빠르고 유연한 사고를 할 수 있을까?'
- 면접대책 : 사전준비를 중요하게 생각하고 있다는 것 등을 보여주고, 경솔한 인상을 주지 않도록 한다. 또한 판단력이 빠르거나 유연한 사고 덕분에 일 처리를 잘 할 수 있다는 것을 강조한다.

(3) 의욕적인 측면

의욕적인 측면은 의욕의 정도, 활동력의 유무 등을 측정한다. 여기서의 의욕이란 우리들이 보통 말하고 사용하는 '하려는 의지'와는 조금 뉘앙스가 다르다. '하려는 의지'란 그 때의 환경이나 기분에 따라 변화하는 것이지만, 여기에서는 조금 더 변화하기 어려운 특징, 말하자면 정신적 에너지의 양으로 측정하는 것이다.

의욕적 측면은 행동적 측면과는 다르고, 전반적으로 어느 정도 점수가 높은 쪽을 선호한다. 모의검사의 의욕적 측면의 결과가 낮다면, 평소 일에 몰두할 때 조금 의욕 있는 자세를 가지고 서서히 개선하도록 노력해야 한다.

① **달성의욕** … 목적의식을 가지고 높은 이상을 가지고 있는지를 측정한다.

질문	선택
A : 경쟁심이 강한 편이다. B : 경쟁심이 약한 편이다.	
A : 어떤 한 분야에서 제1인자가 되고 싶다고 생각한다. B : 어느 분야에서든 성실하게 임무를 진행하고 싶다고 생각한다.	
A : 규모가 큰 일을 해보고 싶다. B : 맡은 일에 충실히 임하고 싶다.	
A : 아무리 노력해도 실패한 것은 아무런 도움이 되지 않는다. B : 가령 실패했을 지라도 나름대로의 노력이 있었으므로 괜찮다.	
A : 높은 목표를 설정하여 수행하는 것이 의욕적이다. B : 실현 가능한 정도의 목표를 설정하는 것이 의욕적이다.	

▶ 측정결과

㉠ 'A'가 많은 경우 : 큰 목표와 높은 이상을 가지고 승부욕이 강한 편이다.
- 면접관의 심리 : '열심히 일을 해줄 것 같은 유형이다.'
- 면접대책 : 달성의욕이 높다는 것은 어떤 직종이라도 플러스 평가가 된다.

㉡ 'B'가 많은 경우 : 현재의 생활을 소중하게 여기고 비약적인 발전을 위해 기를 쓰지 않는다.
- 면접관의 심리 : '외부의 압력에 약하고, 기획입안 등을 하기 어려울 것이다.'
- 면접대책 : 일을 통하여 하고 싶은 것들을 구체적으로 어필한다.

② **활동의욕** … 자신에게 잠재된 에너지의 크기로, 정신적인 측면의 활동력이라 할 수 있다.

질문	선택
A : 하고 싶은 일을 실행으로 옮기는 편이다. B : 하고 싶은 일을 좀처럼 실행할 수 없는 편이다.	
A : 어려운 문제를 해결해 가는 것이 좋다. B : 어려운 문제를 해결하는 것을 잘하지 못한다.	
A : 일반적으로 결단이 빠른 편이다. B : 일반적으로 결단이 느린 편이다.	
A : 곤란한 상황에도 도전하는 편이다. B : 사물의 본질을 깊게 관찰하는 편이다.	
A : 시원시원하다는 말을 잘 듣는다. B : 꼼꼼하다는 말을 잘 듣는다.	

▶ 측정결과

㉠ 'A'가 많은 경우 : 꾸물거리는 것을 싫어하고 재빠르게 결단해서 행동하는 타입이다.

- 면접관의 심리 : '일을 처리하는 솜씨가 좋고, 일을 척척 진행할 수 있을 것 같다.'
- 면접대책 : 활동의욕이 높은 것은 플러스 평가가 된다. 사교성이나 활동성이 강하다는 인상을 준다.

㉡ 'B'가 많은 경우 : 안전하고 확실한 방법을 모색하고 차분하게 시간을 아껴서 일에 임하는 타입이다.

- 면접관의 심리 : '재빨리 행동을 못하고, 일의 처리속도가 느린 것이 아닐까?'
- 면접대책 : 활동성이 있는 것을 좋아하고 움직임이 더디다는 인상을 주지 않도록 한다.

3 성격의 유형

(1) 인성검사유형

정서적인 측면, 행동적인 측면, 의욕적인 측면의 요소들은 성격 특성이라는 관점에서 제시된 것들로 각 개인의 장 · 단점을 파악하는 데 유용하다. 그러나 전체적인 개인의 인성을 이해하는 데는 한계가 있다.

성격의 유형은 개인의 '성격적인 특색'을 가리키는 것으로, 사회인으로서 적합한지, 아닌지를 말하는 관점과는 관계가 없다. 따라서 채용의 합격 여부에는 사용되지 않는 경우가 많으며, 입사 후의 적정 부서 배치의 자료가 되는 편이라 생각하면 된다. 그러나 채용과 관계가 없다고 해서 아무런 준비도 필요없는 것은 아니다. 자신을 아는 것은 면접 대책의 밑거름이 되므로 모의검사 결과를 충분히 활용하도록 하여야 한다.

본서에서는 4개의 척도를 사용하여 기본적으로 16개의 패턴으로 성격의 유형을 분류하고 있다. 각 개인의 성격이 어떤 유형인지 재빨리 파악하기 위해 사용되며, '적성'에 맞는지, 맞지 않는지의 관점에 활용된다.

- 흥미 · 관심의 방향 : 내향형 ←———→ 외향형
- 사물에 대한 견해 : 직관형 ←———→ 감각형
- 판단하는 방법 : 감정형 ←———→ 사고형
- 환경에 대한 접근방법 : 지각형 ←———→ 판단형

(2) 성격유형

① **흥미 · 관심의 방향**(내향⇆외향) … 흥미 · 관심의 방향이 자신의 내면에 있는지, 주위환경 등 외면에 향하는지를 가리키는 척도이다.

② **일(사물)을 보는 방법**(직감⇆감각) … 일(사물)을 보는 법이 직감적으로 형식에 얽매이는지, 감각적으로 상식적인지를 가리키는 척도이다.

③ **판단하는 방법**(감정⇆사고) … 일을 감정적으로 판단하는지, 논리적으로 판단하는지를 가리키는 척도이다.

④ **환경에 대한 접근방법**(지각⇆판단) … 주변상황에 어떻게 접근하는지, 그 판단기준을 어디에 두는지를 측정한다.

CHAPTER 02

실전 인성검사

※ 인성검사는 응시자의 인성을 파악하기 위한 자료이므로 정답이 존재하지 않습니다.

Q 다음 ( ) 안에 진술이 자신에게 적합하면 YES, 그렇지 않다면 NO를 선택하시오. 【001~338】

	YES NO
001. 사람들이 붐비는 도시보다 한적한 시골이 좋다.	( )( )
002. 전자기기를 잘 다루지 못하는 편이다.	( )( )
003. 인생에 대해 깊이 생각해 본 적이 없다.	( )( )
004. 혼자서 식당에 들어가는 것은 전혀 두려운 일이 아니다.	( )( )
005. 남녀 사이의 연애에서 중요한 것은 돈이다.	( )( )
006. 걸음걸이가 빠른 편이다.	( )( )
007. 육류보다 채소류를 더 좋아한다.	( )( )
008. 소곤소곤 이야기하는 것을 보면 자기에 대해 험담하고 있는 것으로 생각된다.	( )( )
009. 여럿이 어울리는 자리에서 이야기를 주도하는 편이다.	( )( )
010. 집에 머무는 시간보다 밖에서 활동하는 시간이 더 많은 편이다.	( )( )
011. 무엇인가 창조해내는 작업을 좋아한다.	( )( )
012. 자존심이 강하다고 생각한다.	( )( )
013. 금방 흥분하는 성격이다.	( )( )
014. 거짓말을 한 적이 많다.	( )( )
015. 신경질적인 편이다.	( )( )
016. 끙끙대며 고민하는 타입이다.	( )( )
017. 자신이 맡은 일에 반드시 책임을 지는 편이다.	( )( )
018. 누군가와 마주하는 것보다 통화로 이야기하는 것이 더 편하다.	( )( )
019. 운동신경이 뛰어난 편이다.	( )( )
020. 생각나는 대로 말해버리는 편이다.	( )( )

	YES	NO
021. 싫어하는 사람이 없다.	(	)( )
022. 학창시절 국 · 영 · 수보다는 예체능 과목을 더 좋아했다.	(	)( )
023. 쓸데없는 고생을 하는 일이 많다.	(	)( )
024. 자주 생각이 바뀌는 편이다.	(	)( )
025. 갈등은 대화로 해결한다.	(	)( )
026. 내 방식대로 일을 한다.	(	)( )
027. 영화를 보고 운 적이 많다.	(	)( )
028. 어떤 것에 대해서도 화낸 적이 없다.	(	)( )
029. 좀처럼 아픈 적이 없다.	(	)( )
030. 자신은 도움이 안 되는 사람이라고 생각한다.	(	)( )
031. 어떤 일이든 쉽게 싫증을 내는 편이다.	(	)( )
032. 개성적인 사람이라고 생각한다.	(	)( )
033. 자기주장이 강한 편이다.	(	)( )
034. 뒤숭숭하다는 말을 들은 적이 있다.	(	)( )
035. 인터넷 사용이 아주 능숙하다.	(	)( )
036. 사람들과 관계 맺는 것을 보면 잘하지 못한다.	(	)( )
037. 사고방식이 독특하다.	(	)( )
038. 대중교통보다는 걷는 것을 더 선호한다.	(	)( )
039. 끈기가 있는 편이다.	(	)( )
040. 신중한 편이라고 생각한다.	(	)( )
041. 인생의 목표는 큰 것이 좋다.	(	)( )
042. 어떤 일이라도 바로 시작하는 타입이다.	(	)( )
043. 낯가림을 하는 편이다.	(	)( )
044. 생각하고 나서 행동하는 편이다.	(	)( )
045. 쉬는 날은 밖으로 나가는 경우가 많다.	(	)( )

YES NO

046. 시작한 일은 반드시 완성시킨다. ( )( )

047. 면밀한 계획을 세운 여행을 좋아한다. ( )( )

048. 야망이 있는 편이라고 생각한다. ( )( )

049. 활동력이 있는 편이다. ( )( )

050. 많은 사람들과 왁자지껄하게 식사하는 것을 좋아하지 않는다. ( )( )

051. 장기적인 계획을 세우는 것을 꺼려한다. ( )( )

052. 자기 일이 아닌 이상 무심한 편이다. ( )( )

053. 하나의 취미에 열중하는 타입이다. ( )( )

054. 스스로 모임에서 회장에 어울린다고 생각한다. ( )( )

055. 입신출세의 성공이야기를 좋아한다. ( )( )

056. 어떠한 일도 의욕을 가지고 임하는 편이다. ( )( )

057. 학급에서는 존재가 희미했다. ( )( )

058. 항상 무언가를 생각하고 있다. ( )( )

059. 스포츠는 보는 것보다 하는 게 좋다. ( )( )

060. 문제 상황을 바르게 인식하고 현실적이고 객관적으로 대처한다. ( )( )

061. 흐린 날은 반드시 우산을 가지고 간다. ( )( )

062. 여러 명보다 1 : 1로 대화하는 것을 선호한다. ( )( )

063. 공격하는 타입이라고 생각한다. ( )( )

064. 리드를 받는 편이다. ( )( )

065. 너무 신중해서 기회를 놓친 적이 있다. ( )( )

066. 시원시원하게 움직이는 타입이다. ( )( )

067. 야근을 해서라도 업무를 끝낸다. ( )( )

068. 누군가를 방문할 때는 반드시 사전에 확인한다. ( )( )

069. 아무리 노력해도 결과가 따르지 않는다면 의미가 없다. ( )( )

070. 솔직하고 타인에 대해 개방적이다. ( )( )

	YES	NO
071. 유행에 둔감하다고 생각한다.	( )	( )
072. 정해진 대로 움직이는 것은 시시하다.	( )	( )
073. 꿈을 계속 가지고 있고 싶다.	( )	( )
074. 질서보다 자유를 중요시하는 편이다.	( )	( )
075. 혼자서 취미에 몰두하는 것을 좋아한다.	( )	( )
076. 직관적으로 판단하는 편이다.	( )	( )
077. 영화나 드라마를 보며 등장인물의 감정에 이입된다.	( )	( )
078. 시대의 흐름에 역행해서라도 자신을 관철하고 싶다.	( )	( )
079. 다른 사람의 소문에 관심이 없다.	( )	( )
080. 창조적인 편이다.	( )	( )
081. 비교적 눈물이 많은 편이다.	( )	( )
082. 융통성이 있다고 생각한다.	( )	( )
083. 친구의 휴대전화 번호를 잘 모른다.	( )	( )
084. 스스로 고안하는 것을 좋아한다.	( )	( )
085. 정이 두터운 사람으로 남고 싶다.	( )	( )
086. 새로 나온 전자제품의 사용방법을 익히는 데 오래 걸린다.	( )	( )
087. 세상의 일에 별로 관심이 없다.	( )	( )
088. 변화를 추구하는 편이다.	( )	( )
089. 업무는 인간관계로 선택한다.	( )	( )
090. 환경이 변하는 것에 구애되지 않는다.	( )	( )
091. 다른 사람들에게 첫인상이 좋다는 이야기를 자주 듣는다.	( )	( )
092. 인생은 살 가치가 없다고 생각한다.	( )	( )
093. 의지가 약한 편이다.	( )	( )
094. 다른 사람이 하는 일에 별로 관심이 없다.	( )	( )
095. 자주 넘어지거나 다치는 편이다.	( )	( )

YES NO

096. 심심한 것을 못 참는다. ( )( )

097. 다른 사람을 욕한 적이 한 번도 없다. ( )( )

098. 몸이 아프더라도 병원에 잘 가지 않는 편이다. ( )( )

099. 금방 낙심하는 편이다. ( )( )

100. 평소 말이 빠른 편이다. ( )( )

101. 어려운 일은 되도록 피하는 게 좋다. ( )( )

102. 다른 사람이 내 의견에 간섭하는 것이 싫다. ( )( )

103. 낙천적인 편이다. ( )( )

104. 남을 돕다가 오해를 산 적이 있다. ( )( )

105. 모든 일에 준비성이 철저한 편이다. ( )( )

106. 상냥하다는 말을 들은 적이 있다. ( )( )

107. 맑은 날보다 흐린 날을 더 좋아한다. ( )( )

108. 많은 친구들을 만나는 것보다 단 둘이 만나는 것이 더 좋다. ( )( )

109. 평소에 불평불만이 많은 편이다. ( )( )

110. 가끔 나도 모르게 엉뚱한 행동을 하는 때가 있다. ( )( )

111. 생리현상을 잘 참지 못하는 편이다. ( )( )

112. 다른 사람을 기다리는 경우가 많다. ( )( )

113. 술자리나 모임에 억지로 참여하는 경우가 많다. ( )( )

114. 결혼과 연애는 별개라고 생각한다. ( )( )

115. 노후에 대해 걱정이 될 때가 많다. ( )( )

116. 잃어버린 물건은 쉽게 찾는 편이다. ( )( )

117. 비교적 쉽게 감격하는 편이다. ( )( )

118. 어떤 것에 대해서는 불만을 가진 적이 없다. ( )( )

119. 걱정으로 밤에 못 잘 때가 많다. ( )( )

120. 자주 후회하는 편이다. ( )( )

	YES NO
121. 쉽게 학습하지만 쉽게 잊어버린다.	( )( )
122. 낮보다 밤에 일하는 것이 좋다.	( )( )
123. 많은 사람 앞에서도 긴장하지 않는다.	( )( )
124. 상대방에게 감정 표현을 하기가 어렵게 느껴진다.	( )( )
125. 인생을 포기하는 마음을 가진 적이 한 번도 없다.	( )( )
126. 규칙에 대해 드러나게 반발하기보다 속으로 반발한다.	( )( )
127. 자신의 언행에 대해 자주 반성한다.	( )( )
128. 활동범위가 좁아 늘 가던 곳만 고집한다.	( )( )
129. 나는 끈기가 다소 부족하다.	( )( )
130. 좋다고 생각하더라도 좀 더 검토하고 나서 실행한다.	( )( )
131. 위대한 인물이 되고 싶다.	( )( )
132. 한 번에 많은 일을 떠맡아도 힘들지 않다.	( )( )
133. 사람과 약속은 부담스럽다.	( )( )
134. 질문을 받으면 충분히 생각하고 나서 대답하는 편이다.	( )( )
135. 머리를 쓰는 것보다 땀을 흘리는 일이 좋다.	( )( )
136. 결정한 것에는 철저히 구속받는다.	( )( )
137. 아무리 바쁘더라도 자기관리를 위한 운동을 꼭 한다.	( )( )
138. 이왕 할 거라면 일등이 되고 싶다.	( )( )
139. 과감하게 도전하는 타입이다.	( )( )
140. 자신은 사교적이 아니라고 생각한다.	( )( )
141. 무심코 도리에 대해서 말하고 싶어진다.	( )( )
142. 목소리가 큰 편이다.	( )( )
143. 단념하기보다 실패하는 것이 낫다고 생각한다.	( )( )
144. 예상하지 못한 일은 하고 싶지 않다.	( )( )
145. 파란만장하더라도 성공하는 인생을 살고 싶다.	( )( )

YES NO

146. 활기찬 편이라고 생각한다. ( )( )

147. 자신의 성격으로 고민한 적이 있다. ( )( )

148. 무심코 사람들을 평가 한다. ( )( )

149. 때때로 성급하다고 생각한다. ( )( )

150. 자신은 꾸준히 노력하는 타입이라고 생각한다. ( )( )

151. 터무니없는 생각이라도 메모한다. ( )( )

152. 리더십이 있는 사람이 되고 싶다. ( )( )

153. 열정적인 사람이라고 생각한다. ( )( )

154. 다른 사람 앞에서 이야기를 하는 것이 조심스럽다. ( )( )

155. 세심하기보다 통찰력이 있는 편이다. ( )( )

156. 엉덩이가 가벼운 편이다. ( )( )

157. 여러 가지로 구애받는 것을 견디지 못한다. ( )( )

158. 돌다리도 두들겨 보고 건너는 쪽이 좋다. ( )( )

159. 자신에게는 권력욕이 있다. ( )( )

160. 자신의 능력보다 과중한 업무를 할당받으면 기쁘다. ( )( )

161. 사색적인 사람이라고 생각한다. ( )( )

162. 비교적 개혁적이다. ( )( )

163. 좋고 싫음으로 정할 때가 많다. ( )( )

164. 전통에 얽매인 습관은 버리는 것이 적절하다. ( )( )

165. 교제 범위가 좁은 편이다. ( )( )

166. 발상의 전환을 할 수 있는 타입이라고 생각한다. ( )( )

167. 주관적인 판단으로 실수한 적이 있다. ( )( )

168. 현실적이고 실용적인 면을 추구한다. ( )( )

169. 타고난 능력에 의존하는 편이다. ( )( )

170. 다른 사람을 의식하여 외모에 신경을 쓴다. ( )( )

	YES	NO
171. 마음이 담겨 있으면 선물은 아무 것이나 좋다.	(	)( )
172. 여행은 내 마음대로 하는 것이 좋다.	(	)( )
173. 추상적인 일에 관심이 있는 편이다.	(	)( )
174. 큰일을 먼저 결정하고 세세한 일을 나중에 결정하는 편이다.	(	)( )
175. 괴로워하는 사람을 보면 답답하다.	(	)( )
176. 자신의 가치기준을 알아주는 사람은 아무도 없다.	(	)( )
177. 인간성이 없는 사람과는 함께 일할 수 없다.	(	)( )
178. 상상력이 풍부한 편이라고 생각한다.	(	)( )
179. 의리, 인정이 두터운 상사를 만나고 싶다.	(	)( )
180. 인생은 앞날을 알 수 없어 재미있다.	(	)( )
181. 조직에서 분위기 메이커다.	(	)( )
182. 반성하는 시간에 차라리 실수를 만회할 방법을 구상한다.	(	)( )
183. 늘 하던 방식대로 일을 처리해야 마음이 편하다.	(	)( )
184. 쉽게 이룰 수 있는 일에는 흥미를 느끼지 못한다.	(	)( )
185. 좋다고 생각하면 바로 행동한다.	(	)( )
186. 후배들은 무섭게 가르쳐야 따라온다.	(	)( )
187. 한 번에 많은 일을 떠맡는 것이 부담스럽다.	(	)( )
188. 능력 없는 상사라도 진급을 위해 아부할 수 있다.	(	)( )
189. 질문을 받으면 그때의 느낌으로 대답하는 편이다.	(	)( )
190. 땀을 흘리는 것보다 머리를 쓰는 일이 좋다.	(	)( )
191. 단체 규칙에 그다지 구속받지 않는다.	(	)( )
192. 물건을 자주 잃어버리는 편이다.	(	)( )
193. 불만이 생기면 즉시 말해야 한다.	(	)( )
194. 안전한 방법을 고르는 타입이다.	(	)( )
195. 사교성이 많은 사람을 보면 부럽다.	(	)( )

YES NO

196. 성격이 급한 편이다. ( )( )

197. 갑자기 중요한 프로젝트가 생기면 혼자서라도 야근할 수 있다. ( )( )

198. 내 인생에 절대로 포기하는 경우는 없다. ( )( )

199. 예상하지 못한 일도 해보고 싶다. ( )( )

200. 평범하고 평온하게 행복한 인생을 살고 싶다. ( )( )

201. 상사의 부정을 눈감아 줄 수 있다. ( )( )

202. 자신은 소극적이라고 생각하지 않는다. ( )( )

203. 이것저것 평하는 것이 싫다. ( )( )

204. 자신은 꼼꼼한 편이라고 생각한다. ( )( )

205. 꾸준히 노력하는 것을 잘 하지 못한다. ( )( )

206. 내일의 계획이 이미 머릿속에 계획되어 있다. ( )( )

207. 협동성이 있는 사람이 되고 싶다. ( )( )

208. 동료보다 돋보이고 싶다. ( )( )

209. 다른 사람 앞에서 이야기를 잘한다. ( )( )

210. 실행력이 있는 편이다. ( )( )

211. 계획을 세워야만 실천할 수 있다. ( )( )

212. 누구라도 나에게 싫은 소리를 하는 것은 듣기 싫다. ( )( )

213. 생각으로 끝나는 일이 많다. ( )( )

214. 피곤하더라도 웃으며 일하는 편이다. ( )( )

215. 과중한 업무를 할당받으면 포기해버린다. ( )( )

216. 상사가 지시한 일이 부당하면 업무를 하더라도 불만을 토로한다. ( )( )

217. 또래에 비해 보수적이다. ( )( )

218. 자신에게 손해인지 이익인지를 생각하여 결정할 때가 많다. ( )( )

219. 전통적인 방식이 가장 좋은 방식이라고 생각한다. ( )( )

220. 때로는 친구들이 너무 많아 부담스럽다. ( )( )

	YES	NO
221. 상식적인 판단을 할 수 있는 타입이라고 생각한다.	( )	( )
222. 너무 객관적이라는 평가를 받는다.	( )	( )
223. 안정적인 방법보다는 위험성이 높더라도 높은 이익을 추구한다.	( )	( )
224. 타인의 아이디어를 도용하여 내 아이디어처럼 꾸민 적이 있다.	( )	( )
225. 조직에서 돋보이기 위해 준비하는 것이 있다.	( )	( )
226. 선물은 상대방에게 필요한 것을 사줘야 한다.	( )	( )
227. 나무보다 숲을 보는 것에 소질이 있다.	( )	( )
228. 때때로 자신을 지나치게 비하하기도 한다.	( )	( )
229. 조직에서 있는 듯 없는 듯한 존재이다.	( )	( )
230. 다른 일을 제쳐두고 한 가지 일에 몰두한 적이 있다.	( )	( )
231. 가끔 다음 날 지장이 생길 만큼 술을 마신다.	( )	( )
232. 같은 또래보다 개방적이다.	( )	( )
233. 사실 돈이면 안 될 것이 없다고 생각한다.	( )	( )
234. 능력이 없더라도 공평하고 공적인 상사를 만나고 싶다.	( )	( )
235. 사람들이 자신을 비웃는다고 종종 여긴다.	( )	( )
236. 내가 먼저 적극적으로 사람들과 관계를 맺는다.	( )	( )
237. 모임을 스스로 만들기보다 이끌려가는 것이 편하다.	( )	( )
238. 몸을 움직이는 것을 좋아하지 않는다.	( )	( )
239. 꾸준한 취미를 갖고 있다.	( )	( )
240. 때때로 나는 경솔한 편이라고 생각한다.	( )	( )
241. 때로는 목표를 세우는 것이 무의미하다고 생각한다.	( )	( )
242. 어떠한 일을 시작하는데 많은 시간이 걸린다.	( )	( )
243. 초면인 사람과도 바로 친해질 수 있다.	( )	( )
244. 일단 행동하고 나서 생각하는 편이다.	( )	( )
245. 여러 가지 일 중에서 쉬운 일을 먼저 시작하는 편이다.	( )	( )

YES NO

246. 마무리를 짓지 못해 포기하는 경우가 많다. ( )( )

247. 여행은 계획 없이 떠나는 것을 좋아한다. ( )( )

248. 욕심이 없는 편이라고 생각한다. ( )( )

249. 성급한 결정으로 후회한 적이 있다. ( )( )

250. 많은 사람들과 왁자지껄하게 식사하는 것을 좋아한다. ( )( )

251. 상대방의 잘못을 쉽게 용서하지 못한다. ( )( )

252. 주위 사람이 상처받는 것을 고려해 발언을 자제할 때가 있다. ( )( )

253. 자존심이 강한 편이다. ( )( )

254. 생각 없이 함부로 말하는 사람을 보면 불편하다. ( )( )

255. 다른 사람 앞에 내세울 만한 특기가 서너 개 정도 있다. ( )( )

256. 거짓말을 한 적이 한 번도 없다. ( )( )

257. 경쟁사라도 많은 연봉을 주면 옮길 수 있다. ( )( )

258. 자신은 충분히 신뢰할 만한 사람이라고 생각한다. ( )( )

259. 좋고 싫음이 얼굴에 분명히 드러난다. ( )( )

260. 다른 사람에게 욕을 한 적이 한 번도 없다. ( )( )

261. 친구에게 먼저 연락을 하는 경우가 드물다. ( )( )

262. 밥보다는 빵을 더 좋아한다. ( )( )

263. 누군가에게 쫓기는 꿈을 종종 꾼다. ( )( )

264. 삶은 고난의 연속이라고 생각한다. ( )( )

265. 쉽게 화를 낸다는 말을 듣는다. ( )( )

266. 지난 과거를 돌이켜 보면 괴로운 적이 많았다. ( )( )

267. 토론에서 진 적이 한 번도 없다. ( )( )

268. 나보다 나이가 많은 사람을 대하는 것이 불편하다. ( )( )

269. 의심이 많은 편이다. ( )( )

270. 주변 사람이 자기 험담을 하고 있다고 생각할 때가 있다. ( )( )

	YES	NO
271. 이론만 내세우는 사람이라는 평가를 받는다.	(	)( )
272. 실패보다 성공을 먼저 생각한다.	(	)( )
273. 자신에 대한 자부심이 강한 편이다.	(	)( )
274. 다른 사람들의 장점을 잘 보는 편이다.	(	)( )
275. 주위에 괜찮은 사람이 거의 없다.	(	)( )
276. 법에도 융통성이 필요하다고 생각한다.	(	)( )
277. 쓰레기를 길에 버린 적이 없다.	(	)( )
278. 차가 없으면 빨간 신호라도 횡단보도를 건넌다.	(	)( )
279. 평소 식사를 급하게 하는 편이다.	(	)( )
280. 동료와의 경쟁심으로 불법을 저지른 적이 있다.	(	)( )
281. 자신을 배신한 사람에게는 반드시 복수한다.	(	)( )
282. 몸이 조금이라도 아프면 병원에 가는 편이다.	(	)( )
283. 잘 자는 것보다 잘 먹는 것이 중요하다.	(	)( )
284. 시각보다 청각이 예민한 편이다.	(	)( )
285. 주위 사람들에 비해 생활력이 강하다고 생각한다.	(	)( )
286. 차가운 것보다 뜨거운 것을 좋아한다.	(	)( )
287. 모든 사람은 거짓말을 한다고 생각한다.	(	)( )
288. 조심해서 나쁠 것은 없다.	(	)( )
289. 부모님과 격이 없이 지내는 편이다.	(	)( )
290. 매해 신년 계획을 세우는 편이다.	(	)( )
291. 잘 하는 것보다는 좋아하는 것을 해야 한다고 생각한다.	(	)( )
292. 오히려 고된 일을 헤쳐 나가는데 자신이 있다.	(	)( )
293. 착한 사람이라는 말을 들을 때가 많다.	(	)( )
294. 업무적인 능력으로 칭찬 받을 때가 자주 있다.	(	)( )
295. 개성적인 사람이라는 말을 자주 듣는다.	(	)( )

YES NO

296. 누구와도 편하게 대화할 수 있다. ( )( )

297. 나보다 나이가 많은 사람들하고도 격의 없이 지낸다. ( )( )

298. 사물의 근원과 배경에 대해 관심이 많다. ( )( )

299. 쉬는 것보다 일하는 것이 편하다. ( )( )

300. 계획하는 시간에 직접 행동하는 것이 효율적이다. ( )( )

301. 높은 수익이 안정보다 중요하다. ( )( )

302. 지나치게 꼼꼼하게 검토하다가 시기를 놓친 경험이 있다. ( )( )

303. 이성보다 감성이 풍부하다. ( )( )

304. 약속한 일을 어기는 경우가 종종 있다. ( )( )

305. 생각했다고 해서 꼭 행동으로 옮기는 것은 아니다. ( )( )

306. 목표 달성을 위해서 타인을 이용한 적이 있다. ( )( )

307. 적은 친구랑 깊게 사귀는 편이다. ( )( )

308. 경쟁에서 절대로 지고 싶지 않다. ( )( )

309. 내일해도 되는 일을 오늘 안에 끝내는 편이다. ( )( )

310. 정확하게 한 가지만 선택해야 하는 결정은 어렵다. ( )( )

311. 시작하기 전에 정보를 수집하고 계획하는 시간이 더 많다. ( )( )

312. 복잡하게 오래 생각하기보다 일단 해나가며 수정하는 것이 좋다. ( )( )

313. 나를 다른 사람과 비교하는 경우가 많다. ( )( )

314. 개인주의적 성향이 강하여 사적인 시간을 중요하게 생각한다. ( )( )

315. 논리정연하게 말을 하는 편이다. ( )( )

316. 어떤 일을 하다 문제에 부딪히면 스스로 해결하는 편이다. ( )( )

317. 업무나 과제에 대한 끝맺음이 확실하다. ( )( )

318. 남의 의견에 순종적이며 지시받는 것이 편안하다. ( )( )

319. 부지런한 편이다. ( )( )

320. 뻔한 이야기나 서론이 긴 것을 참기 어렵다. ( )( )

YES NO

321. 창의적인 생각을 잘 하지만 실천은 부족하다. ( )( )
322. 막판에 몰아서 일을 처리하는 경우가 종종 있다. ( )( )
323. 나는 의견을 말하기에 앞서 신중히 생각하는 편이다. ( )( )
324. 선입견이 강한 편이다. ( )( )
325. 돌발적이고 긴급한 상황에서도 쉽게 당황하지 않는다. ( )( )
326. 새로운 친구를 사귀는 것보다 현재의 친구들을 유지하는 것이 좋다. ( )( )
327. 글보다 말로 하는 것이 편할 때가 있다. ( )( )
328. 혼자 조용히 일하는 경우가 능률이 오른다. ( )( )
329. 불의를 보더라도 참는 편이다. ( )( )
330. 기회는 쟁취하는 사람의 것이라고 생각한다. ( )( )
331. 사람을 설득하는 것에 다소 어려움을 겪는다. ( )( )
332. 착실한 노력의 이야기를 좋아한다. ( )( )
333. 어떠한 일에도 의욕이 임하는 편이다. ( )( )
334. 학급에서는 존재가 두드러졌다. ( )( )
335. 아무것도 생가하지 않을 때가 많다. ( )( )
336. 스포츠는 하는 것보다는 보는 게 좋다. ( )( )
337. '좀 더 노력하시오'라는 말을 듣는 편이다. ( )( )
338. 비가 오지 않으면 우산을 가지고 가지 않는다. ( )( )

1. 금융상식 2주 만에 완성하기

금융은행권, 단기간 공략으로 끝장낸다! 필기 걱정은 이제 NO! <금융상식 2주 만에 완성하기> 한 권으로 시간은 아끼고 학습효율은 높이자!

2. 중요한 용어만 한눈에 보는 시사용어사전 1130

매일 접하는 각종 기사와 정보 속에서 현대인이 놓치기 쉬운, 그러나 꼭 알아야 할 최신 시사상식을 쏙쏙 뽑아 이해하기 쉽도록 정리했다!

3. 중요한 용어만 한눈에 보는 경제용어사전 961

주요 경제용어는 거의 다 실었다! 경제가 쉬워지는 책, 경제용어사전!

4. 중요한 용어만 한눈에 보는 부동산용어사전 1273

부동산에 대한 이해를 높이고 부동산의 개발과 활용, 투자 및 부동산 용어 학습에도 적극적으로 이용할 수 있는 부동산용어사전!

자격증
기출문제
총집합!
자격증 별로 정리된
기출문제로 깔끔하게 합격하자!

국내여행 안내사
농산물품질 관리사
기출문제 정복하기
1차 필기
2023년 제20회 시험대비
수산물품질 관리사
기출문제 정복하기
1차 필기